铋系热电材料的制备与性能

葛振华 郭 俊 冯 晶 著

科 学 出 版 社

北 京

内 容 简 介

　　热电材料是一种能够实现热能和电能直接相互转化的功能材料。在废热回收和半导体制冷方面有着广泛的应用前景。近年来，热电材料在光伏-光热联用发电，5G 系统制冷等方面又展现出新的应用潜力。热电材料的广泛使用，有利于提高能源利用率，解决突出的能源枯竭和环境污染与社会不断发展的矛盾，并推动新一代通信技术和先进制冷、控温技术的发展。本书重点介绍了两种铋系热电材料——碲化铋和硫化铋，从热电材料的基本概念入手，详细介绍了这两种材料的制备方法和性能优化技术；提出现有优化方法存在的问题和未来的发展方向。

　　本书有助于相关领域的研究人员或研究生快速了解基本热电理论和掌握碲化铋、硫化铋热电材料体系的研究进展。

图书在版编目（CIP）数据

铋系热电材料的制备与性能 / 葛振华，郭俊，冯晶著. —北京：科学出版社，2023.4

ISBN 978-7-03-075350-2

Ⅰ. ①铋… Ⅱ. ①葛… ②郭… ③冯… Ⅲ. ①铋－热电转换－功能材料－研究 Ⅳ. ①TB383②TB34

中国国家版本馆 CIP 数据核字（2023）第 060628 号

责任编辑：李明楠 / 责任校对：郝甜甜
责任印制：吴兆东 / 封面设计：图阅盛世

科 学 出 版 社 出版
北京东黄城根北街 16 号
邮政编码：100717
http://www.sciencep.com
北京中石油彩色印刷有限责任公司印刷
科学出版社发行　各地新华书店经销
*
2023 年 4 月第 一 版　开本：720 × 1000　1/16
2025 年 1 月第二次印刷　印张：16 1/2
字数：330 000
定价：**118.00** 元
（如有印装质量问题，我社负责调换）

前　言

为了缓解能源危机和环境污染，废弃能源的回收与再利用变得日趋重要。热电材料是一种能实现电能与热能直接相互转化的功能材料，利用塞贝克效应与佩尔捷效应能分别实现废热发电与半导体制冷。碲化铋（Bi_2Te_3）材料具有典型的六方层状结构，较高的载流子浓度与迁移率使其具有优异的电输运性能，在半导体制冷方面早已实现规模化商业应用。不足之处在于，低的塞贝克系数（$\sim 100\ V\cdot K^{-1}$）与高的热导率（$\sim 1.5\ W\cdot m^{-1}\cdot K^{-1}$）抑制了 Bi_2Te_3 材料热电性能的进一步提升。硫化铋（Bi_2S_3）是 Bi_2Te_3 材料的同主族半导体，具有斜方相结构，其组成成分地壳储量丰富、价格低廉、环境友好，制备成本较低。Bi_2S_3 因具有较大的塞贝克系数（$\sim 500\ V\cdot K^{-1}$）与较低的热导率（$< 1.0\ W\cdot m^{-1}\cdot K^{-1}$）而成为一种有潜力的中温区热电材料，但其高的电阻率严重限制了 Bi_2S_3 材料热电性能的提升与商业化应用的发展。本书分别以 Bi_2Te_3 和 Bi_2S_3 材料为研究对象，通过制备工艺优化、显微结构调控、元素掺杂和第二相复合的策略，最终实现铋（Bi）系材料性能的有效调控优化，为 Bi 系热电材料性能提升提供实验借鉴，为 Bi_2S_3 材料实现商业化应用奠定基础。本书主要内容如下：

（1）n 型与 p 型 Bi_2Te_3 基热电材料的固相合成与热电性能优化。通过真空封管区域熔炼法与球磨破碎法合成 Bi_2Te_3 基材料，利用成分调控、元素掺杂与第二相引入的方法引入宽频声子散射，以达到降低热导率和提升塞贝克系数的目的，从而对 Bi_2Te_3 基材料进行性能优化，并对性能增强的机理进行深入研究分析。

（2）Bi_2S_3 基热电材料的多种合成策略调控与热电性能优化。显微结构调控结合元素掺杂、第二相复合的方式优化材料的电输运性能，同时引入多级缺陷增强声子散射得到较低的晶格热导率，使 Bi_2S_3 材料达到商业化应用的标准，为实现其产业化奠定基础。深入研究并分析了微观结构与元素掺杂对 Bi_2S_3 基热电材料性能的影响规律与作用机制。

希望本书的出版能够推动铋系热电材料的继续深入研究，为我国电子工业、节能减排、环境保护等领域做出贡献。

葛振华

2022 年冬于昆明

目　　录

第1章 绪 论

1.1 研究背景

  人类社会的发展与进步一直以来都依靠能源这种重要的物质基础作为支撑。人类文明的进步与更新必将伴随对现有能源的大量消耗与对新型能源的不断研究开发。随着工业文明进步步伐的逐步加快与人口激增,人们对三大化石能源(煤、石油与天然气)的需求与日俱增。如图 1.1 所示,各种能源的需求无论是在过去、现在还是将来基本都在/将急剧增长,其中煤炭的需求尤为突出。传统不可再生能源的大量消耗,虽然推动了社会的巨大进步,但由于其低的转化效率,不仅造成了能源的极大损耗,同时对环境产生了一定程度不可逆转的破坏,碳大量进入到大气中造成冰川融化、海平面上升等严峻的环境问题。考虑到平衡"发展","能源"与"环境"三者之间的关系,探索并寻找新的能源或者提高化石能源能量的转化效率势在必行。目前环境比较友好的新能源有太阳能、风能、地热能、潮汐能等,燃烧不充分的化石能源大量以废热的形式浪费了,如果能提高能量的利用效率,无论是缓解能源危机还是改善环境问题,都将是巨大的进步。

  热电材料是一种能通过材料内部载流子(p 型空穴,n 型电子)的输运从而实现电能与热能相互直接转换的特殊功能材料[1]。将 p 型与 n 型两种不同的热电半导体串联进行工作就得到了简易的热电器件。相对于传统的机械发电装置,热电器件具有其无法替代的优势:体积小、无噪声、无污染、使用寿命长、无须特殊维护并且没有可移动部件等。其主要应用分为发电与制冷两个方面[2-7]。发电方面,热电器件能感应温度差(由不同热源或冷源与环境之间产生的温度差)的变化,并转化为载流子的定向移动来进行发电。例如,利用放射性元素的核裂变反应堆产生的温差来实现太空或深海远端供电;利用人体体温作为热源作用于可穿戴式小型用电器(如热电手表、计时器等);通过收集汽车尾气并将其转化为车灯的能源[8-10]。在制冷方面,最简单常见的是便携式热电制冷冰箱、实验室中对精密科学仪器的冷却装置、汽车座椅中的热电冷却片对座椅进行降温等,相关的具体实例下文将分别论述。

  热电效应的发现已经经历了一个世纪,对它的研究热度近几十年间也在不断上升。尽管其应用领域非常广泛,但由于目前高的成本与低的转换效率[11],其实际应用相对传统的发电方式仍有很大的距离,只能限制在军工产业与高端科技领域。因此，在降低成本的同时不断提高热电材料的转换效率一直以来都是科研人员关注的重点研究方向[12]。

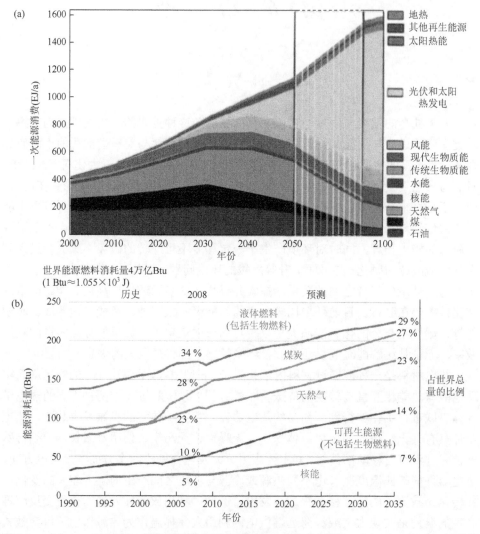

图 1.1　（a）21~22 世纪一次能源消费占比（实际占比与未来预测）；（b）1990~2035 年世界能源结构分布[①]

1.2　热电材料的基础理论

热电效应是热电材料的核心内容，它包括温差生电（塞贝克效应，Seebeck

effect）与电生温差（佩尔捷效应，Peltier effect）两个重要的互为可逆的效应以及汤姆孙效应（Thomson effect）[13]。热电材料正是以前两个互逆的效应为基础，通过材料内部的载流子的定向输运来完成热与电的相互转换的。

19世纪初期（1821年），德国物理学家 T. 塞贝克（Thomas Seebeck）在极其偶然的情况下观察到加热的指针发生了偏转，此为热电现象的由来。热电现象被发现以来，历经近一个世纪，没有人能够对其进行定性或定量地描述，直至20世纪初期（1911年），在多位科学家研究的基础上，德国科学家 Altenkirch 发现了热电性能与塞贝克系数、电导率、热导率及温度四者之间的联系，自此热电性能有了统一公认的指标，热电优值 ZT [14]。

1.2.1 塞贝克效应

由两种不同导电特性（p 型和 n 型）的材料连接形成的闭合回路，当两个节点间存在温差时，即对其中一个接触点加热，另外一个接触点保持较低的温度，此时在电路周围会产生一个小范围的磁场，这是由于温差导致载流子定向移动产生电流，从而感应产生的磁场。这个有趣的现象正是19世纪初期，德国物理学家塞贝克首次发现的，因此命名为塞贝克效应。温差感应产生的电流与电动势我们分别称为温差电流与温差电动势ΔV。通过塞贝克效应产生能源的理论模型和热电器件模型如图1.2所示。

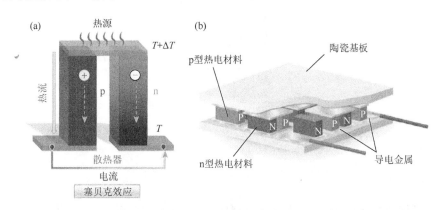

图 1.2 （a）通过塞贝克效应产生能源的理论模型；（b）热电器件模型

形成闭合回路的导体，若两个接触点（a 与 b）间产生一个ΔT的温度差（简称温差），回路中的温差电动势ΔV可表示为

$$\Delta V = S_{ab}\Delta T \tag{1.1}$$

当接触点之间的温差ΔT无限小时，S_{ab}一般看作一个常数，即为相对塞贝克系数。

$$S_{ab} = \lim_{\Delta T \to 0} \frac{\Delta V}{\Delta T} = \frac{dV}{dT} \qquad (1.2)$$

S_{ab} 的单位是 $V \cdot K^{-1}$，但由于塞贝克系数很小，所以一般使用的单位是 $\mu V \cdot K^{-1}$。塞贝克系数数值的大小及正负与温差梯度的大小及方向无关，由导体 ab 之间的温差电特性决定。一般来说，材料中多子为空穴时，塞贝克数值为正，材料为 p 型半导体；若多子为电子时，塞贝克数值为负，材料为 n 型半导体。而温差电动势的正负则是由温差梯度的方向与导体材料的特性决定。通过塞贝克效应可实现固体发电，有效提高能源的利用率。如图 1.2 所示，在不同导电特性的闭合回路的两端提供一个温差 ΔT，由于载流子的定向迁移产生电动势从而产生能源。

1.2.2　佩尔捷效应

佩尔捷效应是塞贝克效应的逆效应：当将两种不同导电特性（p 型和 n 型）的材料连接形成一个闭合回路并施加电压，当电流通过时，导体两端会出现放热与吸热的现象，此现象由法国物理学家 Jean Charles Athanase Peltier 于 1834 年发现，其原理如图 1.3 所示。

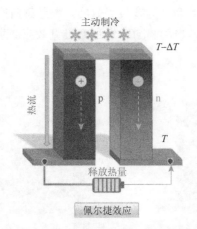

图 1.3　通过佩尔捷效应制冷的理论模型

对导体施加一个电压，回路中势必会产生电流 I，此时在导体的两个接触点间会产生能量的迁移，一个接触点以吸热速率 q 进行吸热，另一个接触点则以 $-q$ 的速率进行放热。电流 I 与热量的比值即为佩尔捷系数 π，即

$$\pi_{ab} = \frac{I}{q} \qquad (1.3)$$

其中，π_{ab} 是佩尔捷系数，单位为 $W \cdot A^{-1}$ 或 V。同时，佩尔捷系数的正负值分别代表了吸热反应与放热反应。

佩尔捷效应之所以可以用于制冷，主要是因为闭合回路中提供的电压使得载流子存在一个势能差。当电流通过接触点时，载流子在接触点两边的浓度与费米能级不一样，此时需要与环境交换能量来达到维持电荷与能量的守恒的目的。电流从不同类型的半导体流动时会有不同的效果，当电流从 p 型流向 n 型半导体时，空穴与电子都向接触点运动，这个过程释放大量的热，使得接头处变为热端；而若电流从 n 型流向 p 型半导体，电子与空穴都背离接触点运动，同时吸收大量的热，从而使接触点温度下降，达到制冷的目的。

1.2.3 汤姆孙效应

存在于由两种不同的导体组成的闭合回路中，是塞贝克效应与佩尔捷效应的共同点，而汤姆孙效应则是存在于闭合回路中的一种热电现象，其专门针对均匀单一的导体组成。汤姆孙效应是由汤姆孙于 1855 年通过建立塞贝克效应和佩尔捷效应之间的联系而发现的。如图 1.4 所示，在温度均匀的单一导体中，当有电流通过时，导体一般会吸收或者释放一定的热量，同时也会产生不可逆的焦耳热。同时，当导体的两端出现温差时，也会产生电势差。

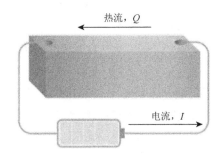

图 1.4 汤姆孙效应的理论模型

我们假设流经一个均匀导体的电流为 I，存在于电流方向上的温差为 ΔT，则吸热率（放热率）为

$$q = \alpha I \Delta T \tag{1.4}$$

其中，比例系数 α 定义为汤姆孙系数，即

$$\alpha = \frac{q}{I \Delta T} \tag{1.5}$$

汤姆孙系数的单位为 $V \cdot K^{-1}$。汤姆孙系数的正负与电流的方向及温度梯度有关，当电流的方向与温度梯度方向一致且导体吸热，则汤姆孙系数为正值，反之为负值。因为汤姆孙效应相比于塞贝克效应与佩尔捷效应在热电领域的贡献小，所以常常得不到重视，但在一些具体的计算中无法忽视它对综合效应所产生的影响。

1.3 热电材料的性能参数

1.3.1 热电优值、热电转换效率与性能系数

德国科学家 Altenkirch 于 20 世纪初基于温差制冷和发电理论的基础发现了电导率、塞贝克系数、热导率与绝对温度之间的联系，并由此建立了统一公认的热电性能指标——热电优值 ZT[15, 16]，计算公式为

$$ZT = \frac{S^2\sigma}{\kappa}T = \frac{\left(S_p + S_n\right)^2}{\kappa_e + \kappa_l}T \qquad (1.6)$$

其中，σ 和 T 分别是电导率和绝对温度，S_p 和 S_n 分别是 p 型和 n 型半导体的塞贝克系数，κ_e 和 κ_l 分别为材料的电子热导率和声子热导率，$S^2\sigma$ 称为材料的功率因子。由公式（1.6）可以看出，热电性能好的温差材料需要具有较大的功率因子（电导率较高的同时具有相对大的塞贝克系数）来确保具有明显的温差电效应，同时为了使热量保持在接触点附近还需要尽可能低的热导率。

基于塞贝克效应与佩尔捷效应，热电材料的应用有两个重要的模式，第一个模式为热电发电模式，热电转换效率 η 为

$$\eta = \frac{P_c}{Q_h} = \left(\frac{T_h - T_c}{T_h}\right)\left[\frac{(1 + \overline{ZT})^{1/2} - 1}{(1 + \overline{ZT})^{1/2} + T_c/T_h}\right] \qquad (1.7)$$

图 1.5（a）给出了不同温差下的热电优值与转换效率的关系图。从图中可以看出，ZT 不变的情况下，增加接触点两端的温差能够显著提高热电转换效率。但考虑到材料的熔点与热稳定性等原因，为保证最大转换效率，一定温差下通过提高材料的热电优值 ZT 能有效提高转换效率。

第二个模式是热电制冷模式，性能系数（coefficient-of-performance，COP）为

$$COP = \frac{Q_c}{P_i} = \left(\frac{T_c}{T_h - T_c}\right)\left[\frac{(1 + \overline{ZT})^{1/2} - T_c/T_h}{(1 + \overline{ZT})^{1/2} + 1}\right] \qquad (1.8)$$

[综合式（1.7）和式（1.8）] 其中，Q_h 和 Q_c 分别是热端和冷端吸收的能量，P_i 和 P_c 分别是输入和输出的电能，T_h 和 T_c 分别是热端和冷端温度。卡诺循环效率 η_c 表达式为

$$\eta_c = \frac{T_h - T_c}{T_h} \qquad (1.9)$$

图 1.5（b）给出了不同温差（热端温度为室温[①]）下的热电优值与性能系数的

---

① 在热电领域，惯用的室温概念一般为 323 K。本书余同。

关系图。当热端温度为 300 K 时，温差越小其性能系数越大；温差不变时，*ZT* 值越大性能系数越高。不过目前已经商业化的热电材料的 *ZT* 值仍局限在 1 左右，转换效率有限且性能系数难以提高，与传统的机械发动机相比还有一定距离，而且也小于理想卡诺机的循环效率。

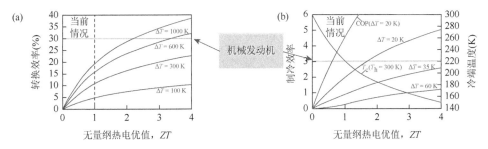

图 1.5　（a）不同温差下的热电优值与转换效率的关系图；（b）不同温差下（热端温度为室温）的热电优值与性能系数的关系图（横线代表传统机械发动机的转换效率和性能系数）

因此，想要提高材料的热电转换效率来产生足够的电能，首先材料两端需要有一个足够大的温差，其次具有较大的热电优值。一般来说，热电材料研究的重点都是通过调整优化热电材料的三个重要的参数，即电导率、塞贝克系数和热导率之间的关系，来达到一个平衡，从而得到最优 *ZT* 值。如图 1.6 所示，除了声子热导率（也称晶格热导率）κ_{lat}（简写为 κ_l）相对于载流子浓度来说是一个常数之外，所有热电参数都与载流子浓度有关[17]。电导率会因为载流子浓度的提升而提高，但同时塞贝克系数会出

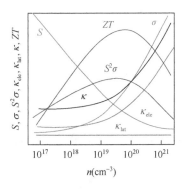

图 1.6　热电性能参数与载流子浓度的关系图
S: 塞贝克系数；σ: 电导率；$S^2\sigma$: 功率因子；κ_{ele}（简称 κ_e）: 电子热导率；κ_{lat}: 晶格热导率；κ: 热导率；*ZT*: 热电优值

现逐渐下降。要得到最优的功率因子，只能在半导体与金属之间寻找。通过对大量实验的研究统计发现，最优的载流子浓度（*n*）区间一般为 $10^{19} \sim 10^{20}$ cm^{-3}。

1.3.2　电导率

电导率是材料的一个重要物理量，常用来衡量其导电能力的强弱，单位是 S·cm^{-1}，其表达式为

$$\sigma = -\frac{2e^2}{3m^*}\int_0^\infty g(E)\tau_e \frac{\mathrm{d}f_0(E)}{\mathrm{d}E}\mathrm{d}E$$

$$= \frac{8\pi}{3}\left(\frac{2}{h^3}\right)^{3/2}e^2\left(m^*\right)^{1/2}T\tau_0\left(k_\mathrm{B}T\right)^{\gamma+\frac{3}{2}}\varGamma\left(\gamma+\frac{5}{2}\right)\exp(\eta) \qquad (1.10)$$

$$= ne\mu$$

$$= \frac{ne^2\langle\tau\rangle}{m^*}$$

其中，载流子浓度 n 与载流子迁移率 μ 为

$$n = 2\left(\frac{2\pi m^* k_\mathrm{B}T}{h^2}\right)^{3/2}\exp(\eta) \qquad (1.11)$$

$$\mu = \frac{4}{3\pi^{1/2}}\varGamma\left(\gamma+\frac{5}{2}\right)\frac{e\tau_0\left(k_\mathrm{B}T\right)^\gamma}{m^*} \qquad (1.12)$$

式中，m^* 为载流子有效质量，h 为普朗克常数，τ_0 为弛豫时间，$\langle\tau\rangle$ 为载流子的平均弛豫时间，k_B 为玻尔兹曼常数。由上可以看出，材料的电导率与材料的本征物理量息息相关。

电子和空穴是半导体中存在的两种类型的载流子，一般我们把较多的载流子称为多子，相对少的载流子称为少子。所以针对一般的半导体，其电导率可以表示为

$$\sigma = ne\mu_\mathrm{n} + pe\mu_\mathrm{p} \qquad (1.13)$$

其中，e 为电荷量，n 和 μ_n 分别是电子浓度和电子迁移率，p 和 μ_p 分别是空穴浓度和空穴迁移率。

对 n 型半导体来说，多子是电子 n，少子是空穴 p，两种载流子的迁移率又没有很大的差别，此时可以忽略空穴对载流子传输的贡献，电导率可表示为

$$\sigma = ne\mu_\mathrm{n} \qquad (1.14)$$

同样地，对于 p 型半导体来说，空穴 p 是多子而电子 n 是少子，此时的电导率为

$$\sigma = pe\mu_\mathrm{p} \qquad (1.15)$$

从上可以得出，载流子浓度与迁移率的大小决定了材料的电导率的大小，而影响材料载流子浓度和迁移率的因素很多，与材料的种类、掺杂量、晶体结构、缺陷和温度等息息相关。一般来说，较优的载流子浓度一般在 $10^{19}\sim10^{20}\ \mathrm{cm^{-3}}$，这需要重掺杂来实现。而且，载流子浓度显著提升的同时，载流子迁移受到阻碍，散射增强，其迁移率也会出现一定程度的下降，所以要得到最优的电导率，重点在于平衡载流子浓度与迁移率之间的关系。

1.3.3 塞贝克系数

塞贝克系数为材料的本征物理量，其物理意义为材料在一定温差中所产生的电势差的大小。金属材料是最初发现塞贝克效应的材料，由于金属中载流子浓度很高，所以塞贝克系数很小。据上所述，根据载流子的不同类型，塞贝克系数有正负值之分。n 型半导体，电子为载流子，塞贝克系数表现为负值；p 型半导体，空穴为载流子，塞贝克系数为正值。

若两种不同类型的载流子同时存在于半导体材料中且浓度相当，当温差产生时，载流子会向同一方向运动，载流子在传递能量的同时，从宏观看不显电流。不同类型的载流子的塞贝克系数的符号不一样，此时两者的加权平均值是材料的塞贝克系数，即

$$S = \frac{\mathrm{d}V/\mathrm{d}x}{\mathrm{d}T/\mathrm{d}x} = \frac{S_n \sigma_n + S_p \sigma_p}{\sigma_n + \sigma_p} \tag{1.16}$$

所以对于高性能的热电材料来说，样品中只存在一种类型的载流子。

这里假设材料只受到电场和温度梯度两方面的作用，处在一个相对稳定的状态。对于具有简并特性的半导体，塞贝克系数与载流子浓度的关系可表示为

$$S = \frac{8\pi^2 k_B^2}{3eh^2} m^* T \left(\frac{\pi}{3n}\right)^{2/3} \left(\gamma + \frac{3}{2}\right) \tag{1.17}$$

其中，k_B 是玻尔兹曼常量，h 代表普朗克常量，e 代表载流子电荷量，m^* 代表载流子的有效质量，n 为载流子浓度，γ 代表散射因子。从公式中可以看出，塞贝克系数与载流子浓度成反相关，与有效质量、散射因子呈正相关。而散射因子又与材料的散射机制息息相关：声学波散射，$r = -1/2$；光学波散射，$r = 1/2$；合金散射，$r = -1/2$；离化杂质散射，$r = 3/2$；中性杂质散射，$r = 0$。实际情况中的散射机理受多方面的影响，比如材料的组成成分、晶体结构与能带结构等，载流子在传输过程中所受到的散射也不是单一的，而是多级散射共同作用。

对于非简并状态的半导体，利用单抛带模型和费米统计分布理论得到塞贝克系数的表达式为

$$S = \pm \frac{k_B}{e} \left[\left(\frac{5}{2} + \gamma\right) + \ln \frac{2\left(2\pi m^* k_B T\right)^{3/2}}{h^3 n} \right] \tag{1.18}$$

塞贝克系数与材料电子结构之间的密切关系也已经被 Mott 等的理论证实了，其得到的塞贝克系数的表达式为

$$S = \frac{\pi^2}{3} \frac{k_B}{q} k_B T \left\{ \frac{d\left[\ln(\sigma(E))\right]}{dE} \right\}_{E=E_F}$$

$$= \frac{\pi^2}{3} \frac{k_B}{q} k_B T \left\{ \frac{1}{n} \frac{dn(E)}{E} + \frac{1}{\mu} \frac{dn(E)}{dE} \right\}_{E=E_F} \qquad (1.19)$$

其中，$\sigma(E) = n(E)\mu(E)$，载流子浓度为 $n(E) = g(E)f(E)$，$g(E)$ 为态密度，$f(E)$ 为费米函数，$\mu(E)$ 为载流子迁移率，q 为电荷。由上可以看出，通过提高 $\mu(E)$ 或者 $g(E)$ 能有效提高塞贝克系数。

1.3.4　热导率

当材料中温度分布不均匀时，即存在温度差，热量会从温度高的一端向温度低的一端扩散，这个过程称为热传导。简而言之，热传导是一种由温度差引起的热能传输现象。而单位时间内单位温差通过单位截面长度的能量称为热传导率，亦称热导率 κ，单位为 $W \cdot m^{-1} \cdot K^{-1}$。其表达式为

$$\kappa = \frac{\Delta Q}{A \Delta t} \frac{x}{\Delta T} \qquad (1.20)$$

其中，ΔQ 表示单位时间内传输的热量，A 为传热体的横截面积，ΔT 是热源间的温度差，x 是热源间传热体的厚度。

稳态法与非稳态法（也称瞬态法）是热导率常用的两种测量方法。稳态法包括热流法和护热平板法；非稳态法有热线法和（脉冲）激光闪射法。

稳态法具有的最大的优点是可直接得到样品的热导率，无须测试其他参数进行计算，但同时测量需要相对长的时间，尤其测量较大温度范围的样品，达到温度平衡需要较长的时间。

非稳态法是先根据（脉冲）激光闪射法得到样品的热扩散系数，再利用差示扫描量热法（DSC）获得样品比热（C_p），最后通过阿基米德排水法得到材料的密度（ρ），然后通过公式（1.21）计算得到样品的热导率。

$$\kappa = DC_p\rho \qquad (1.21)$$

其中，D 为热扩散系数。

一般来说，半导体材料的热导率由两部分贡献，一部分是电子热导率（κ_e），另一部分为晶格热导率 κ_l。电子热导率来源于载流子（空穴或电子）在晶格中输运时所携带能量，而晶格热导率是声子在晶格中传导时所产生的热量。总的热导率为两部分之和，即

$$\kappa = \kappa_{\mathrm{e}} + \kappa_{\mathrm{l}} \tag{1.22}$$

对于电子热导率部分，当只有单一载流子在晶体中传输时，基于 Wiedermann-Franz 定律，可通过公式（1.23）计算得到

$$\kappa_{\mathrm{e}} = LT\sigma \tag{1.23}$$

其中，L 为洛伦兹常数，可通过弛豫时间近似下求解玻尔兹曼方程来得到洛伦兹常数的计算公式

$$L = \left(\frac{k_{\mathrm{B}}}{e}\right)^2 \left[\frac{\left(\gamma + \frac{7}{2}\right) F_{\gamma+5/2}(\eta)}{\left(\gamma + \frac{3}{2}\right) F_{\gamma+1/2}(\eta)} - \left(\frac{\left(\gamma + \frac{5}{2}\right) F_{\gamma+3/2}(\eta)}{\left(\gamma + \frac{3}{2}\right) F_{\gamma+1/2}(\eta)} \right)^2 \right] \tag{1.24}$$

对于金属和简并半导体，洛伦兹常数可以表示为

$$L = \frac{\pi^2}{3} \left(\frac{k_{\mathrm{B}}}{e}\right)^2 \tag{1.25}$$

一般来说，在简并情况下，洛伦兹常数是一个普遍适用的常数，即 $2.45 \times 10^{-8} \ \mathrm{V}^2 \cdot \mathrm{K}^{-2}$，与载流子浓度和散射机制均无关系。实际半导体材料中，洛伦兹常数与费米能级、散射因子有关，并不是一个固定的常数。

而对于非简并半导体，洛伦兹常数可由玻尔兹曼分布近似表示为

$$L = \left(\frac{k_{\mathrm{B}}}{e}\right)^2 \left[\gamma + \frac{5}{2}\right] \tag{1.26}$$

由上式可以看出，电子热导率与电导率呈正相关，更与载流子的散射机制密切相关。

对晶体材料的晶格热导率进行研究分析，声子是一个必须引入的概念。声子是一种最小的能量单位，不是真实存在的粒子，分属于玻色子，可以产生也可以被消灭。声子是格波激发的量子，在多体理论中称为集体的元激发或准粒子。采用德拜模型分析气体分子论中求热导率的方法，即声子气体理论，晶格热导率可以表示为

$$\kappa_{\mathrm{l}} = \frac{1}{3} C_V \upsilon_{\mathrm{a}} l_{\mathrm{p}} \tag{1.27}$$

其中，C_V 为等容热容，υ_{a} 为声速，l_{p} 为声子平均自由程（mean free path），此由晶体的散射机制决定。从公式（1.27）可以看出，晶格热导率不由材料的电子结构决定，通过降低晶格热导率能有效降低材料的总热导率，从而优化材料的热电性能。研究表明，C_V，υ_{a} 和 l_{p} 随气孔的增加呈线性下降，通过在块体材料中引入适量的气孔能够有效降低材料的晶格热导率，优化其热电性能。

要降低晶格热导率，一般来说需要增加声子散射。对于实际研究的晶体，它的散射中心并不是单一存在的，通常来说都是多种散射机制共同作用的结果。因为不同的散射中心对不同频率声子的作用强度不同，对晶格热导率下降的作用机制也不相同。对晶格热导率的描述可以通过德拜-克拉维模型来进行深入了解

$$\kappa_{l} = \frac{k_{B}}{2\pi^2 v}\left(\frac{k_{B}T}{h}\right)^3 \int_0^{\theta_D/T} \frac{x^4 e^4}{\tau^{-1}(e^x-1)^2}\mathrm{d}x \qquad (1.28)$$

$$\tau^{-1} = \tau_P^{-1} + \tau_B^{-1} + \tau_D^{-1} + \tau_N^{-1} + \tau_S^{-1} + \tau_U^{-1} \qquad (1.29)$$

其中，$x = h\omega/k_B T$，h 是普朗克常数，ω 是声子角频率，k_B 是玻尔兹曼常数，θ_D 是德拜温度，τ 为总弛豫时间。τ_P，τ_B，τ_D，τ_N，τ_S，τ_U 分别是析出物弛豫时间，晶界弛豫时间，位错弛豫时间，正常散射过程弛豫时间，应力弛豫时间和 U 过程弛豫时间。

1.4 热电参数优化

1.4.1 电导率的优化

由 $\sigma = ne\mu$，n 为载流子浓度，μ 为载流子迁移率，e 为载流子电荷。可知材料的电导率与载流子浓度和载流子迁移率有关，优化材料的载流子浓度与迁移率可以实现电导率的优化。载流子浓度最优范围一般在 $10^{19} \sim 10^{20}$ cm^{-1}。掺杂与合金化是两种比较常见而有效的用来改变载流子浓度的方法，对不同类型的半导体材料进行针对性的掺杂能有效地提升其电传输性能。对于 n 型半导体（p 型半导体），载流子浓度特别低的要进行施主（受主）掺杂，即高价（低价）掺杂形成正电（负电）中心引入电子（空穴）来提升载流子浓度，载流子浓度过于高的则可进行受主（施主）掺杂，即低价（高价）掺杂形成负电（正电）中心引入空穴（电子）来降低载流子浓度，从而达到最理想的电子（空穴）浓度。值得一提的是，掺杂会改善载流子浓度，但重掺杂后会产生杂质离子散射，载流子迁移率会开始下降，电导率开始下降。

为了改善迁移率下降的问题，近年来学者们提出并研究了调制掺杂策略对电传输性能的影响。调制掺杂样品本质上是由重掺杂与未掺杂样品组成的两相复合材料，其原理是结合重掺杂样品高的载流子浓度与未掺杂样品高的迁移率来优化材料的电传输性能，如图 1.7 所示。Pei 等[18]设计了一种三维调制掺杂提升载流子迁移率的方法。对于未掺杂的样品，费米能级位于导带与价带的正中间，重掺杂后 p 型（n 型）半导体费米能级进入价带（导带），载流子浓度提升的同时散射也

同样增强，载流子迁移率下降。调制掺杂后，重掺杂部分提供较大的载流子浓度，未掺杂部分由于散射中心较少，载流子迁移率较高，重掺杂部分的载流子选择散射较小的部分进行迁移，使得载流子浓度提升的同时具有较高的迁移率，以此来优化材料的电导率。另外一种方式是进行液相烧结，液相烧结可以让粉末颗粒在烧结的过程中重排，从而产生织构提升迁移率，以此来提升材料的电导率，如图 1.8 所示[19]。Zhu 等[20]通过在碲化铋中加入过量的 Te 来达到液相烧结的目的，不仅形成高的织构度，提高了载流子迁移率，同时过量的 Te 产生丰富的反位缺陷 Te_{Bi}，有利于增加载流子浓度，从而在很高程度上对碲化铋的电导率进行了优化，同时烧结结束后，晶界处形成高密度的位错，丰富的缺陷增加声子散射，降低了材料的热导率。最终 n 型 Bi_2Te_3 的 ZT 值达到 1.4，平均 ZT 值为 1.3，温差为 235 K 时热电转换效率达到 6.6%。

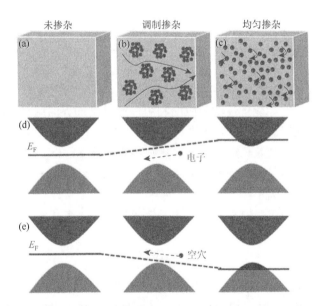

图 1.7 （a）未掺杂半导体，（b）调制掺杂（由未掺杂和重掺杂半导体组成的两种颗粒在空间上分离）和（c）重掺杂半导体（掺杂剂均匀分布在基体中）。（b）箭头显示载流子在通过材料时是如何散射的。未掺杂、均匀掺杂和调制掺杂半导体中的费米能级位置：（d）n 型掺杂和（e）p 型掺杂。未掺杂粒子和重掺杂粒子之间的费米能级不平衡促使载流子从后者扩散到前者

1.4.2 塞贝克系数的优化

要获得最优电传输性能，除了具有高的电导率外还需要同时具备大的塞贝克系数，根据式（1-30）所示，塞贝克系数与载流子浓度呈反相关，与载流子有效质量呈正相关。

$$S = \frac{8\pi k_{\mathrm{B}}^2}{3eh^2} m^* T \left(\frac{\pi}{3n} \right)^{2/3} \tag{1.30}$$

其中，k_{B} 是玻尔兹曼常数，h 是普朗克常数，m^* 为载流子有效质量。要提高塞贝克系数，可从两部分入手：

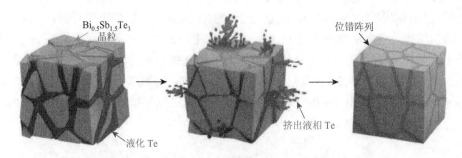

图 1.8　液相烧结过程中晶界处位错阵列生成的示意图。在烧结过程中，$Bi_{0.5}Sb_{1.5}Te_3$ 晶粒之间的 Te 融化后（红色）流出，有利于晶界中位错阵列的形成

　　（1）对于电导率高的窄带隙半导体材料来说，可通过适当降低载流子浓度来提升塞贝克系数。比如能量过滤效应的利用，通过增加界面壁垒，阻挡低能载流子的传输，让高能载流子能高速进行输运，如图 1.9 所示。Shi 等[21]通过往 $Bi_{0.48}Sb_{1.52}Te_3$ 粉末中加入一定比例的水热制备的片状 Sb_2Te_3，增加界面能垒，阻挡低能载流子，提高了高能载流子的输运，载流子迁移率上升，同时优化塞贝克系数，显著增加功率因子；

　　（2）通过增大载流子有效质量来提升塞贝克系数。其中载流子有效质量可表示为

$$m^* = (N_{\mathrm{v}})^{2/3} m_{\mathrm{b}}^* \tag{1.31}$$

其中，N_{v} 是能带极值，m_{b}^* 是能带有效质量。很明显，增加能带极值（能带简并）可以优化塞贝克系数，从而优化材料的电传输性能。N_{v} 与晶体结构对称性密切相关，当晶体结构高度对称时 N_{v} 可以获得一个比较大的数值。如立方岩盐结构的 PbTe 在价带的 L 和 Σ 点的能带极值分别为 4 和 12[22-24]。对于对称性较低的材料，要提高能带极值，可以通过将 $c/2a > 1$ 和 $c/2a < 1$ 的两种材料以一定比例固溶，这两种材料的非立方晶格可以被扭转为类立方（$c = 2a$）晶格，从而增加能带极值优化热电性能。另外一种提升能带极值的方法是将布里渊区不同能带彼此的能量收敛到几个 $k_{\mathrm{B}}T$ 以内。如铅基硫属化物具有两个价带：一个位于布里渊区的 L 点，能带极值为 4，另一个位于 Σ 点，能带极值为 12。一般来说，这两个能带由 $\Delta E_{L-\Sigma}$ 能量差分开，这个差值足够大到让 Σ 能带无法电荷传输。选择合适的元素进行掺

杂或者合金化能够有效降低 $\Delta E_{L-\Sigma}$ 值，使得双价带逐渐简并，以此来提高能带极值，优化塞贝克系数。如 Mg[25]，Cd[26]，Sr[27]，Mn[28]等元素对 PbTe 掺杂，Sr[29]对 PbSe 掺杂，能有效降低 $\Delta E_{L-\Sigma}$ 值，提高能带简并度，优化热电性能。另外，和铅基硫属化物具有相似情况的 SnTe 同样可通过 Cd[30, 31]，Hg[32]和 Mn[33-35]元素来降低 $\Delta E_{L-\Sigma}$ 值，优化电传输性能，提升热电优值。

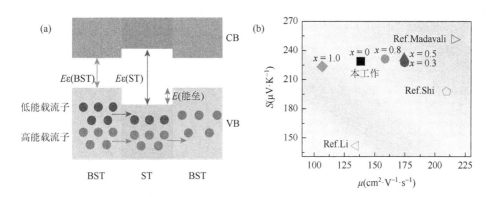

图 1.9　（a）低能空穴过滤效应的示意图，BST-ST 复合材料在界面处的带结构和所构造的势垒；（b）BST- x wt%ST 复合材料在 300 K 时的塞贝克系数与载流子迁移率和加权迁移率曲线图

　　除了通过合金化与掺杂来调控材料结构的对称性来增加能带极值实现能带收敛外，还可以通过能带扭曲来增加费米能级附近的态密度[36]，以此来提高能带有效质量，优化塞贝克系数。两种常用来增加能带有效质量的方法包括能带扁平化[37]和引入共振能级[38-40]，如图 1.10（a）。例如，La 掺杂 PbTe，由于 La 的 f 态与 Pb 的 p 态产生杂化，导带的 L 点受影响，使能带扁平化从而增加能带有效质量[41]。另外共振能级来源于基底价带与少量杂质传导的电子之间的耦合。如果费米能级接近，会增加费米能级附近的态密度，从而提高能带有效质量优化塞贝克系数。然而，共振能级一般在低温下有效，而在高温下声子散射的弛豫时间比共振杂质散射的弛豫时间短得多，共振能级的效应就会减弱[25]。已经报道的，Al 掺杂 PbSe[40]，Tl[42]和 In[25, 39]掺杂 PbTe，SnTe 都能产生共振能级，优化塞贝克系数，不过随着温度的升高，增强的幅度开始下降，因为在高温下共振散射减小了。

1.4.3　热导率的优化

　　在固体中，声子是由原子之间的相互作用后的平衡位置发生位移，从而产生的一组不同波长的振动波。在晶体缺陷（如点状缺陷、位错、界面、析出物等）处，声子波可以被散射，从而产生额外的热阻并使晶格热导率降低。例如，元素取代形成的原子点缺陷和第二相形核、生长形成的纳米析出物分别可以显著地散射高频声子和中频声子。位错对中频声子散射也具有较高的散射作用[43]，中尺度晶粒也能散射声子，但对低频声子散射更有效[44, 45]。每一种尺度的缺陷都能有效地散射特定波长的声子，以此来降低材料的晶格热导率，构筑多尺度缺陷能有效增强声子之间的相互散射作用，加强晶格的热振动，能更有效地降低材料的晶格热导率。常见的几种晶格缺陷如图 1.11 所示，包括：原子尺度的点缺陷，纳米尺度的第二相析出物，亚微米结构的位错，晶界，以及层状结构间的作用力，晶格失配等。

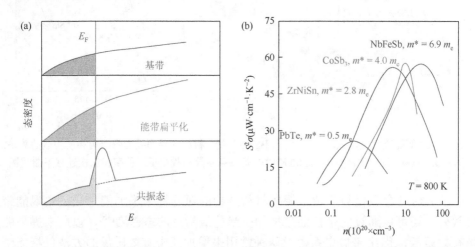

图 1.10　（a）表示单个价带的态密度（蓝色线）与能带扁平化（紫色线）和引入共振态（红色线）的态密度的对比图。(b) 在 800 k 时，不同有效质量（m^*）的各种化合物（n 型 PbTe、ZrNiSn、CoSb$_3$ 和 p 型 NbFeSb）载流子浓度的功率因子（m_e 为自由电子有效质量）

（1）原子尺度缺陷：原子尺度的点缺陷主要有空位、间隙原子、异类原子与原子取代等，是通过元素掺杂与合金化引入体系中的。引入的杂质原子与基底原子之间由于存在质量差异、尺寸差异而产生的质量波动与应力波动能对高频声子产生强烈的散射作用，能有效降低材料的晶格热导率。元素掺杂与合金化都是比较有效且常用来降低晶格热导率的方法，在多个体系中均有应用，尤其是在硫属化合物中[46-50]，合金化有效降低晶格热导率，提升材料的热电性能。SnSe 通过合金化 AgSbTe$_2$ 不仅增大了能带有效质量，优化了 SnSe 的电传输性能，也同时显著降低了材料的热导率，相比较于纯样来说，优化后样品的室温热导率降低了近70%[48]。PbTe 经 S 合金化后，晶格热导率下降近一半，最终 923 K 时 PbTe$_{0.7}$S$_{0.3}$ 样品的 ZT 值超过了 2[46]。对于方钴矿以及笼状化合物热电材料，降低其晶格热导率的方式一般都是通过引入填充原子，比如单填充、二元填充和多元填充。由于笼状化合物内部具有较大的孔洞，填充后的原子可在晶格内部进行较大频率的振动，能有效散射相应频率的声子，实现热导率的降低。比如在 $CoSb_3$ 间隙位置填充碱土金属[51]、稀土金属[52-54]或者一些其他元素[55, 56]都能有效地降低其晶格热导率，获得较优的热电性能。

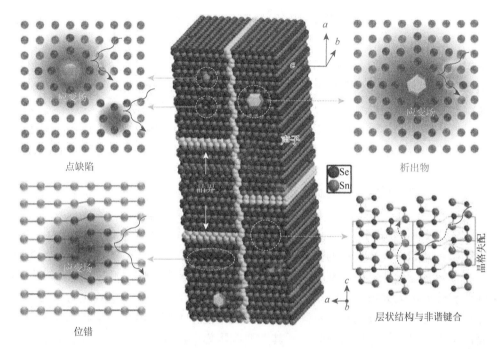

图 1.11　材料中包含的声子散射效应示意图

　　（2）纳米尺度缺陷：纳米尺度的第二相可通过调控制备工艺、元素掺杂含量与组成成分，从而原位析出，也可通过外加的方式引入第二相纳米颗粒。增加的纳米第二相与基底之间的界面能有效散射高频声子与中频声子，来降低材料的热导率。在 $Bi_2Te_{2.7}Se_{0.3}$ 中引入 Ni 纳米颗粒，不仅能显著提升载流子浓度提高电传输性能，更能增加散射中心，显著降低材料的晶格热导率[57]。硫化铋中通过 $CuBr_2$ 掺杂不仅提升了硫化铋的电传输性能，单质 Cu 的析出增加第二相界面，降低材料的晶格热导率，显著提升硫化铋的热电性能[58]。
　　（3）亚微米结构缺陷：像位错、晶界等亚结构能有效散射中频与低频声子。Yang 等[43]通过水热法制备的 Bi_2Te_3 纳米结构，由于烧结过程中片与片之间的相互堆叠，形成小角晶界，产生大量的位错，显著降低了 Bi_2Te_3 的晶格热导率。Li 等[59]通过微波水热法合成 SnTe 纳米结构粉体，结果表明，晶粒尺寸越小，晶界密度越高，更能有效地散射声子来获取一个较低的晶格热导率。Sharp 等[60]

也通过计算发现，当 $Zr_{0.5}Hf_{0.5}NiSn$ 的晶粒尺寸在 10 μm 以下时，将有一个较低的晶格热导率。

1.5　热电材料的应用

相比于传统电机而言，热电材料的转换效率极低，这也使得热电材料自搭建成发电装置以其来应用就受到了极大的限制。但近代以来，化石能源的大量消耗不但造成了能源的浪费，也同时带来了极大的污染问题。传统依靠燃烧化石能源来获取基本能源的方式所带来的问题人类无法再忽视。特别对于一些发展中国家，能源和环境压力日趋严重。热电材料具有很多优势，不仅不会产生二次污染，还可以将环境中的热量收集利用，缓解环境和能源压力。热电材料可以利用自然界天然温差和工业生产所产生废热来进行发电，具有良好的综合社会效益。目前在探测器、远距离导航、石油化工以及家用电器等方面已经有了小规模的应用。而利用佩尔捷效应制成的热电制冷机具有机械压缩制冷机难以媲美的优点：尺寸小而质量轻，无机械转动部分（从而工作噪声较小），没有液态或气态介质（因此环境污染较小），精确控温，具有较高的响应速度，器件使用寿命长。同时还可以提供较低温度的工作环境，为很多需要低温工作的设备提供内部制冷。另外热电材料制备的微型元件可用于制备微型电源作为传感器使用，或者进行微区冷却作为调温系统等，大大拓展了热电材料的应用领域。热电材料在热电效应的基础上，针对不同的需求，分别有了不同的应用。热电器件主要集中在民用和军用两个方面，由于材料的特殊性与局限性，其主要应用集中在高端精密仪器方面的发电与制冷。值得一提的是，热电器件是相对独立的一个部件，不仅可以当作一个完整的独立的器件进行使用，也可以配合其他器件或者与另外的能源形式进行复合使用，以达到优化器件性能来调整能源结构的目的[61]。

1.5.1　放射性同位素热电式发电机

放射性同位素热电式发电机（radioisotope thermoelectric generators，RTG）由于具有高的能量密度，极长的工作寿命以及无须加油等优势，在无法通过其他一些途径获取所需电力时，RTG 无疑是一种强大而稳定的远程电源。RTG 的应用和我们前面说的一样，都是在一些比较特殊的环境中使用，如深海探索以及大多数航天任务，包括阿波罗登月计划和火星登陆器所用的探测器等。月球自转周期是 27.32 天，这就意味着探测器将长时间在黑夜中工作，太阳能电池无法提供稳定持续的电能；另外对于火星探测器来说，由于火星上没有液态水的存在，但却有大气的流动，火星上的石块被风沙所侵蚀，变得棱角分明，探测器若采用太阳能电池板来提供能源，太阳能电板容易被飞沙走石所破坏，所以热电器件在这些环境中发挥着不可替代的作用。RTG 利用的是放射性元素衰变所产生的热量与星球表面所形成的温度差，从而产生温差电流为设备进行供能。月球在月夜期间，月球表面无光照[62]，具有很小的红外热流，同时没有大气，导热系数小，表面温度会很快降至 93 K 左右。火星表面的平均温度在 218 K，但在冬天仅有 140 K，其大气密度只有地球的 1%。较大的温度差为热电材料提供了绝佳的工作环境[63, 64]。

20 世纪 60 年代，碲化铅基材料已经用于 RTG 的应用[65]，但由于工作环境温度较高，很快碲化铅就被更耐高温的 SiGe 合金所取代。图 1.12 给出的是以 SiGe 合金为热电单元制作的 RTG 结构图[66]。

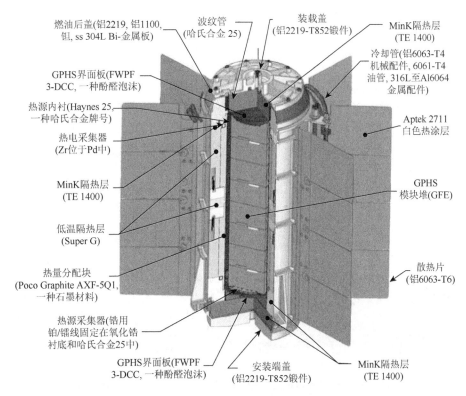

图 1.12　基于 SiGe 合金为热电单元的放射性同位素热电发电机示意图

此装置具有 18 个热源，总功率在 4000 W 以上，总共拥有将近 600 个 SiGe 单元围绕 18 个热源模块进行辐射耦合，其连接方式并不是单纯以串联或者并联连接，主要连接成串并联网络来防止发电机出现单点故障。基于 SiGe 合金的 RTG 功率系数达到了 5.1 W·kg^{-1}，高于方钴矿的 4 W·kg^{-1}。放射性同位素虽然会衰变，但长时间的工作也证明了 RTG 热电器件具有可靠性高、无噪声、抗辐射、无振动和无有毒气体释放等优点[17]。

1.5.2　太阳能热电发电机

太阳能热电发电机（solar thermal power generators，STEG）是利用太阳能中的红外辐射作为热源，通过热收集器形成热端，同时与冷端形成温度梯度后，产生温差电流[67]。Kraemer 等开发了一种新型的 STEG 装置，如图 1.13（a）所示，在此装置中，通过吸收器将具有高能量的太阳辐射转换为热量，再利用导热基板将热量集中在热电模块的热端以产生较大的温差。其效率可达到 4.6%，相比之前的平面 STEG，转换效率有了很大的增强。但 STEG 要达到实际应用的水平，其转换效率需要进一步的提高[17]。一方面可使用性能优异的具有选择性的滤波器和太阳能集热器，通过集成 STEG 能够有效大面积捕获太阳能中的热能来提供稳定而大的温度差[17, 67]；另一方面是通过计算机模拟和建模来指导 STEG 的设计，从而优化器件构型，同时优化利用具有高性能的热电材料[68, 69]。Baranowski 等通过模型构建研究发现，当热端温度达到 1000℃，材料的热电优值为 1，入射通量是 100 kW·m^{-2} 时，其热电转换效率可达到 15.9%；而当热端温度达到 1500℃，材料的热电优值为 2 时，器件的热电转换效率可达到 30%[70]。最后一种是 STEG 与光伏器件相互结合[71, 72]。

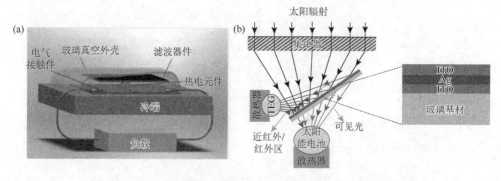

图 1.13　（a）太阳能热电发电机的结构图；（b）利用分光光束器制作的光伏-太阳能热电发电机系统

一般，太阳能电池可以吸收 80%的太阳辐射能，可惜的是其中仅有一小部分可以转换为电能，不仅大量的热能被浪费，更需要额外的能量来为设备制冷，无端增加了使用成本。如图 1.13（b）所示，采用太阳光束分离器能将太阳辐射分为不同波长的光，分别作为太阳能电池与 STEG 的能量输入[73]，将两者结合在一起来优化能源结构，由此得到的复合系统的转换效率要远高于单个器件的转换效率，在极大增强太阳能使用率的同时降低了使用成本。

1.5.3 生物热源供电设备

依靠生物热源来供电的设备一般可分为两种：植入式设备和可穿戴式设备[74,75]。植入式设备利用的是身体核心与皮肤表面之间的温差来供能，而可穿戴式设备利用的是皮肤与环境之间的温差提供能量，如图 1.14（a）所示。一般来说，这类设备的功率非常低，只有几微瓦至毫瓦，利用生物热源作为其热端来供热足以满足这类热电发电机的运行[76]。植入式设备所采用的热电发电机体积小、结构简单，没有复杂的线路连接，更无须更换电池。基于上述优点所制造的一些健康医疗器材可用来替代或增强人体特定器官或组织，这在临床医学中都发挥了重要的作用，如心房除颤器与心脏起搏器等。由于植入式设备需要进入人体，所以在选择材料与发电器件的构筑时要格外谨慎，除了要考虑器件的绝缘性和导热性外，还需要特别考虑材料的生物相容性与毒性等。

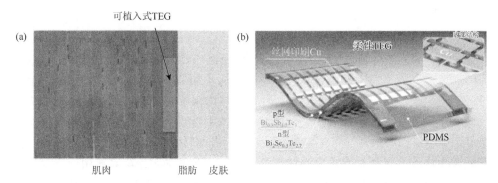

图 1.14 （a）可植入肌肉和人体的 TEG 示意图；（b）基于 p 型和 n 型 Bi_2Te_3 基材料的塑性热电发电机

与可植入设备相比，可穿戴设备在生活中已经非常常见，并已被临床用于健康管理和体质监测，或者在不植入人体的情况下感知和收集相关的生物数据。TEG 材料作为一种可穿戴的设备，具有一定的灵活性和可操作性，并且不需要额外的电源来供电。图 1.14（b）给出的是具有 72 对 p-n 结的塑性热电发电机，p 型和 n 型材料用的是 Bi_2Te_3 基材料，当温差为 25℃时，输出功率密度为 4.78 $mW \cdot cm^{-2}$ 和 20.8 $mW \cdot g^{-1}$[77]。但不可否认的是这类热电发电机的输出功率非常低，植入式设备仅依靠体内和体表的温度差提供温度梯度，而穿戴式依靠体表和环境形成的温度差作为能源，小的温度差不足以提供需要的转换效率[78]。

因此，优化并寻找新的具有较高 Z 值的材料能够显著提升利用生物热源作为热端的热电发电装置。

1.5.4　温度传感及控制装置

利用热电材料的塞贝克效应所制作的器件还可用作温度传感器，通过温度的变化引起电信号的变化来描述温度的变化。这类热电器件具有较高的可靠性，而且可以在一些特殊的极端环境中进行作业，只要具有稳定的温差，可实现自供电，不需要定期维护。热电传感装置广泛应用于红外探测器、火警检测系统等[79]工作场景中。对于薄膜类热电传感器因具有体积小、灵敏度高等优势，具有在微机电系统应用的潜力[80]。另外利用佩尔捷效应制备的器件，通过外加一个稳定的电场，可以作为一种局部制冷系统[81-83]。此类制冷设备已广泛应用于各种领域的应用，如易用的小型便携式胰岛素保冷盒、汽车座椅制冷系统、便携式小型热电冰箱及一些特殊的医疗器械等[84]。

1.5.5　水分收集装置

如今，全世界有超过 12 亿人因无法获取清洁的饮用水而使生活陷入困境，并且这种矛盾随着人口不断增长和环境污染而逐步加剧。饮用水的短缺已成为全球性的问题，迫切需要通过一些先进而环保的技术来解决[85, 86]。其中一种方法是从比较潮湿的环境中直接获取，或者通过将一些不能直接饮用的水源进行蒸馏冷凝来获取水分，如海水。当空气湿度达到一定等级的时候且集水器表面温度较低时，无论是室内还是室外，水冷凝系统都可工作。但传统的水冷凝系统由于能源的成本较高、尺寸过大、工作过程中噪声和振动较强等缺点存在，严重限制了其发展和实际的应用。通过热电制冷装置可调节外加电流来稳定温差，从而在冷却系统中集成。如果利用太阳能电池作为热电冷凝水系统的电源，可以实现稳定而连续的电能供应，无须提供复杂的线路和频繁的维护。利用热电材料的佩尔捷原理制备的冷凝器，可以实现低成本、高效率、无噪声和无振动的进行水冷凝和收集[87, 88]。盐水也可以通过包含由 TE 冷却器集成的太阳能圆盘斯特林发动机组成的系统中的斯特林发动机和热电冷却器放出的热量进行加热，如图 1.15（c）所示。模拟结果表明，预热和 TE 冷却模块的组合使生产效率从 2.93 kg 每天提高到 40.96 kg 每天。基于 TE 冷却器的自供电冷凝系统具有成本低、无噪声、无振动等优点。通过进一步净化，可使凝结水成为饮用水，满足人类对可持续净化淡水的不断需求[89]。

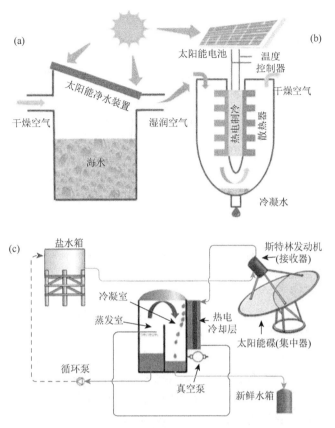

图 1.15 示意图（a）一个利用太阳能水蒸馏器产生潮湿的空气；（b）一个由太阳能电池供电的冷凝系统；（c）斯特林发动机-热电冷却器系统用以产生电力和生产淡化水示意图[89]

1.6 热电材料的表征及性能参数测试

1.6.1 X 射线衍射物相分析

X 射线衍射分析（X-ray diffraction，XRD）是利用 X 射线在晶体物质中的衍射效应进行物质结构分析的技术，可用于分析材料的相结构、晶粒尺寸等信息。其原理是利用布拉格公式：$2d\sin\theta = n\lambda$（d：晶面间距，θ：衍射角，λ：入射波长）。θ 角可通过已知波长的 X 射线来测量，晶面间距可由此计算得到，从而可以知道所测样品的组成成分或晶体结构。将制备的粉末或者是块体材料固定在特定的容器上，进行 X 射线分析。实验采用日本理学的 miniflex600 X 射线粉末衍射仪，辐射源是 Cu-K$_\alpha$，波长为 0.15406 nm，所用的管流和管压分别为 15 mA 和 40 kV，扫描速度是 5°/min，步长为 0.02°，所扫描的范围为 20°～70°。

1.6.2　场发射扫描电子显微镜

利用场发射扫描电子显微镜（field emission scanning electron microscope，简称 FESEM）对制备的粉体以及烧结后块体的断面形貌进行观察，以此来分析优化后样品晶粒尺寸的变化。元素组成成分采用 X 射线能量色散谱仪进行定性与定量分析。对于电导率特别低的样品，进行喷金处理，减少电子积聚，提高分辨率与图片的清晰度。

1.6.3　高分辨透射电子显微镜

透射电子显微镜（transmission electron microscope，简称 TEM），可用于辅助观察材料在光学显微镜下无法看清的微观结构。电子显微镜与光学显微镜的成像原理基本一样，不同之处在于电子显微镜用电子束作为光源，并用电磁场作为透镜。电子显微镜的放大倍数可达近百万倍，主要由 5 个系统构成，包括照明系统、成像系统、真空系统、记录系统和电源系统。通过把经加速和聚集的电子束投射到非常薄的样品上，电子与样品中的原子碰撞会改变方向，从而产生立体角散射。而散射角的大小与样品的一些参数有关，比如样品密度、厚度等参数，从而可以形成明暗不同的影像，影像将在放大、聚焦后在成像器件上显示出来。明场相依靠透射束成像，对样品的晶粒尺寸比较敏感，可用于观察晶粒尺寸的变化情况；暗场相依靠衍射束成像，对样品中的缺陷比较敏感，可用于分析样品中产生的缺陷极其分布情况。透射电镜同样也搭配有 EDS 分析系统，可进行元素成分的测试分析。

1.6.4　放电等离子体烧结

烧结采用放电等离子体烧结（spark plasma sintering，简称 SPS）技术，此法烧结的样品由于保温时间大大缩短，抑制了晶粒的过分长大，能保存较高的晶界密度，从而获得较低的热导率。SPS 烧结炉装置主要包括以下几个主要部分：气氛控制系统（真空，氩气），直流脉冲及冷却水，轴向压力装置，水冷重头电极，真空腔体，位移测量，温度测量和安全等控制元件。SPS 烧结技术又称等离子活化烧结技术，是近年来发展起来的一种新型的可进行快速烧结的技术。SPS 烧结技术结合等离子活化、热压和电阻加热为一体，具有升温速度快、烧结时间短、外加压力和烧结气氛可控等特点。SPS 烧结是通过将粉末装入石墨磨具内，利用上下模冲及通电电极对烧结粉末同时施加等离子体和压力，令粉末表面活化产生塑性变形，冷却后得到致密的块体材料。本实验中具体的烧结参数为：烧结温度为 400℃，5 min 保温时间，100 K·min^{-1} 的升温速率，40 MPa 的烧结压力。具体的石墨磨具更具需要选取。

1.6.5 X 射线光电子能谱

X 射线光电子能谱（X-ray photoelectron spectroscopy，简称 XPS）技术是电子材料与元器件显微分析中的一种先进的分析技术。它能够为化学研究提供分子结构和原子价态方面的信息，还能为电子材料研究提供各种化合物的元素组成和含量、化学状态、分子结构、化学键方面的信息。XPS 能对固体样品的元素成分进行定性、定量或半定量及价态分析。固体样品表面的组成、化学状态分析广泛应用于元素分析、多相研究、化合物结构鉴定、富集法微量元素分析、元素价态鉴定。XPS 作为分析检测手段具有以下特点：

（1）基本上除 H 和 He 以外的元素都可以分析，灵敏度较高；

（2）相邻元素之间的相互干扰较少，元素定性分析精度较高；

（3）可以观测化学位移；

（4）可进行一定的定量分析；

（5）是一种具有较高灵敏度的超微量表面分析技术。

1.6.6 样品密度测试

选择合适大小的已经烧结好的样品块体，通过阿基米德排水法进行密度（ρ）的测试。这里分别称量样品在空气中的质量，完全吸水后的质量和完全浸润在水中的质量，然后通过式（1.32）进行计算

$$\rho = \frac{M_0}{M_2 - M_1}\rho_h \tag{1.32}$$

其中，M_0 是没有吸水的样品在空气中的质量，M_2 为完全吸水后样品在空气中的质量，M_1 为完全浸润在水中的质量，ρ_h 是水的密度。

1.6.7 电传输性能测试

对于材料的电传输性能，我们采用的是日本 Adcance-Riko 公司生产的 ZEM-3 塞贝克/电阻测试系统，可进行材料的电阻率与塞贝克系数测试。塞贝克系数的定义如下

$$S(T) = \lim_{T_1 \to T_2} \frac{V(T_1, T_2)}{T_1 - T_2} \tag{1.33}$$

　　由上可知，要得到材料的塞贝克系数，需要知道材料冷端与热端的温差，以及温差所产生的电势差。如图 1.16 为 ZEM-3 的工作原理示意图，在样品两端提供一个温差 $T_1 < T_2$，假设 $\Delta T = T_2 - T_1$，则两端的电动势 $V(T_2, T_1)$ 可表示为

$$V(T_1, T_2) = \int_{T_2}^{T_1} S(T)\mathrm{d}T \tag{1.34}$$

　　若 ΔT 较小，可近似得到

$$S(T) = \frac{V(T_1, T_2)}{\Delta T} \tag{1.35}$$

　　根据以上计算转换可得到材料的塞贝克系数。不过实际测量的过程中还需考虑其他因素，比如导线与热电偶的塞贝克系数需要扣除，才能得到最终材料的塞贝克系数。

　　对于材料的电阻率也是利用的日本 Adcance-Riko 公司生产的 ZEM-3 塞贝克/电阻测试系统。测试过程中在样品上下两端施加一个恒定的电流，通过探针来测量样品两端的电压，同时结合样品的形状（需知道样品的横截面积）和探针之间的距离，由公式（1.36）可得出电阻率

$$\rho_s = \frac{AV}{I\Delta x} = \frac{A}{\Delta x}R \tag{1.36}$$

其中，Δx 是探针间距，A 是样品的横截面积，V 是探针间的电压，I 是横截面积为 A 的材料上通过的电流总强度，R 为探针距离间样品的电阻。样品的电阻率跟样品的形状和探针间距有密切的关系。

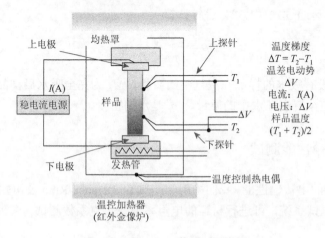

图 1.16　ZEM-3 工作原理示意图

1.6.8　热传输性能测试

通过相关参数的测试并利用式（1.37）计算得到材料的热导率

$$\kappa = D\,C_{\mathrm{p}}\,d \tag{1.37}$$

其中，D 为块体样品的热扩散系数，d 为材料的密度，C_{p} 是材料本身的热容。热扩散系数采用的是德国耐驰公司推出的激光热导仪 LFA457 通过瞬态激光闪射法测试得到。如图 1.17（a）是激光闪射法的工作示意图。在给定的设定恒定温度 T 下，由激光源（或闪光氙灯）在瞬间发射一束激光脉冲，均匀照射在所要测试的样品的下表面，使其下表层吸收能量后温度瞬时上升，此时以一维热传导方式作为热端将能量向冷端传导，即上表面传播。这时利用红外探测器连续测量冷端的相应升温过程，得到的类似于图 1.17（b）的温度（检测器信号）升高对时间的关系曲线。

有一点需要注意，若光脉冲宽度接近于无限小，热量在样品内部以理想的一维传热由热端至冷端的传导过程没有横向热流的损耗，且在样品吸收照射光能量后温度均匀上升，整个过程中无任何热损耗（表现在样品上表面温度升高至图中的顶点后始终保持恒定的水平线而无下降）的理想情况下，则通过下面的公式（1.38）即可得到样品在温度 T 下的热扩散系数 D

$$D = 0.1388 \times \frac{d^2}{t_{50}} \tag{1.38}$$

式中，d 为样品的厚度，单位为 mm，直径根据耐驰提供的标准的模具确定；t_{50} 是半升温时间，又称 $t_{1/2}$，如图 1.17（b）所示为在接收光脉冲照射后，样品冷端温度升高到最大值的一半所需的时间。

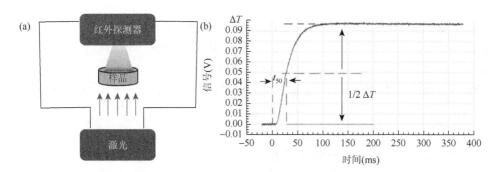

图 1.17　（a）LFA457 工作原理示意图；（b）红外探测器温度信号示意图

1.6.9　霍尔效应测试

实验中采用韩国进口的霍尔效应测试系统（HMS7000，Ecopia，Korea）对样品进行室温下的载流子浓度与迁移率测试，来分析样品电导率变化的原因。该系统利用的是范彼得堡法，在可逆磁场 $0.5\ T$ 下进行测试，最小电流可达 $2\ nA$，极小的电流使得其可用于高电阻材料的测试。在测试的整个过程中通以氩气进行保护。

1.6.10　电子探针

电子探针显微分析（electron probe microanalysis，EPMA）可以用来分析薄片中矿物微区的化学成分。通过聚焦的高能电子束轰击在固体表面，使被轰击的元素激发出特征 X 射线，然后用分光器或检波器测定荧光 X 射线的波长，并将其强度与标准样品进行对比，或根据不同强度校正直接计数出组分含量。分析的元素从原子序数 3 到 92 号。由于电子探针技术相较于复杂的分析方法而言，具有操作迅速简单、检测结果简单容易分析、分析过程不会对样品有损伤、测量准确度较高的特点，所以在冶金、电子材料、生物、医学等领域中应用广泛，是一种对样品组成分析的重要工具。

1.6.11　超声模量测试系统

材料的横波与纵波声速通过法国进口的 UMS 先进超声模量测试系统（UMS-100，Techlab，France）进行测试得到。超声波反射法是基于组织的界面通过不同的声阻抗时发生的强反射的原理工作。

本实验中需将样品切割磨制为直径 6 mm，厚度 1 mm 左右的圆片。进行横波声速测试时，采用的是 V157-RM 探头，频率采用 5 MHz，电压保持在 50 V；进行纵波声速测试时，采用的是 V116-RM 探头，频率采用 20 MHz，电压保持在 200 V。得到横纵波声速后，只需输入对应样品的密度，根据系统自带的计算公式，即可得到对应的模量与弹性性质。

1.6.12　紫外可见近红外分光光度计

半导体材料的光学带隙可通过日本岛津公司生产的紫外可见近红外分光光度

计（UV-3600 plus）进行测试分析。半导体的光学带隙无法通过光度计直接得到，需要通过一系列的转换。

$$F(R) \times (h\nu) = (h\nu - E_g)^{1/2} \tag{1.39}$$

其中，R 是反射率，$F(R)$ 为消光系数，h 为普朗克常量，ν 是频率，E_g 是带隙。以能量 $h\nu$ 为横坐标绘制曲线后取其斜率的最大值做切线，切线与横坐标的交点为带隙 E_g。

1.6.13 小型热电转换效率测试系统

一直以来，材料的研究都是为了实现生产力的转化。对于热电材料，通过各种手段方法不断探索研究优化，最终得到性能优异、成本低廉的材料只是第一步。材料向器件的转变是实现能源转化的另一重要的一步。对于热电器件转换效率的测试，采用的是日本 Ulvac-Riko 公司生产的小型热电转换效率测试系统 Mini-PEM，如图 1.18（a）所示。小型热电转换效率测量系统 Mini-PEM 可测量热电材料产生的电量及热电转换效率 η。热电转换效率 η 可以通过产生的电量和热流来获得（电量是通过四探针法获得；热流是通过热流计获得）。

设备的主要特点：

（1）可以实现通过自动测量热流量和发电量来获得热电转换效率；

（2）可以实现对方形小型材料块体 2～10 mm、1～20 mm H 测量；

（3）高温面可以加热到 500℃；

（4）操作非常简单，易于上手。

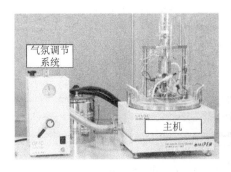

图 1.18 热电转换效率测试系统

参 考 文 献

[1] 陈立东，刘睿恒，史迅. 热电材料与器件 [M]. 北京：科学出版社. 2018.

[2] Snyder G J，S T E. Complex thermoelectric materials [J]. Nature Materials，2008，7（2）：105-114.

[3]　Zhang X, Zhao L D. Thermoelectric materials: Energy conversion between heat and electricity [J]. Journal of Materiomics, 2015, 1 (2): 92-105.

[4]　Chen C L, Wang H, Chen Y Y, et al. Thermoelectric properties of p-type polycrystalline SnSe doped with Ag [J]. Journal of Materials Chemistry A, 2014, 2 (29): 11171-11176.

[5]　Zhu T, Zhao L D, Fu C. Thermoelectric materials [J]. Annalen der Physik, 2020, 532 (11): 2000435.

[6]　Pan Y, Yao M, Hong X, et al. $Mg_3(Bi, Sb)_2$ single crystals towards high thermoelectric performance [J]. Energy & Environmental Science, 2020, 13 (6): 1717-1724.

[7]　高敏, 张景韶. 温差电转换及其应用 [M]. 北京: 兵器工业出版社, 1996.

[8]　Zhao Y, Wang S, Ge M, et al. Analysis of thermoelectric generation characteristics of flue gas waste heat from natural gas boiler [J]. Energy Conversion and Management, 2017, 148: 820-829.

[9]　Tritt T M. Thermoelectric phenomena, materials, and applications [J]. Annual Review of Materials Research, 2011, 41 (1): 433-448.

[10]　Pourkiaei S M, Ahmadi M H, Sadeghzadeh M, et al. Thermoelectric cooler and thermoelectric generator devices: A review of present and potential applications, modeling and materials [J]. Energy, 2019, 186: 115849.

[11]　Vining C B. An inconvenient truth about thermoelectrics [J]. Nature Materials, 2009, 8 (2): 83.

[12]　Rogl G, Grytsiv A, Rogl P, et al. N-Type skutterudites (R, Ba, Yb)$_y$Co$_4$Sb$_{12}$ (R = Sr, La, Mm, DD, SrMm, SrDD) approaching$_{ZT}$ ≈ 2.0 [J]. Acta Materialia, 2014, 63: 30-43.

[13]　赵昆渝, 葛振华, 李智东. 新热电材料概论 [M]. 北京: 科学出版社, 2016.

[14]　Vedernikov M V, Iordanishvili E K. A.F. Ioffe and Origin of modern semiconductor thermoelectric energy conversion [C]//Seventeenth International Conference on Thermoelectrics Proceedings ICT98 (Cat No 98TH8365) IEEE, 1998: 37-42.

[15]　Ioffe A F, Stil'bans L S, Iordanishvili E K, et al. Semiconductor thermoelements and thermoelectric cooling [J]. Physics Today, 1959, 12 (5): 42.

[16]　Yamamoto T. New applications of thermoelements for cooling semiconductor devices [J]. Proceedings of the IEEE, 1968, 56 (2): 230-231.

[17]　Hamid Elsheikh M, Shnawah D A, Sabri M F M, et al. A review on thermoelectric renewable energy: Principle parameters that affect their performance [J]. Renewable and Sustainable Energy Reviews, 2014, 30: 337-355.

[18]　Pei Y L, Wu H, Wu D, et al. High thermoelectric performance realized in a BiCuSeO system by improving carrier mobility through 3D modulation doping [J]. Journal of the American Chemical Society, 2014, 136 (39): 13902-13908.

[19]　Kim S I, Lee K H, Amun H, et al. Dense dislocation arrays embedded in grain boundaries for high-performance bulk thermoelectrics [J]. Science, 2015, 348 (6230): 109-114.

[20]　Zhu B, Liu X, Wang Q, et al. Realizing record high performance in n-type Bi_2Te_3-based thermoelectric materials [J]. Energy Environ Sci, 2020, 13 (7): 2106-2114.

[21]　Shi F, Tan C, Wang H, et al. Enhanced Thermoelectric Properties of p-Type $Bi_{0.48}Sb_{1.52}Te_3/Sb_2Te_3$ Composite [J]. ACS applied materials & interfaces, 2020, 12 (47): 52922-52928.

[22]　Disalvo F J. Thermoelectric cooling and power generation [J]. Science, 1999, 285 (5428): 703-706.

[23]　Dornhaus R, Nimtz G, Schlicht B. Narrow-Gap Semiconductors [M]. Berlin: Springer. 1983.

[24]　Ravich Y I, Efimova B A, Smirnov I A, et al. Semiconducting Lead Chalcogenides [M]. New York: Springer. 1970.

[25]　Tan G, Shi F, Hao S, et al. Codoping in SnTe: Enhancement of thermoelectric performance through synergy of resonance levels and band convergence [J]. Journal of the American Chemical Society, 2015, 137(15): 5100-5112.

[26] Pei Y, Lalonde A D, Heinz N A, et al. High thermoelectric figure of merit in PbTe alloys demonstrated in PbTe-CdTe [J]. Advanced Energy Materials, 2012, 2（6）: 670-675.

[27] Kang C C, Yamauchi K A, Vlassakis J, et al. Single cell-resolution western blotting [J]. Nature Protocols, 2016, 11（8）: 1508-1530.

[28] Pei Y, Wang H, Gibbs Z M, et al. Thermopower enhancement in Pb1−xMnxTe alloys and its effect on thermoelectric efficiency [J]. NPG Asia Materials, 2012, 4（9）: e28-e28.

[29] Wang H, Gibbs Z M, Takagiwa Y, et al. Tuning bands of PbSe for better thermoelectric efficiency [J]. Energy Environ Sci, 2014, 7（2）: 804-811.

[30] Zhao L D, Wu H J, Hao S Q, et al. All-scale hierarchical thermoelectrics: MgTe in PbTe facilitates valence band convergence and suppresses bipolar thermal transport for high performance [J]. Energy & Environmental Science, 2013, 6（11）: 3346.

[31] Tan G, Zhao L D, Shi F, et al. High thermoelectric performance of p-type SnTe via a synergistic band engineering and nanostructuring approach [J]. Journal of the American Chemical Society, 2014, 136（19）: 7006-7017.

[32] Tan G, Shi F, Doak J W, et al. Extraordinary role of Hg in enhancing the thermoelectric performance of p-type SnTe [J]. Energy & Environmental Science, 2015, 8（1）: 267-277.

[33] Tan G, Hao S, Hanus R C, et al. High thermoelectric performance in SnTe–AgSbTe₂ alloys from lattice softening, giant phonon-vacancy scattering, and valence band convergence [J]. ACS Energy Letters, 2018, 3（3）: 705-712.

[34] Wu H, Chang C, Feng D, et al. Synergistically optimized electrical and thermal transport properties of SnTe via alloying high-solubility MnTe [J]. Energy & Environmental Science, 2015, 8（11）: 3298-3312.

[35] Tan X J, Shao H Z, He J, et al. Band engineering and improved thermoelectric performance in M-doped SnTe （M = Mg, Mn, Cd, and Hg）[J]. Physical Chemistry Chemical Physics, 2016, 18（10）: 7141-7147.

[36] 吴立华, 杨炯, 李鑫, 等. 热电材料中自旋轨道耦合效应对电输运的影响 [J]. 自然杂志, 2016, 38（5）: 320-326.

[37] Pei Y, Gibbs Z M, Gloskovskii A, et al. Optimum carrier concentration in n-type PbTe thermoelectrics [J]. Advanced Energy Materials, 2014, 4（13）: 1400486.

[38] Heremans J P, Jovovic V, Toberer E S, et al. Enhancement of thermoelectric efficiency in PbTe by distortion of the electronic density of states [J]. Science, 2008, 321（5888）: 554-557.

[39] Zhang Q, Liao B, Lan Y, et al. High thermoelectric performance by resonant dopant indium in nanostructured SnTe [J]. Proc Natl Acad Sci U S A, 2013, 110（33）: 13261-13266.

[40] Zhang Q, Wang H, Liu W, et al. Enhancement of thermoelectric figure-of-merit by resonant states of aluminium doping in lead selenide [J]. Energy & Environmental Science, 2012, 5（1）: 5246-5251.

[41] Heremans J P, Wiendlocha B, Chamoire A M. Resonant levels in bulk thermoelectric semiconductors [J]. Energy & Environmental Science, 2012, 5（2）: 5510-5530.

[42] Heremans J P, Jovovic V, Toberer E S, et al. Enhancement of Thermoelectric Efficiency in PbTe by Distortion of the Electronic Density of States [J]. Science, 2008: 554-557.

[43] Yang L, Chen Z G, Hong M, et al. Enhanced thermoelectric performance of nanostructured Bi₂Te₃ through significant phonon scattering [J]. ACS Applied Materials & Interfaces, 2015, 7（42）: 23694-23699.

[44] Qiu B, Bao H, Zhang G, et al. Molecular dynamics simulations of lattice thermal conductivity and spectral phonon mean free path of PbTe: Bulk and nanostructures [J]. Computational Materials Science, 2012, 53（1）: 278-285.

[45] Biswas K, He J, Blum I D, et al. High-performance bulk thermoelectrics with all-scale hierarchical architectures [J]. Nature, 2012, 489（7416）: 414-418.

[46] Wu H J, Zhao L D, Zheng F S, et al. Broad temperature plateau for thermoelectric figure of merit $ZT>2$ in phase-separated $PbTe_{0.7}S_{0.3}$ [J]. Nature Communications, 2014, 5 (1): 4515.

[47] Zhu Y, Carrete J, Meng Q L, et al. Independently tuning the power factor and thermal conductivity of SnSe via Ag_2S addition and nanostructuring [J]. Journal of Materials Chemistry A, 2018, 6 (17): 7959-7966.

[48] Wang H, Hu H, Man N, et al. Band flattening and phonon-defect scattering in cubic SnSe–$AgSbTe_2$ alloy for thermoelectric enhancement [J]. Materials Today Physics, 2021, 16: 100298.

[49] Zhang Q, Chere E K, Sun J, et al. Studies on thermoelectric properties of n-type polycrystalline $SnSe_{1-x}S_x$ by iodine doping [J]. Advanced Energy Materials, 2015, 5 (12): 1500360.

[50] Han Y M, Zhao J, Zhou M, et al. Thermoelectric performance of SnS and SnS–SnSe solid solution [J]. Journal of Materials Chemistry A, 2015, 3 (8): 4555-4559.

[51] Li X, Zhang Q, Kang Y, et al. High pressure synthesized Ca-filled $CoSb_3$ skutterudites with enhanced thermoelectric properties [J]. Journal of Alloys and Compounds, 2016, 677: 61-65.

[52] Qin D, Shi W, Xue W, et al. Solubility study of Y in n-type $Y_xCe_{0.15}Co_4Sb_{12}$ skutterudites and its effect on thermoelectric properties [J]. Materials Today Physics, 2020, 13: 100206.

[53] Ryll B, Schmitz A, De Boor J, et al. Structure, phase composition, and thermoelectric properties of $Yb_xCo_4Sb_{12}$ and their dependence on synthesis method [J]. ACS Applied Energy Materials, 2017, 1 (1): 113-122.

[54] Tang Y, Hanus R, Chen S W, et al. Solubility design leading to high figure of merit in low-cost Ce-$CoSb_3$ skutterudites [J]. Nature Communications, 2015, 6: 7584-7590.

[55] Gainza J, Serrano-Sánchez F, Rodrigues J E, et al. Unveiling the Correlation between the Crystalline Structure of M-Filled $CoSb_3$ (M = Y, K, Sr) Skutterudites and Their Thermoelectric Transport Properties [J]. Advanced Functional Materials, 2020, 30 (36): 2001651.

[56] Ortiz B R, Crawford C M, Mckinney R W, et al. Thermoelectric properties of bromine filled $CoSb_3$ skutterudite [J]. Journal of Materials Chemistry A, 2016, 4 (21): 8444-8450.

[57] Du B, Lai X, Liu Q, et al. Spark plasma sintered bulk nanocomposites of $Bi_2Te_{2.7}Se_{0.3}$ nanoplates incorporated Ni nanoparticles with enhanced thermoelectric performance [J]. ACS Applied Materials & Interfaces, 2019, 11 (35): 31816-31823.

[58] Liu Z, Pei Y, Geng H, et al. Enhanced thermoelectric performance of Bi_2S_3 by synergistical action of bromine substitution and copper nanoparticles [J]. Nano Energy, 2015, 13: 554-562.

[59] Li Z, Chen Y, Li J F, et al. Systhesizing SnTe nanocrystals leading to thermoelectric performance enhancement via an ultra-fast microwave hydrothermal method [J]. Nano Energy, 2016, 28: 78-86.

[60] Sharp J W, Poon S J, Goldsmid H J. Boundary scattering and the thermoelectric figure of merit [J]. Physica Status Solidi A-Applications and Materials Science, 2001, 187 (2): 507-516.

[61] Yang L, Chen Z G, Dargusch M S, et al. High performance thermoelectric materials: Progress and their applications [J]. Advanced Energy Materials, 2018, 8 (6): 1701797.

[62] Witze A. Nuclear power: Desperately seeking plutonium [J]. Nature, 2014, 515 (7528): 484-486.

[63] Solomon S C, Mcnutt R L, Gold R E, et al. MESSENGER Mission Overview [J]. Space Science Reviews, 2007, 131 (1-4): 3-39.

[64] El-Genk M S. Cascaded thermoelectric converters for advanced radioisotope power systems [J]. American Institute of Physics, 2004, 699 (1): 529-540.

[65] Holgate T C, Bennett R, Hammel T, et al. Increasing the efficiency of the multi-mission radioisotope thermoelectric generator [J]. Journal of Electronic Materials, 2014, 44 (6): 1814-1821.

[66] Yang J, Caillat T. Thermoelectric materials for space and automotive power generation [J]. MRS Bulletin, 2011, 31 (3): 224-229.

[67] Xi H, Luo L, Fraisse G. Development and applications of solar-based thermoelectric technologies [J]. Renewable and Sustainable Energy Reviews, 2007, 11 (5): 923-936.

[68] Su S, Chen J. Simulation investigation of high-efficiency solar thermoelectric generators with inhomogeneously-doped nanomaterials [J]. IEEE Transactions on Industrial Electronics, 2014: 1.

[69] Kraemer D, Mcenaney K, Chiesa M, et al. Modeling and optimization of solar thermoelectric generators for terrestrial applications [J]. Solar Energy, 2012, 86 (5): 1338-1350.

[70] Baranowski L L, Snyder G J, Toberer E S. Concentrated solar thermoelectric generators [J]. Energy & Environmental Science, 2012, 5 (10): 9055.

[71] Rockendorf G, Sillmann R, Podlowski L, et al. PV-hybrid and thermoelectric collectors [J]. Solar Energy, 1999, 67 (4): 227-237.

[72] Yang D, Yin H. Energy conversion efficiency of a novel hybrid solar system for photovoltaic, thermoelectric, and heat utilization [J]. IEEE Transactions on Energy Conversion, 2011, 26 (2): 662-670.

[73] Sibin K P, Selvakumar N, Kumar A, et al. Design and development of ITO/Ag/ITO spectral beam splitter coating for photovoltaic-thermoelectric hybrid systems [J]. Solar Energy, 2017, 141: 118-126.

[74] Leonov V, Vullers R J M. Wearable electronics self-powered by using human body heat: The state of the art and the perspective [J]. Journal of Renewable and Sustainable Energy, 2009, 1 (6): 062701.

[75] Francioso L, De Pascali C, Farella I, et al. Flexible thermoelectric generator for ambient assisted living wearable biometric sensors [J]. Journal of Power Sources, 2011, 196 (6): 3239-3243.

[76] Yang Y, Wei X J, Liu J. Suitability of a thermoelectric power generator for implantable medical electronic devices [J]. Journal of Physics D: Applied Physics, 2007, 40 (18): 5790-5800.

[77] Kim S J, Lee H E, Choi H, et al. High-performance flexible thermoelectric power generator using laser multiscanning lift-off process [J]. ACS Nano, 2016, 10 (12): 10851-10857.

[78] Huang S, Xu X. A regenerative concept for thermoelectric power generation [J]. Applied Energy, 2017, 185: 119-125.

[79] Chiang C T, Chang F W. Design of a calibrated temperature difference sensor transducer for monitoring environmental temperature difference applications [J]. IEEE Sensors Journal, 2016, 16 (4): 1038-1043.

[80] Gregory O J, Amani M, Tougas I M, et al. Stability and Microstructure of Indium Tin Oxynitride Thin Films [J]. Journal of the American Ceramic Society, 2012, 95 (2): 705-710.

[81] Dürig U. Fundamentals of micromechanical thermoelectric sensors [J]. Journal of Applied Physics, 2005, 98 (4): 044906.

[82] Snyder G J, Fleurial J P, Caillat T, et al. Supercooling of Peltier cooler using a current pulse [J]. Journal of Applied Physics, 2002, 92 (3): 1564-1569.

[83] Kiziroglou M E, Elefsiniotis A, Kokorakis N, et al. Scaling and super-cooling in heat storage harvesting devices [J]. Microsystem Technologies, 2016, 22 (7): 1905-1914.

[84] Bell L E. Cooling, heating, generating power, and recovering waste heat with thermoelectric systems [J]. Science, 2008, 321 (5895): 1457-1461.

[85] Dias P C, Cadavid D, Ortega S, et al. Autonomous soil moisture sensor based on nanostructured thermosensitive resistors powered by an integrated thermoelectric generator [J]. Sensors and Actuators A: Physical, 2016, 239: 1-7.

[86]　Joshi V P，Joshi V S，Kothari H A，et al. Experimental investigations on a portable fresh water generator using a thermoelectric cooler [J]. Energy Procedia，2017，109：161-166.

[87]　Chinnarao S，Reddy V V，Srinivasan D R. Solar water condensation using thermoelectric coolers [J]. International Journal of Water Resources and Arid Environments，2017，4：615-618.

[88]　Atta R M. Solar water condensation using thermoelectric coolers [J]. International Journal of Water Resources and Arid Environments，2011，1：142-145.

[89]　Al-Nimr M D A，Al-Ammari W A. A novel hybrid and interactive solar system consists of Stirling engine/vacuum evaporator/thermoelectric cooler for electricity generation and water distillation [J]. Renewable Energy，2020，153：1053-1066.

第 2 章　热电材料研究进展

2.1　热电材料的整体研究进展

尽管两个世纪前热电现象就已经被观察到,但一直到 20 世纪初热电优值才有了确切的定义,然后又过了几十年的发展,才出现了功能性器件,最具代表性的就是美国宇航局发射的"旅行者一号"探测器。第一代热电材料平均热电优值在 1.0 左右,其热电转换效率通常在 4%~6%。之后很长一段时间内,热电材料的研究由于没有新的突破而一直停滞不前,直至新的观点的提出——纳米尺寸效应对热电材料的影响。自此热电材料迎来了新的生机,研究者们向着提高功率因子的方向不断努力,可最终得到的结论是热导率得到了显著的降低,通过一些纳米析出物、不均匀的成分等来增强声子散射。最终通过大量的实验,第二代热电材料的 ZT 值的范围被定义在 1.3~1.7,其转换效率达到了 11%~15%左右。为了追求更高的热电优值,第三代的块体热电材料的研究集中在显著提升电传输性能的基础上保证热导率影响最小,或者电性能提升的同时热导率有一定程度的下降。比如通过价带的收敛来得到比较大的塞贝克系数,掺杂的同时最小化基体和掺杂剂间的能带差来确保高的电导率,引入点缺陷、气孔、纳米析出第二相、晶格失配等来散射不同波长的声子从而极大地降低晶格热导率。图 2.1 显示了近十年以来一些主要热电材料的热电性能优化的发展趋势[1-3]。

热电材料的发展与温度息息相关,不同热电材料由于热电 Z 值不同、热稳定性不同,获得最优性能时的温度也不相同。按其工作温度可以分为三个温区的热电材料:低温区(室温区)、中温区与高温区热电材料。

2.1.1　室温区热电材料

金属 Bi 和金属 Sb 都是导带和价带重叠能小的半金属,Bi 的态密度有效质量 m^* 只有 0.1,从而导致了其具有高的室温迁移率($104\ cm^2 \cdot V^{-1} \cdot s^{-1}$)。根据已知的文献报道,在所有的热电材料体系中,单晶铋具有最高的加权迁移率。由于半金属内部同时存在电子和空穴,所以其塞贝克系数通常偏低,但铋的负塞贝克系数较大,因为其电子空穴的加权迁移率大,单晶铋的负塞贝克系数为 $-100\ \mu V \cdot K^{-1}$,而多晶铋的负塞贝克系数也有 $-70\ \mu V \cdot K^{-1}$,这种良好的电子特性使得单晶铋的功率因子在 300 K 时为 77 μW·cm^{-2}·K^{-2}，在 100 K 时为 200 μW·cm^{-2}K^{-2}[4]。Sb 取代 Bi 位置可以极大地改变 Bi 的能带结构，Bi$_{1-x}$Sb$_x$（0.07＜x＜0.22）为一种窄禁带半导体，其中当 x 在 0.15～0.17 时，其带隙为该体系的最大值[5]。Bi$_{0.905}$Sb$_{0.75}$ 在 150 K 以下拥有高的平均 ZT，最高 ZT 值在 125 K 达到 0.45[6]，是该体系的最高值。

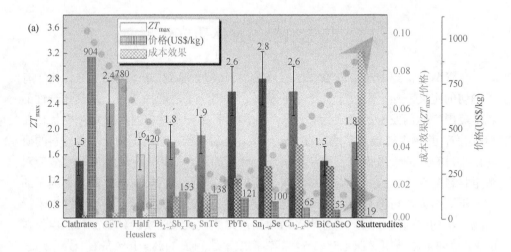

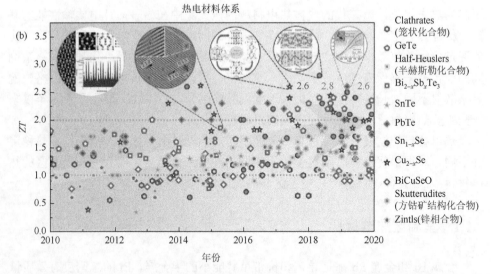

图 2.1　近十年间具有优异热电性能的热电材料的 ZT 值。（a）已经报道的最大 ZT 值，计算的成本与性价比（成本效果），（b）具有优异热电性能的热电材料研究发展的时间线[1]

经过研究者的不断探索，发现了另一种在室温区具有良好热电 Z 值的材料。MgAgSb，存在三种不同的晶体结构，小于 560 K 时是室温相的四方结构（α-MgAgSb，空间群 I-4c2）；位于 560～630 K 时为中温相的 Cu$_2$Sb 结构（β-MgAgSb，空间群

$P4/nmm$）；在 630～700 K 时为高温相的 Half-Heuslers 结构（γ-MgAgSb，空间群 F-43m）。在三种结构当中，α-MgAgSb 是一种潜在的 p 型室温段热电材料并受到了广泛的关注。Liu 等[7]通过引入适量的 Li 占据 Mg 的位置成功调控了载流子浓度，最终得到 1.1 的平均 ZT 值。Zheng 等[8]通过 Zn 掺杂的 $Mg_{0.97}Zn_{0.03}Ag_{0.9}Sb_{0.95}$ 材料，在 423 K 时得到了 1.4 的高 ZT 值，平均 ZT 达到了 1.3。Tan 等[9]通过模拟计算发现，Zn 与 Pb 掺杂 α-MgAgSb 能够获得 ZT 值为 2 的高热电性能，转换效率能够达到 12.6%。

2.1.2　中温区热电材料

常见的铅基硫属化物（PbX，X = Te、Se 和 S）热电材料在中温区具有优异的热电性能。铅基硫属化物是一种岩盐结构化合物，是离子键与共价键共存的半导体材料，具有面心立方，即 NaCl 型晶体结构，空间群为 Fm-3m。本征是 n 型半导体，可通过受主掺杂获得 p 型。常见的 p 型掺杂元素有碱金属 Li、Na、K、Cs 等，Ohta 等通过在 PbTe 中先加入纳米结构 MgTe，用来增加声子散射，降低热导率，再进行 Na_2Te 掺杂，最终在包含 2%MgTe 的材料中掺入 2% 的 Na_2Te 后获得 p 型热电材料，热电优值达到了 1.6[10]。Wu 等通过 2.5% 钾（K）掺杂的 $PbTe_{0.7}S_{0.3}$ 材料 ZT 值超过了 2，平均 ZT 值为 1.56，理论转换效率达到了 20.7%[11]。n 型 PbX 可通过在阳离子 Pb 的位置掺入 In、Al、Sb、Bi 等元素，或者在阴离子位置进行卤素（Cl、Br、I）掺杂进行性能的调控。Chang 等在 $PbCl_2$ 掺杂获得高性能 PbS 材料的基础上，通过复合多种第二相 Bi_2S_3（Sb_2S_3、SrS、CaS）降低 PbS 的热导率，最终 ZT 值在 723 K 时达到了最大的 0.8[12]；Zhang 等通过引入多相纳米结构增加声子散射，显著提升 PbTe 的热电性能，最终在 773 K 时 ZT 值达到了 1.83[13]。除了掺杂外，PbX（X = Te、Se 和 S）之间的固溶合金化也能显著地优化铅基材料的热电性能。Sun 等通过实验发现 PbTe 和 PbS 之间合金化能降低载流子浓度，提升塞贝克系数，$Pb_{0.99}Sb_{0.01}Se_{0.68}Te_{0.16}S_{0.16}$ 合金材料在 823 K 的时候得到了 0.9 的 ZT 值[14]。Ginting 等报道了 $(PbTe)_{0.95-x}(PbSe)_x(PbS)_{0.05}$ 固溶体在 Na 掺杂 2% 时，于 800 K 得到 2.3 的 ZT 值[15]。Qin 等报道了 PbX（X = Te、Se 和 S）之间的两两固溶对热电性能的影响，结果表明 $(PbTe)_{1-x}(PbSe)_x$ 固溶体可以得到 1.9 的 ZT 值，$(PbTe)_{1-x}(PbS)_x$ 与 $(PbSe)_{1-x}(PbS)_x$ 固溶后的 ZT 值分别为 1.8 与 1.2[16]。近些年，高熵合金的应用也非常广泛，通过高熵合金化，能有效引入丰富的晶格缺陷，强化声子散射，极大限度降低材料的晶格热导率，优化热电性能。Jiang 等通过 Cd、S、Te 元素合金化 p 型 PbSe 材料，能带简并有效降低材料轻带与重带之间的能量差，优化功率因子，同时引入多级结构、纳米缺陷以及高熵成分强化声子散射，降低热导率，最终热电优值在 900 K 时达到 2，温差为 506 K 时热电转换效率达到 12%[17]。

另外比较典型的中温区热电材料是 SnSe 半导体，SnSe 近几年由于其低廉的价格和优异的性能在热电领域受到极大的关注。SnSe 是片层状结构，灰色正交晶系，密度为 6.18 g/cm³，熔点是 861℃。SnSe 存在一个相变点，低温时空间群为 $Pnma$，带隙为 0.829 eV，达到 750～800 K 左右时空间群变为 $Cmcm$，带隙为 0.464 eV[18]。SnSe 具有特殊的晶体结构，其在 b，c 方向上以强的共价键结合，a 轴方向以较弱的范德瓦耳斯力结合，正是这种特殊的结合力的存在使其具有较强的各向异性和非简协性，从而具有优异的电传输性能与较低的热导率。SnSe 通过布里奇曼法制备的单晶，其热电优值达到了 2.6[19]，但由于其较差的机械性能与复杂的制备工艺，大量的研究还是集中在多晶方面。多晶 SnSe 因为具有丰富的晶界，本身热导率相对单晶要低得多，但由于多晶 SnSe 中经常伴随大量的 SnO_x 氧化物，导致其热导率异常升高。Zhao 等[19]报道了 I 掺杂与 S 合金化共同优化的多晶 SnSe 材料，具体通过 I 掺杂来优化载流子浓度，再通过 S 合金化来增强塞贝克系数，同时降低材料的热导率。Ge 等[20]通过碱金属 Na/K 共掺，不仅引入了大量的点缺陷，同时有效细化第二相氧化物尺寸，解决了多晶 SnSe 热导率异常升高的情况，极大地降低了材料的热导率，在 773 K 时达到了 1.2 的 ZT 值。Shi[21]等在溶剂热法制备 SnSe 方面做了大量的研究工作，通过 In 掺杂获得多种 In 化物，烧结的过程中产生了大量的气孔，获得极低的热导率；通过对 SnSe 进行 Cd 掺杂，产生大量的阳离子空位有效提高了载流子浓度，优化了材料的热电性能[22]；通过 Sb 掺杂阴离子位获得了高性能的 n 型 SnSe[23]。多重缺陷的协同作用同样获得了高性能的 n 型 SnSe，Ge 等[24]先引入 5%的阴离子空位，获得 n 型 SnSe，接着进行 Cl 掺杂，提高其电传输性能，最后加入 Re 来增强声子散射降低热导率，最终在 798 K 时获得了 1.5 的 ZT。Zhou[25]等首先采用 Na 掺杂 SnSe 优化其载流子浓度，显著提升其电输运性能，进一步利用两步 Ar/H₂ 混合气还原样品中的 SnO_x，电导率提升一倍的同时，热导率明显降低，最终在 783 K 时 ZT 值为 3.1，是目前所有热电体系中报道的最高值，晶格热导率低至 0.07 W·m⁻¹·K⁻¹。

2.1.3　高温区热电材料

SiGe 合金是一种无限互溶的固溶体，作为一种重要的高温区热电材料一直以来都得到了广泛的研究与应用。目前其已经成功应用于深空探测器中。最典型的例子，美国旅行者号太空探测器首次使用 SiGe 半导体材料作为高温发电材料。SiGe 合金本身具有优异的高温热电性能，由于其是一种连续的固溶体，可通过调整成分得到不同的 SiGe 固溶体。当 Ge 含量为 20%～30%，p 型和 n 型 SiGe 合金的热电优值分别为 0.5 和 1.0；纳米化后，增加的晶界增强声子散射，SiGe 合金的热电性能得到极大提高，p 型 $Si_{80}Ge_{20}$ 的最大 ZT 值接近 1，n 型的最大 ZT 则高达 1.3 以上[26]。Ahmad 等[27]通过往 p 型 SiGe 合金中引入 TiO_2 纳米颗粒显著降低热导率的同时增强其塞贝克系数，并结合硼调制掺杂保持其高的电导率，最终在 1100 K 时达到最大热电优值 1.3。同时，他们的另一项研究表明，通过往 SiGe 合金中加入适量的 Y_2O_3，在 SiGe 合金中会原位析出 YSi_2 第二相，显著增强的声子散射，极大地降低材料的热导率，同时对功率因子不产生影响，最终其热电优值在 1100 K 时达到了 1.81，平均 ZT 值也达到了 1.2[28]。

　　Half-Heuslers 合金是近几年新发展起来的一种高温区热电材料体系，具有明显的 XYZ（X = Zr、Hf、Ti、Nb；Y = Co、Ni、Fe；Z = Sb、Sn）结构特点，如图 2.2 所示。这类材料具有特殊的 18 价电子体系，具有极好的化学稳定性和热稳定性，以及优异的机械性能，是理想的热电发电材料。然而，不足之处在于大多数 Half-Heuslers 合金材料的晶格热导率高于其他大多数热电材料体系，如 Bi_2Te_3 基、PbTe 基材料等，因此，通过各种策略降低其热导率的同时而不影响其电传输性能是进一步优化其热电性能的关键。Yan 等[29]采用高熵的策略，引入大量散射中心，增强声子散射，使得 NbFeSb 基 Half-Heuslers 合金的晶格热导率降低了 54%，最终获得了 0.88 的热电优值。Shen 等采用 Hf-Ti 共掺 NbFeSb，相比于 Ti 单掺的样品，其室温热导率下降了 30%，最终 $Nb_{0.84}FeHf_{0.1}Ti_{0.06}Sb$ 样品在 1200 K 时 ZT 值达到了 1.32。Fu 等利用 Hf 掺杂 Half-Heuslers 合金实现了 p 型 NbFeSb 体系电传输性能与热传输性能之间的解耦，最终 $Nb_{0.88}FeHf_{0.12}Sb$ 在 1200 K 时 ZT 值为 1.5。除了这些典型的例子外，引入纳米颗粒、细化晶粒等手段都能有效增强声子散射，降低 Half-Heuslers 合金的热导率。

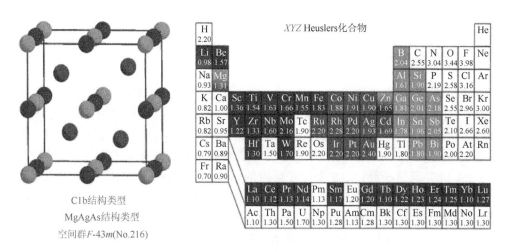

图 2.2　Half-Heuslers 合金的晶体结构与对应元素的选取范围

2.2　碲化铋热电材料研究进展

1954 年 7 月 6 日，通用电器有限公司研究实验室 H. J. Goldsmid 等在 *British Journal of Applied Physics* 期刊上首次发表题为 The Use of Semiconductors in Thermoelectric Refrigeration（"半导体在热电制冷方面的应用"）的研究型论文[30]，自 1834 年发现佩尔捷效应以来，所有尝试通过热电效应制冷的实验和探究几乎全部失败了，主因是当时并没有发现热电功率也就是如今所说的塞贝克系数较大的热电材料，在任何给定的温度下，所有金属的电导率与热导率的比值都近似恒定，即使是锑铋合金，热电功率也与理想情况相差甚远。鉴于提高热电性能的参数变化，Goldsmid 在半导体化合物中搜寻适合作为热电材料具有较大平均原子质量的体系。

他发现只要通过简单的熔炼反应即可得到在 33℃（即 306 K）下塞贝克系数为 220 $\mu V \cdot K^{-1}$，电导率在 400 $S \cdot cm^{-1}$，热导率在 2.1 $W \cdot m^{-1} \cdot K^{-1}$ 的 p 型碲化铋材料。这种材料的塞贝克系数远超金属，高出了金属塞贝克系数两个数量级。于是基于这种 p 型碲化铋，他选取金属 Bi 作为 n 型单臂，碲化铋作为 p 型单臂，首次组装了如图 2.3 的热电制冷模型。两个单臂的长度均为 1 cm，而碲化铋的截面积为 0.25 cm^2，金属 Bi 的截面积为 0.03 cm^2。在实验时使用了 0～10 A 的电流作为供给，当电流为 6.5 A 时得到最大温差 26 K。Goldsmid 通过半导体碲化铋首次证明了热电制冷的可行性，从此热电领域打开了科学研究的一扇新的大门，而碲化铋作为主流热电材料，逐渐被科研人员广泛关注，并且取得了之后的成就。

2.2.1　碲化铋基热电材料的基本性质

辉碲铋矿如 Bi_2Te_3，Bi_2Se_3，Sb_2Te_3 均拥有菱方结构，$R\bar{3}m$ 空间群，以 Bi_2Te_3 为例，如图 2.4（a），每一个原始的单位晶胞中均含有 3 个 Te 原子和 2 两个 Bi 原子。α 是长度为 a_0 的菱方晶系基向量的夹角，Bi 和 Te1 原子可以分别表示为（$\pm u, \pm u, \pm u$）和（$\pm v, \pm v, \pm v$）。为了进一步展现和强调碲化铋的层状结构特点，图 2.4（b）通过一种由 15 个原子组成的六方晶系的晶体结构能更直观地展示出该特点。五个原子层沿着 c 轴按照 Te1-Bi-Te2-Bi-Te1 的顺序堆叠而成，形成以共价键为主、离子键并存的五元层基础单位结构。其中，相邻五元层的 Te1 之间通过范德瓦耳斯力连接，易发生层间滑移。由于这种层状结构的存在，碲化铋沿不同取向的热电性能具有很大的各向异性。Bi-Te 合金的二元合金相图如图 2.5 所示。

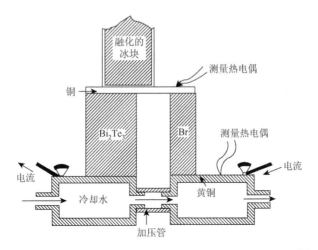

图 2.3 H. J. Goldsmid 组装的世界上最早的热电制冷模型[30]

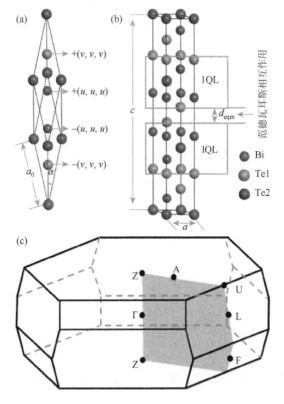

图 2.4 碲化铋的晶体结构：(a) 原始晶胞；(b) 六方晶胞；(c) 晶胞的布里渊区[32]

轨道自旋相互作用（spin-orbit interaction/SOI）被认为是解释碲化铋能带形成

的关键。如图 2.6，由于 Bi 原子和 Te 原子不同的轨道自旋相互作用，导带底向下移动产生与价带顶的能带交叠，而 Bi 的 6 p 轨道与 Te 的 5 p 轨道杂化后结合轨道自旋相互作用可以抑制这种能带交叠，产生如图 2.6（c）的能带交叠之后的反带交叉，这是碲化铋超窄带结构的起源[31]。

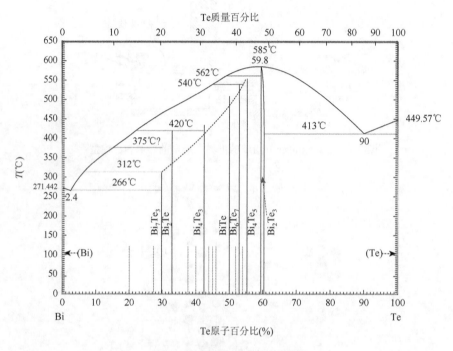

图 2.5 碲化铋二元合金相图

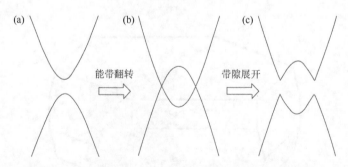

图 2.6 有关碲化铋能带结构中轨道自旋相互作用的解释[31]

这种由于复杂杂化行为引起的非抛物线型能带结构对于热电性能和拓扑绝缘体传输行为都有一定的贡献。Fang 等以题为 Complex Band Structures and Lattice Dynamics of Bi₂Te₃-Based Compounds and Solid Solutions（"Bi$_2$Te$_3$ 基化合物和固

溶体的复杂能带结构和晶格动力学"）在 *Advanced Functional Materials* 上发表关于碲化铋基本性质的综述，详细介绍了近年来结合平面波赝势法、密度泛函理论和广义梯度近似计算碲化铋能带结构的工作对比[32]。截至目前，结合第一性原理计算和 Shubnikov-de Haas 及 Alphen 的实验结果，碲化铋六能谷模型以及 ~0.145 eV 的能隙被广泛承认。六能谷模型认为在碲化铋的导带底和价带顶由于上述的轨道自旋相互作用各形成了六个对称的简并能谷，这种高简并度的狄拉克锥式能谷有助于形成较大的电子有效质量和超高的载流子迁移率，以及提高电子态密度。美国能源部斯坦福线性加速器中心的国家加速器实验室与斯坦福法学材料和能源研究所合作共同发现了碲化铋明显的拓扑绝缘体（topological insulator）特性，电子在其表面能够进行无损传输，这也是碲化铋高电导的另一个原因。另外，在碲化铋材料中，Bi 原子和 Te 原子均具有较大的原子质量，并且较弱的范德瓦耳斯键也有助于散射声子形成较小的晶格热导率，以上因素共同作用，使得碲化铋成了室温附近最好的热电材料。

对于碲化铋体系热电材料，由于这两种元素周期主族临近，所以他们物理化学性质极为接近，又因为两者电负性较小，所以易发生固溶形成合金。Bi 元素位于元素周期表第六周期第五主族，离子半径为 1.03 Å，共价半径为 1.46 Å，Te 元素位于元素周期表第五周期第六主族，离子半径为 0.97 Å，共价半径为 1.36 Å。两种元素的离子半径和共价半径均互相接近，因此在化学计量比为 2：3 时，会出现敏感的 p/n 转变，因为某种元素的微过量产生的另一种元素的空位会由微过量元素原子进行占位，进一步形成 Bi'_{Te}，Te'_{Bi} 的反位缺陷，而这两种反位缺陷能够分别引入空穴和电子，因此本征碲化铋的 n/p 型导电特性就是由反位缺陷的主要类型决定的。

2.2.2　碲化铋基材料的热电性能研究进展

经历了半个多世纪的科学研究探索，碲化铋作为室温附近最好的热电材料，其性能也是逐步提高，从 ~0.3 附近的热电优值逐渐被突破到 n 型 1.4，p 型 1.6。如图 2.7，描述了 2000 年以来至 2018 年各体系热电材料研究在 Web of Science 的发文量，很明显看出一些新半导体被认为是很有前途的热电材料，发文量因此逐年增高；但是传统的热电材料，如 BiSbTeSe 基、PbTeSe 基材料随年份增加的发文量相较于新体系热电材料更为显著，而且，可以观察出从 2000 年到 2018 年间，BiSbTeSe 基热电材料的发文量每年都高居榜首，这说明碲化铋基热电材料多年以来都是热电领域追捧的研究热点。

由上文可知，碲化铋基热电材料较容易通过组分调控发生 p/n 转变，在实验室或生产中，Bi_2Te_3 和 Sb_2Te_3 通常被用来通过固溶制备 p 型材料，这是由于 Bi_2Te_3 和 Sb_2Te_3 的晶体结构高度相似，能够形成连续固溶，且 Sb 元素与 Te 元素同属以一个周期，相邻主族，Sb 元素的离子半径为 0.76 Å，共价半径为 1.4 Å，相比 Bi 更接近 Te 的参数，电负性相差更小，因此 Sb 原子也更容易占据 Te 的位置，这意味着反位缺陷的形成能也更小，因此更容易形成反位缺陷引入空穴，增强碲化铋基热电材料的 p 型导电特性。

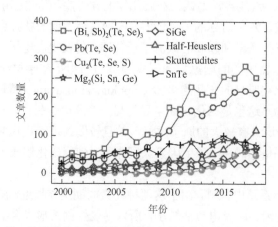

图 2.7　2000～2018 年一些典型热电材料体系的论文数。数据来源于 Web of Science，用于筛选数据的关键词是材料的化学式和"热电效应"[32]

在元素周期表中与 Te 元素同族的 Se 元素由于物理化学性质相近也可以在较高温度条件下与碲化铋发生互溶，但是由于电负性差异，且化学键较强，会在低温下产生分相，关于此一直存在争议。Se 元素的离子半径为 0.5 Å，共价半径为 1.16 Å，与 Bi 和 Te 均相差较大，Se 与 Bi 原子之间较高的电负性差引起强的化学键结合，以及较大的离子共价半径差使得 Bi—Se 键合力较强，键能大，不易发生断键和阴阳离子反向占位，能够很大程度上抑制反位缺陷的生成。且 Se 元素的蒸气压较大，熔点较低，在晶格内比较容易挥发产生 Se 空位同时引入电子，所以 Se 对于碲化铋体系热电材料更容易增强其 n 型导电特性。同时 Sb 和 Se 的固溶能够增加材料的带隙，调控载流子浓度和迁移率，同时引入点缺陷增加声子散射，是碲化铋的主流衍生物。

目前对于碲化铋热电性能的优化主要依赖于调制掺杂、多尺寸声子散射以及复合物技术，相关联的协同优化机制也非常有效。Hu 等[33]通过调控元素配比以及区熔法制备富含大量点缺陷的碲化铋铸锭，以增强声子散射，降低热导率，通过球磨破碎和热压烧结制备出致密块体，进一步通过热变形法制备出高性能的碲化铋热电材料，其中 n 型多晶 $Bi_2Te_{2.3}Se_{0.7}$ 的 ZT 值在 445 K 时达到 1.2，p 型多晶 $Bi_{0.3}Sb_{1.7}Te_3$ 的 ZT 值在 380 K 时达到 1.3。Yu 等[34]通过液态烧结处理法制备的 p 型 $Bi_{0.5}Sb_{1.5}Te_3$ 于 348 K 达到 1.42，其多尺寸声子散射以及孪晶工程显著降低了材料的热导率。Liu

等[35] 通过在 $Bi_2Te_{2.7}Se_{0.3}$ 体系中引入少量额外 Cu，制备非化学计量比 $Cu_{0.01}Bi_2Te_{2.7}Se_{0.3}$，Cu 的占位能够有效阻止 Te 挥发，减少 Te 空位浓度，且位于范德瓦耳斯力束缚的 Te 层间间隙位 Cu 原子能够增强层间结合，同时改善垂直方向的电输运性能，并且能够引入点缺陷和纳米结构，引起较强的声子散射降低热导率，热电性能于约 373 K 时达到 1.1。

2.3　硫化铋热电材料研究进展

目前我们所熟知的已经实现商业化应用的典型的低温区热电材料是 Bi_2Te_3 基热电材料，能够实现低品质热源的回收再利用。但 Te 元素的存在也有诸多不足之处。一方面，Te 元素是一种稀缺的矿产资源，地壳中的含量仅有 0.001 ppm（1 ppm = 10^{-6}），价格昂贵，使用成本较高；另一方面，其毒性较大，致癌率较高，从而严重限制了其大规模的商业应用（图 2.8）。

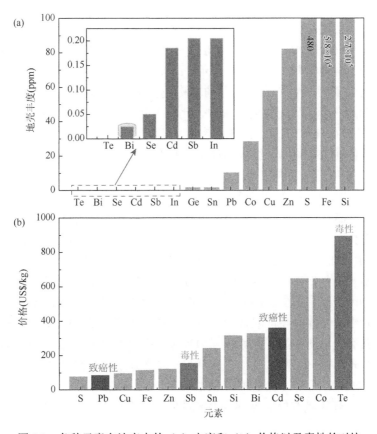

图 2.8　各种元素在地壳中的（a）丰度和（b）价格以及毒性的对比

　　而 Pb 基（PbX，X = Te，Se，S）热电材料具有优异的电输运性能，但 Pb 元素会诱发人体组织脂肪酸的改变，以及增加脂质过氧化，致癌性较强。Half-Heuslers 合金具有优异的高温热稳定性与机械性能，但其组成元素 Cd 具有致癌性，Te 等元素具有高毒性，如图 2.8 所示。基于以上原因，寻找一种环境友好、低毒、低成本、高性能，可作为 Bi_2Te_3 的替代材料将是未来热电材料的一个重要研究方向。元素周期表中与 Te 位于同一主族的元素有 Se 和 S，但 Se 是一种重元素，对环境有污染。相较于 Te 和 Se 元素，同主族的 S 元素在地壳中储量丰富、价格低廉，所以硫基热电材料也得到了广泛的研究。硫化铋材料具有组成元素低毒、环境友好、制备成本低的特点，同时具有较优的热电参数，即较大的塞贝克系数与低的热导率，有望成为一种有潜力的中温区热电材料。

2.3.1　硫化铋材料基本性质

　　硫化铋（Bi_2S_3）属于 V-VIA 半导体材料，是铋辉矿的主要成分，属于斜方结构，晶格参数为：a = 11.170 Å，b = 11.319 Å，c = 3.992 Å，$\alpha = \beta = \gamma = 90°$，晶胞体积 V = 504.72 Å^3，Z = 4，空间群 $Pbnm$，带隙 1.30～1.70 eV。Bi_2S_3 是一种链状结构半导体材料，如图 2.9 所示，c 轴以共价键和离子键结合，a、b 轴以弱的范德瓦耳斯力结合，这种特殊的结构使得硫化铋单晶具有各向异性。在水热或者溶剂热法合成硫化铋的过程中，比较容易得到沿 c 轴取向的一维纳米结构[36-38]。图 2.10（a）～（d）给出在考虑和不考虑自旋轨道耦合（SOC）效应的条件下计算的 Bi_2S_3 的电子结构和局部态密度（PDOS，也称分态密度）[39]。有 SOC 效应时计算得到的带隙为 1.03 eV ［图 2.10（a）］，小于实验测量的 1.26 eV。在没有 SOC 的情况下，可以得到更大的带隙 1.38 eV。1.38 eV 的带隙与已经报道的 1.30～1.70 eV 一致[40]。虽然 DFT 计算没有给出带隙的定量准确预测，但不同带之间的趋势更可靠。两种方法都验证了 Bi_2S_3 是间接带隙半导体。如图 2.10（a）和（c）所示，在有 SOC 和没有 SOC 的情况下，价带最大值（VBM）和导带最小值（CBM）都位于 Z 点周围和沿 Γ-Y 方向。VBM 附近的 PDOS 由 Bi-6s、Bi-6p 和 S-3p orbits 组成［如图 2.10（b）和（d）］，而 CBM 附近有 Bi-6p、S-3s 和 S-3p 轨道，说明对 S 位置的高价取代能引入大量自由电子，提升材料的电导率。Bi_2S_3 材料由于具有较大的带隙，能够增强纳米粒子的得失电子能力，同时可以导致吸收波长与荧光发射出现蓝移现象，从而在光催化方面具有重要的应用价值[41, 42]。另外 Bi_2S_3 材料的理论比容量较高，达到 625 mA·h·g^{-1}，以 Bi_2S_3 材料为正极的锂离子电池具有环境友好、循环寿命长的特点[43, 44]。

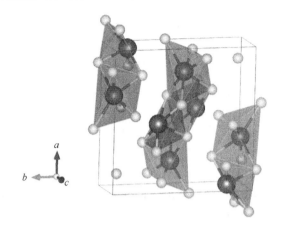

图 2.9　硫化铋晶体结构示意图[36-38]

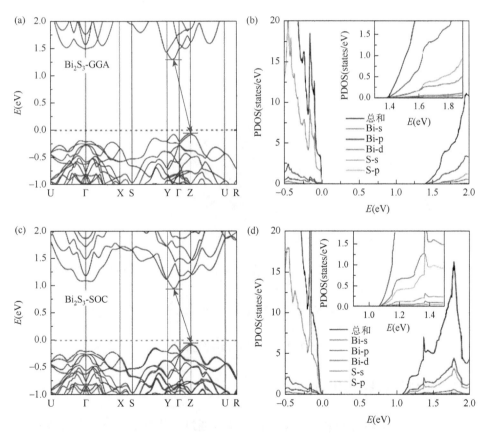

图 2.10　考虑和不考虑自旋轨道耦合条件下计算的硫化铋的电子结构（a，c）和分态
密度（b，d）。带箭头直线连接于价带顶和导带底[39]

第一性原理计算表明，Bi_2S_3 中的大多数固有缺陷都充当了施主缺陷，导致热力学上无法实现高 p 型导电特性，很多掺杂元素能使其呈现更倾向 n 型的特性，而只有在缺 Bi 富 S 的情况下进行 Pb 元素掺杂，才能得到弱 p 型 Bi_2S_3[45]。2017 年 Mahuli 等[46]通过将 Bi 连续暴露在 H_2S 中利用原子沉积法制备得到 p 型 Bi_2S_3 薄膜材料。美国西北大学 Kanatzidis 教授组[47]早在 1997 就通过真空熔炼法制备了 Bi_2S_3 块体材料，并对其热电性能进行了表征。研究发现，Bi_2S_3 半导体材料除了具有低成本、无毒和环境友好的特点外，同时具有作为优异热电材料的特性，即 Bi_2S_3 具有较大的塞贝克系数（$500\ \mu V \cdot K^{-1}$）与较低的热导率（$0.8\ W \cdot m^{-1} \cdot K^{-1}$），是一种有应用前景的热电材料。然而，极低的电导率限制了 Bi_2S_3 的应用，纯的 Bi_2S_3 的电导率一般都在 $10\ S \cdot cm^{-1}$ 以下。材料的载流子浓度与迁移率的大小决定了材料本身电导率的高低。由于 Bi_2S_3 具有较大的带隙，其载流子浓度较低，一般 $<10^{16}\ cm^{-3}$，同时 Bi_2S_3 是一种离子性半导体，其光学波声子散射较强，载流子迁移率也较低，一般低于 $10\ cm^2 \cdot V^{-1} \cdot s^{-1}$，低的载流子浓度与迁移率导致 Bi_2S_3 的电导率较低，如图 2.11。较低的电导率使得 Bi_2S_3 的电输运性能不高，功率因子一般低于 $80\ \mu W \cdot m^{-1} \cdot K^{-2}$，与高性能的热电材料相比仍然有很大的距离。

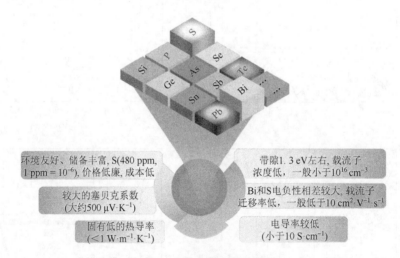

图 2.11　硫化铋材料的优缺点

2.3.2　硫化铋材料优化方法

一般来说，要改善材料的热电性能，就要通过一些合适的方法对材料的电输运性能和热输运性能进行优化，在提高其功率因子的同时有效降低材料的热导率。针对由于材料本身电导率较低而导致其电输运性能较差的材料，可通过合适元素的掺杂、合金化或者复合一些高电导的材料优化电导率；而对于电导率过高而塞贝克系数较低的材料，可通过掺杂合适元素，适当降低材料的载流子浓度，或者通过一定策略提高材料晶体结构的对称性，增加能带的简并度，引入第二相增强界面能量过滤效应等方法优化电输运性能。对于热导率高的材料可通过增加晶界密度、第二相界面密度、位错和点缺陷密度以及显微结构调控来强化声子散射，优化热输运性能。

Bi_2S_3 载流子为电子，是一种典型的链状 n 型半导体材料。针对 Bi_2S_3 材料电输运性能低的问题，可通过：①施主掺杂引入自由电子提高载流子浓度；②织构调控提升载流子输运通道提高载流子迁移率；③引入合适元素合金化优化材料晶体结构；④复合具有较高电导率的 n 型半导体材料或金属粉末；⑤通过微观结构调控，同时优化材料的电热输运性能。在以上提升 Bi_2S_3 材料电输运性能的方法中，施主掺杂由于优化效果明显（载流子浓度能出现数量级的提升）、工艺流程简单、制备成本较低而被广泛用于 Bi_2S_3 材料热电性能的优化。掺杂元素中，卤素（Cl、Br、I）和少量 Cu、Ag、Se 等元素具有最优掺杂效果，卤素取代 S 的位置或者 Cu、Ag 进入间隙位置能显著提升块体样品的载流子浓度，大幅度提升优化效果。

2.3.3　硫化铋材料研究现状

大量的学者做了很多有趣的研究工作，旨在提升 Bi_2S_3 的热电性能。Pei 等[40]通过球磨法利用 Ce 掺杂 Bi_2S_3，产生掺杂能带，降低了带隙并提高了材料的有效质量，从而显著提升了硫化铋的电传输性能。除 Ce 单质以外，少量的 Cu[48]、Ag[49]、Se[50]等元素也能有效优化 Bi_2S_3 的电输运性能。Yang 等[51]采用熔融与等离子活化法，通过卤化物 $SbCl_3$ 掺杂，产生原位纳米析出物，不仅提高了 Bi_2S_3 的电导率，同时有效降低样品晶格热导率，最终 773 K 时 ZT 为 0.65。Liu 等[52]采用溶液法制备了 Bi_2S_3 纳米网格，通过表面净化处理得到高性能的 Bi_2S_3，热电性能相比未处理的样品提升了 60%，在 723 K 时 ZT 为 0.5；同时研究了少量 Cu 掺杂对 Bi_2S_3-Bi_2Se_3-Bi_2Te_3 之间以不同比例形成的三元合金相热电性能的影响，由于晶体结构的变化，最终少量 Cu 掺杂的 Bi_2S_2Se 相在 773 K 时热电优值 ZT 为 0.83[53]。Ge 等[54]通过水热法成功制备了 Bi_2S_3 纳米棒，并利用水热还原得到金属 Bi 包裹的特殊结构 Bi_2S_3，显著优化了材料的电输运性能，最终在 623 K 时 ZT 为 0.36。Biswas 等[55]利用熔融法制备了具有极高织构的硫化铋块体，结合 $BiCl_3$ 掺杂，室温得到了 615 $S·cm^{-1}$ 的高电导率，760 K 时 ZT 为 0.6。Liu 等[56]同样利用熔融法结合 $CuBr_2$ 掺杂，发现由于 Cu^+ 的嵌入、Br^- 的取代以及 Cu 颗粒的析出而显著提高了硫化铋的热电性能，在 773 K 时 ZT 为 0.72。Zhao 教授组通过熔融法结合 Se-Cl 共掺制备得到的 Bi_2S_3 块体，室温时电导率接近 1000 $S·cm^{-1}$，但电导率的极大优化导致塞贝克系数下降严重，室温时仅有 50 mV·K^{-1}，电输运性能提升有限。Ji 等[57]通过优化制备工艺，采用球磨结合高温热压与 SPS 的技术制备得到硫化铋块体材料，同时利用 CuCl$_2$ 作为 n 型掺杂剂掺杂引入杂质能级来优化载流子浓度，热压后促进 Bi$_2$S$_3$ 晶粒生长，显著降低晶界密度，优化显微结构，提高载流子迁移率进而优化硫化铋的电输运性能，773 K 时 *ZT* 值达到 0.8。主要的研究策略以及热电优值如表 2.1 所示。

表 2.1　硫化铋基热电材料的优化策略及热电优值

材料	温度	*ZT* 值	时间	策略
Bi$_{1.99}$Ag$_{0.01}$S$_3$	575 K	0.25	2011	Ag 间隙掺杂[49]
Bi$_2$S$_{2.7}$Se$_{0.3}$ + 0.5 wt%BiCl$_3$	730 K	0.4	2012	Se/Cl 共掺[58]
Bi$_2$S$_{2.75}$Se$_{0.15}$	573 K	0.16	2013	Se 掺杂 + 气孔[50]
Bi$_2$Te$_3$-Bi$_2$S$_3$	500 K	0.48	2013	多相[53]
Bi$_2$SeS$_2$	773 K	0.8	2013	Cu 掺杂 + Se 合金[53]
Bi$_2$S$_3$ + 1 mol%BiCl$_3$	675 K	0.6	2014	Cl 取代掺杂引入电子[59]
Bi$_2$S$_3$ 纳米网格	723 K	0.5	2015	晶界表面净化[52]
Cu$_{0.02}$Bi$_2$SeS$_2$	300 K	0.1	2015	合金化 + Cu 掺杂[60]
Bi$_2$S$_3$ + 1 mol%CuBr$_2$	773 K	0.72	2015	Cu$^+$ 间隙掺杂，Br 取代掺杂[56]
Bi$_2$S$_3$ + 1 mol%ZnO	675 K	0.66	2015	S 挥发，引入气孔颗粒等[61]
Bi$_2$S$_3$ + 0.5 wt%BiI$_3$	773 K	0.58	2017	I 取代掺杂[62]
Bi$_{1.985}$Sn$_{0.015}$S$_3$	673 K	0.67	2017	共振能级，Sn 掺杂[63]
Bi$_2$S$_3$@Ni	300 K	0.4	2018	Ni 包覆[64]
BiCl$_3$/Bi$_2$S$_3$	623 K	0.63	2018	掺杂 + 复合[65]
Bi$_2$S$_3$ + 1 mol%SbCl$_3$	773 K	0.7	2019	协同优化电热输运[51]
Bi$_2$S$_3$ + Cl/Se	723 K	0.6	2019	优化载流子浓度[39]
Bi$_2$S$_3$ + 2 mol%LaCl$_3$	625 K	0.5	2019	载流子优化 + 多相声子散射[66]

注：wt%表示质量分数，mol%表示物质的量分数。本书余同。

　　上述研究结果表明，卤化物及部分金属单质掺杂能有效提升 Bi$_2$S$_3$ 材料的电输运性能。经过优化以后，Bi$_2$S$_3$ 材料的热电性能有了显著的提升。但单一的优化方法（单纯依靠掺杂或结构优化）对 Bi$_2$S$_3$ 热电性能的提升有限，后续将通过掺杂工艺结合显微结构优化、复合的策略，协同调控优化 Bi$_2$S$_3$ 材料的热电性能。随着社会的进步，各种材料制备技术不断发展。制备 Bi$_2$S$_3$ 材料的方法目前常见的主要包括：机械合金化法、固相法、水热法、粉末冶金法、微波合成法、气相沉积法等。不同方法制备得到的 Bi$_2$S$_3$ 材料微观结构与材料组成成分存在区别，对样品性能影响较大。由于载流子浓度与塞贝克系数之间的耦合作用，电输运性能的提升有限。在提升材料载流子浓度的同时要考虑塞贝克系数的解耦，若能在提高电导率的同时保留较大的塞贝克系数，Bi_2S_3 的热电性能必将获得显著提升。经过十余年的研究，Bi_2S_3 材料的热电优值在不断提升，如图 2.12 所示。

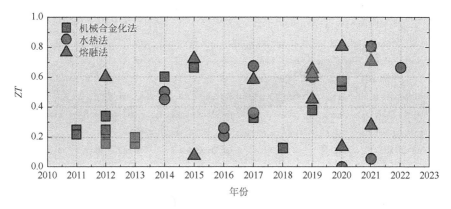

图 2.12 硫化铋材料热电优值 ZT 随研究时间的变化

Bi_2S_3 材料制备工艺简单、显微结构可控、制备成本较低，组成元素毒性较低，同时具有较大的塞贝克系数与较低的热导率，具有作为潜在环保、经济且高效的热电材料的研究价值。不足之处在于较高的电阻率限制了其电输运性能的提升。若能实现 Bi_2S_3 材料热电性能的有效提升，使其达到商业化应用的标准，将能够大幅度减少对贵重有毒元素的使用，在经济与环保方面做出重大贡献。

本书中通过对 Bi_2Te_3 和 Bi_2S_3 块体材料热电性能的研究及机理分析总结，为寻找更加高效的热电性能优化方法，以及为其他低电导材料热电性能提升及应用提供基础指导。提升材料热电性能的同时，如何实现已有高性能材料器件的制备及热电转换效率的提高也越来越受到人们的重视。

参 考 文 献

[1] Shi X L，Zou J，Chen Z G. Advanced thermoelectric design: From materials and structures to devices [J]. Chemical Reviews，2020，120（15）：7399-7515.

[2] Gayner C，Kar K K. Recent advances in thermoelectric materials [J]. Progress in Materials Science，2016，83：330-382.

[3] Tan G，Zhao L D，Kanatzidis M G. Rationally designing high-performance bulk thermoelectric materials [J]. Chemical Reviews，2016，116（19）：12123-12149.

[4] Gallo C F，Chandrasekhar B S，Sutter P H. Transport properties of bismuth single crystals [J]. Journal of Applied Physics，1963，34（1）：144-152.

[5] Lenoir B，Cassart M，Michenaud J P，et al. Transport properties of Bi-rich Bi-Sb alloys [J]. Journal of Physics

Chemistry of Solids, 1996, 57 (1): 89-99.

[6]   Wolfe R, Smith G E. Effects of a magnetic field on the thermoelectric properties of a bismuth–antimony alloy [J]. Applied Physics Letters, 1962, 1 (1): 5-7.

[7]   Liu Z, Wang Y, Mao J, et al. Lithium doping to enhance thermoelectric performance of MgAgSb with weak electron-phonon coupling [J]. Advanced Energy Materials, 2016, 6 (7): 1502269.

[8]   Zheng Y, Liu C, Miao L, et al. Extraordinary thermoelectric performance in MgAgSb alloy with ultralow thermal conductivity [J]. Nano Energy, 2019, 59: 311-320.

[9]   Tan X, Wang L, Shao H Y, et al. Improving thermoelectric performance of α-MgAgSb by theoretical band engineering design [J]. Advanced Energy Materials, 2017, 7 (18): 1700076.

[10]   Ohta M, Biswas K, Lo S H, et al. Enhancement of thermoelectric figure of merit by the insertion of MgTe nanostructures in p-type PbTe doped with Na_2Te [J]. Advanced Energy Materials, 2012, 2 (9): 1117-1123.

[11]   Wu H J, Zhao L D, Zheng F S, et al. Broad temperature plateau for thermoelectric figure of merit $ZT > 2$ in phase-separated $PbTe_{0.7}S_{0.3}$ [J]. Nature Communications, 2014, 5 (1): 4515.

[12]   Chang C, Xiao Y, Zhang X, et al. High performance thermoelectrics from earth-abundant materials: Enhanced figure of merit in PbS through nanostructuring grain size [J]. Journal of Alloys and Compounds, 2016, 664: 411-416.

[13]   Zhang J, Wu D, He D, et al. Extraordinary thermoelectric performance realized in n-Type PbTe through multiphase nanostructure engineering [J]. Advanced Materials, 2017, 29 (39): 1703148.

[14]   Sun J, Su X, Yan Y, et al. Enhancing thermoelectric performance of n-type PbSe through forming solid solution with PbTe and PbS [J]. ACS Applied Energy Materials, 2019, 3 (1): 2-8.

[15]   Ginting D, Lin C C, Lydia R, et al. High thermoelectric performance in pseudo quaternary compounds of $(PbTe)_{0.95-x}(PbSe)_x(PbS)_{0.05}$ by simultaneous band convergence and nano precipitation [J]. Acta Materialia, 2017, 131: 98-109.

[16]   Qin B, Hu X, Zhang Y, et al. Comprehensive investigation on the thermoelectric properties of p-type PbTe-PbSe-PbS alloys [J]. Advanced Electronic Materials, 2019, 5 (12): 1900609.

[17]   Jiang B, Yu Y, Cui J, et al. High-entropy-stabilized chalcogenides with high thermoelectric performance [J]. Science, 2021, 371 (6531): 830-834.

[18]   Zhang Q, Chere E K, Sun J, et al. Studies on thermoelectric properties of n-type polycrystalline $SnSe_{1-x}S_x$ by iodine doping [J]. Advanced Energy Materials, 2015, 5 (12): 1500360.

[19]   Zhao L D, Lo S H, Zhang Y, et al. Ultralow thermal conductivity and high thermoelectric figure of merit in SnSe crystals [J]. Nature, 2014, 508 (7496): 373-377.

[20]   Ge Z H, Song D, Chong X, et al. Boosting the thermoelectric performance of (Na, K) -codoped polycrystalline SnSe by synergistic tailoring of the band structure and atomic-scale defect phonon scattering [J]. Journal of the American Chemical Society, 2017, 139 (28): 9714-9720.

[21]   Shi X, Wu A, Liu W, et al. Polycrystalline SnSe with extraordinary thermoelectric property via nanoporous design [J]. ACS Nano, 2018, 12 (11): 11417-11425.

[22]   Shi X, Wu A, Feng T, et al. High thermoelectric performance in p-type polycrystalline Cd-doped SnSe achieved by a combination of cation vacancies and localized lattice engineering [J]. Advanced Energy Materials, 2019, 9 (11): 1803242.

[23]   Shi X L, Zheng K, Liu W D, et al. Realizing high thermoelectric performance in n-type highly distorted Sb-doped SnSe microplates via tuning high electron concentration and inducing intensive crystal defects [J]. Advanced

Energy Materials，2018，8（21）：1800775.

[24]　Ge Z H，Chong X，Feng D，et al. Achieving an excellent thermoelectric performance in nanostructured copper sulfide bulk via a fast doping strategy [J]. Materials Today Physics，2019，8：71-77.

[25]　Zhou C，Lee Y K，Yu Y，et al. Polycrystalline SnSe with a thermoelectric figure of merit greater than the single crystal [J]. Nature Materials，2021，20（10）：1378-1384.

[26]　Joshi G，Lee H，Lan Y，et al. Enhanced thermoelectric figure-of-merit in nanostructured p-type silicon germanium bulk alloys [J]. Nano letters，2008，8（12）：4670-4674.

[27]　Ahmad S，Basu R，Sarkar P，et al. Enhanced thermoelectric figure-of-merit of p-type SiGe through TiO_2 nanoinclusions and modulation doping of boron [J]. Materialia，2018，4：147-156.

[28]　Ahmad S，Singh A，Bohra A，et al. Boosting thermoelectric performance of p-type SiGe alloys through *in-situ* metallic YSi_2 nanoinclusions [J]. Nano Energy，2016，27：282-297.

[29]　Yan J，Liu F，Ma G，et al. Suppression of the lattice thermal conductivity in NbFeSb-based half-Heusler thermoelectric materials through high entropy effects [J]. Scripta Materialia，2018，157：129-134.

[30]　Goldsmid H J，Douglas R W. The use of semiconductors in thermoelectric refrigeration [J]. BJAP，1954，5：386.

[31]　Shi H，Parker D，Du M H，et al. Connecting thermoelectric performance and topological-insulator behavior: Bi_2Te_3 and Bi_2Te_2Se from first principles [J]. Physical Review Applied，2015，3（1）.

[32]　Fang T，Li X，Hu C L，et al. Complex band structures and lattice dynamics of Bi_2Te_3-based compounds and solid solutions [J]. Advanced Functional Materials，2019，1900677：605-608.

[33]　Hu L P，Zhu T J，Liu X H，et al. Point defect engineering of high-performance bismuth-telluride-based thermoelectric materials [J]. Advanced Functional Materials，2014，24：5211-5218.

[34]　Yu Y，He D S，Zhang S，et al. Simultaneous optimization of electrical and thermal transport properties of $Bi_{0.5}Sb_{1.5}Te_3$ thermoelectric alloy by twin boundary engineering [J]. Nano Energy，2017，37：203-213.

[35]　Liu W S，Zhang Q，Lan Y，et al. Thermoelectric property studies on Cu-doped n-type $Cu_xBi_2Te_{2.7}Se_{0.3}$ nanocomposites [J]. Advanced Energy Materials，2011，1：577-587.

[36]　Ge Z H，Zhang B P，Yu Z X，et al. Controllable synthesis: Bi_2S_3 nanostructure powders and highly textured polycrystals [J]. CrystEngComm，2012，14（6）：2283.

[37]　Ge Z H，Nolas G S. Controllable synthesis of bismuth chalcogenide core–shell nanorods [J]. Crystal Growth & Design，2014，14（2）：533-536.

[38]　Guo J，Ge Z，Hu M，et al. Facile synthesis of $NaBiS_2$ nanoribbons as a promising visible light-driven photocatalyst [J]. Physica Status Solidi-Rapid Research Letters，2018，12（9）：1800135.

[39]　Chen Y，Wang D，Zhou Y，et al. Enhancing the thermoelectric performance of Bi_2S_3: A promising earth-abundant thermoelectric material [J]. Frontiers in Physics，2019，14（1）：1-12.

[40]　Pei J，Zhang L J，Zhang B P，et al. Enhancing the thermoelectric performance of $Ce_xBi_2S_3$ by optimizing the carrier concentration combined with band engineering [J]. J Mater Chem C，2017，5（47）：12492-12499.

[41]　Manna G，Bose R，Pradhan N. Photocatalytic Au-Bi_2S_3 heteronanostructures [J]. Angewandte Chemie International Edition，2014，53（26）：6743-6746.

[42]　Wu T，Zhou X G，Zhang H，et al. Bi_2S_3 nanostructures: A new photocatalyst [J]. Nano Research，2010，3（5）：379-386.

[43]　Lu C，Li Z Z，Yu L H，et al. Nanostructured Bi_2S_3 encapsulated within threedimensional N-doped graphene as active and flexible anodes for sodium-ion batteries [J]. Nano Research，2018，11（9）：4614-4626.

[44]　Long B，Qiao Z P，Zhang J N，et al. Polypyrrole-encapsulated amorphous Bi_2S_3 hollow sphere for long life sodium

ion batteries and lithium–sulfur batteries [J]. Journal of Materials Chemistry A, 2019, 7（18）: 11370-11378.

[45]　Han D, Du M H, Dai C M, et al. Influence of defects and dopants on the photovoltaic performance of Bi_2S_3: First-principles insights [J]. Journal of Materials Chemistry A, 2017, 5（13）: 6200-6210.

[46]　Mahuli N, Saha D, Sarkar S K. Atomic layer deposition of p-type Bi_2S_3 [J]. The Journal of Physical Chemistry C, 2017, 121（14）: 8136-8144.

[47]　Chen B, Uher C, Iordanidis L, et al. Transport properties of Bi_2S_3 and the ternary bismuth sulfides $KBi_{6.33}S_{10}$ and $K_2Bi_8S_{13}$ [J]. Chemistry of Materials, 1997, 9: 1655-1658.

[48]　Ge Z H, Zhang B P, Liu Y, et al. Nanostructured $Bi_{2-x}Cu_xS_3$ bulk materials with enhanced thermoelectric performance [J]. Physical Chemistry Chemical Physics, 2012, 14（13）: 4475-4481.

[49]　Yu Y Q, Zhang B P, Ge Z H, et al. Thermoelectric properties of Ag-doped bismuth sulfide polycrystals prepared by mechanical alloying and spark plasma sintering [J]. Materials Chemistry and Physics, 2011, 131（1-2）: 216-222.

[50]　Zhang L J, Zhang B P, Ge Z H, et al. Fabrication and properties of $Bi_2S_{3-x}Se_x$ thermoelectric polycrystals [J]. Solid State Communications, 2013, 162: 48-52.

[51]　Yang J, Yan J, Liu G, et al. Improved thermoelectric properties of n-type Bi_2S_3 via grain boundaries and *in-situ* nanoprecipitates [J]. Journal of The European Ceramic Society, 2019, 39（4）: 1214-1221.

[52]　Liu W, Guo C F, Yao M, et al. Bi_2S_3 nanonetwork as precursor for improved thermoelectric performance [J]. Nano Energy, 2014, 4: 113-122.

[53]　Liu W, Lukas K C, Mcenaney K, et al. Studies on the Bi_2Te_3–Bi_2Se_3–Bi_2S_3 system for mid-temperature thermoelectric energy conversion [J]. Energy & Environmental Science, 2013, 6（2）: 552-560.

[54]　Ge Z H, Qin P, He D, et al. Highly enhanced thermoelectric properties of Bi/Bi_2S_3 nanocomposites [J]. ACS Applied Material and Interfaces, 2017, 9（5）: 4828-4834.

[55]　Biswas K, Zhao L D, Kanatzidis M G. Tellurium-free thermoelectric: The anisotropic n-type semiconductor Bi_2S_3 [J]. Advanced Energy Materials, 2012, 2（6）: 634-638.

[56]　Liu Z, Pei Y, Geng H, et al. Enhanced thermoelectric performance of Bi_2S_3 by synergistical action of bromine substitution and copper nanoparticles [J]. Nano Energy, 2015, 13: 554-562.

[57]　Ji W, Shi X L, Liu W D, et al. Boosting the thermoelectric performance of n-type Bi_2S_3 by hierarchical structure manipulation and carrier density optimization [J]. Nano Energy, 2021, 87: 106171.

[58]　Rahman A A, Huang R, Whittaker-Brooks L. Distinctive extrinsic atom effects on the structural, optical, and electronic properties of $Bi_2S_{3-x}Se_x$ solid solutions [J]. Chemistry of Materials, 2016, 28（18）: 6544-6552.

[59]　Du X, Cai F, Wang X. Enhanced thermoelectric performance of chloride doped bismuth sulfide prepared by mechanical alloying and spark plasma sintering [J]. Journal of alloys and compounds, 2014, 587: 6-9.

[60]　Li L, Liu Y, Dai J Y, et al. Thermoelectric property studies on $Cu_xBi_2SeS_2$ with nano-scale precipitates Bi_2S_3 [J]. Nano Energy, 2015, 12: 447-456.

[61]　Du X, Shi R, Ma Y, et al. Enhanced thermoelectric performance of n-type Bi_2S_3 with added ZnO for power generation [J]. RSC Advances, 2015, 5（39）: 31004-31009.

[62]　Yang J, Liu G, Yan J, et al. Enhanced the thermoelectric properties of n-type Bi_2S_3 polycrystalline by iodine doping [J]. Journal of Alloys and Compounds, 2017, 728: 351-356.

[63]　Guo Y, Du X, Wang Y, et al. Simultaneous enhanced performance of electrical conductivity and Seebeck coefficient in $Bi_{2-x}Sn_xS_3$ by solvothermal and microwave sintering [J]. Journal of Alloys and Compounds, 2017, 717: 177-182.

[64]　Chang Y, Yang Q L, Guo J, et al. Enhanced thermoelectric properties of Bi_2S_3 polycrystals through an electroless

nickel plating process [J]. RSC Advances，2019，9（40）：23029-23035.

[65]　Wang W，Luo S J，Xian C，et al. Enhanced thermoelectric properties of hydrothermal synthesized BiCl$_3$/Bi$_2$S$_3$ composites [J]. Journal of Inorganic Materials，2019，34（3）：328.

[66]　Wu Y，Lou Q，Qiu Y，et al. Highly enhanced thermoelectric properties of nanostructured Bi$_2$S$_3$ bulk materials via carrier modification and multi-scale phonon scattering [J]. Inorganic Chemistry Frontiers，2019，6（6）：1374-1381.

第3章　n型碲化铋基热电材料的制备及性能研究

3.1　熔炼及烧结工艺对 n 型碲化铋热电性能的影响

碲化铋材料在合成过程中较容易被氧化，产生诸如 Bi_2O_3、Bi_2TeO_5、TeO_2 等氧化物，这些非主相氧化物均能在室温下稳定存在。作者团队所在地云南属于高原地区，气压较平原地区低，实验中往往在抽真空时达不到相应要求，可能会引入少量的吸附氧；而合成过程中的伴生杂质作为不可控变量对于热电材料性能的影响具有偶然性。因此，为了获得更为纯净的碲化铋单相，为后续实验的多相复合或掺杂提供尽可能准确地控制变量的条件，在合成工艺方面的探索显得尤为重要。

在本章中，控制元素配比、质量、升温速率、熔炼时间等变量一致，使得熔炼温度成为影响碲化铋合成以及热电性能的唯一变量。结合文献报道，区熔法 n 型碲化铋的熔炼温度一般在 $800 \sim 1000\,℃$ 范围内[1-4]，因此本实验以中间点 $900\,℃$ 作为参照，分别向上选取 $950\,℃$ 和 $1000\,℃$，向下选取 $850\,℃$ 和 $800\,℃$ 作为熔炼温度，升温速率均为 1 K/min，保温时间均为 10 h，总质量均为 12 g，满足上述实验条件所熔炼出的碲化铋铸锭如图 3.1 所示。相比 $800\,℃$、$850\,℃$、$900\,℃$ 下的成品，$950\,℃$ 及 $1000\,℃$ 下熔炼的铸锭展现出了更均匀的质地和优良的织构，在 $900\,℃$ 及以下温度点熔炼出样品的表面所生成的非均匀杂质经过破碎和 XRD 物相检测为 Bi_2TeO_5，但是并不能确定这种杂质对于主相热电性能影响的趋势，通过肉眼就能轻易分辨出随着熔炼温度的升高，该种伴生杂质的含量逐渐减少。由于在 $800\,℃$ 及 $850\,℃$ 下熔炼的铸锭杂相含量超过了 5%，为了剔除这种伴生相含量的不确定性，因此实验中不再讨论。但为了确定这种杂质对于主相热电性能的影响，仍然选取 $900\,℃$ 铸锭与 $950\,℃$ 及 $1000\,℃$ 条件下熔炼的铸锭进行性能表征和对照。将选取的样品根据文献报道工艺，通过氩气保护的高能球磨在 800 rpm 下破碎 20 min，所得到的银黑色粉末装填进直径为 15 mm 的石墨模具中，在 $450\,℃/50$ MPa 下经过放电等离子体烧结 5 min，得到高致密块体碲化铋。经过除碳和抛光后，通过 XRD 检测，得到三个样品对应的 XRD 图谱。可以看出熔炼温度为 $900\,℃$ 的样品所表征的 XRD 在 2θ 角为 $30° \sim 33°$ 的范围内显然有 Bi_2TeO_5 的物相出现。但是熔炼温度为 $950\,℃$ 和 $1000\,℃$ 样品的 XRD 中该杂相明显消失。通常 XRD 的检测限为 3%左右，Bi_2TeO_5 主峰的消失意味着该相占据主相含量小于3%。因此可以认为得到了 Bi_2Te_3 的纯相（图 3.2）。

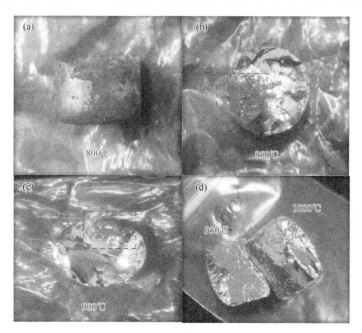

图 3.1　不同熔炼温度下的碲化铋铸锭

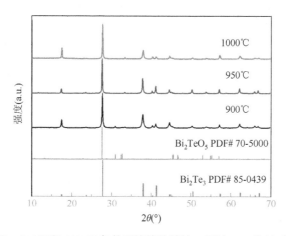

图 3.2　900℃、950℃和 1000℃条件下熔炼的铸锭，经过 SPS 烧结后块体的 XRD

3.2　n 型碲化铋热电性能的各向异性

经过 3.1 小节的详细介绍可知，碲化铋沿 c 方向的原子排布按照 Te1-Bi-Te2-Bi-Te1 的顺序堆叠而成，而每相邻五元结构之间即 Te1 之间为范德瓦耳斯力连接，以此形成了碲化铋的层状结构。商业区熔法制备高织构多晶碲化铋的热电性能具有明显的各向异性，文献报道中高织构碲化铋沿层方向的电导率是垂直层方向电导率的 2 倍左右，沿层方向的热导率也会是垂直层方向热导率的 1.5～2.5 倍[5]。本实验工艺所制备出的碲化铋块体为低取向的多晶致密碲化铋块体，并不能确定经过球磨破碎和 SPS 烧结（在 450℃/50 MPa 下经过放电等离子体烧结 5 min）后样品的各向异性是否存在或者说其优劣，且为了保证在后续实验中热电性能的方向性一致，确保热电优值的真实性而不是因为结构各向异性导致对热电优值的高估，因此本小节表征了熔炼温度为 950℃样品热电性能的各向异性。选取该样品是考虑到排除杂相对性能的不确定影响，同时在物相纯净的前提下尽可能采用节约能耗的工艺来判断热电性能的各向异性。

图 3.3 为平行 SPS 压力方向和垂直 SPS 压力方向的 XRD 图谱，经过归一化后的衍射峰与标准 PDF（PDF# 85-0439）卡片对应得很好。经过比对，两个方向的 XRD 图谱并没有显示出明显的差异，这可能是由于高能球磨破坏了原有的大片层状织构而形成了无序分布细小晶粒的原因。为了确认这一信息特征，我们通过场发射扫描电子显微镜对两个方向的新鲜断口进行了拍照。如图 3.4 所示，（a）为垂直于 SPS 压力方向的断口，（b）为平行于 SPS 压力方向的断口，经过比对，可以发现平行压力的断口方向，断裂的层状结构要稍多一些，这是由于在高温高压下，片层状材料更倾向于垂直于 SPS 压力方向分布。这一特点虽然对 XRD 几乎没有影响，但在热电性能中展现出了输运性质的差异化。

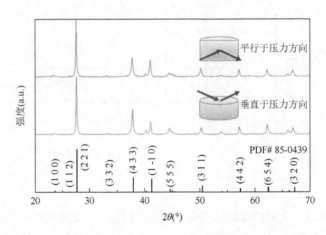

图 3.3　经过 SPS 烧结后块体平行于压力方向和垂直于压力方向的 XRD 图谱

如图 3.5，测试了碲化铋样品的不同测试方向对应的温度与（a）电导率，（b）塞贝克系数，（c）功率因子（PF），（d）热导率，（e）晶格热导率，（f）热电优值的变化趋势。通过图 3.5（a）可以看出两个方向的电传输均显示为金属传输特性，即电导率随温度的升高而降低，且明显发现层状结构较丰富的垂直于 SPS 压力的方向电导率更高，在室温接近 1750 S·cm^{-1}，而平行方向样品室温下的电导率仅有 1300 S·cm^{-1}。

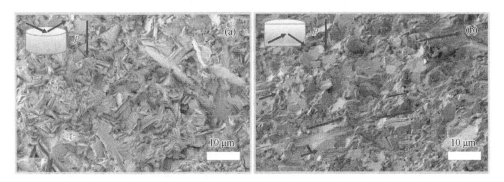

图 3.4　经过 SPS 烧结后块体垂直于压力方向（a）与平行于压力方向（b）的 SEM 图片

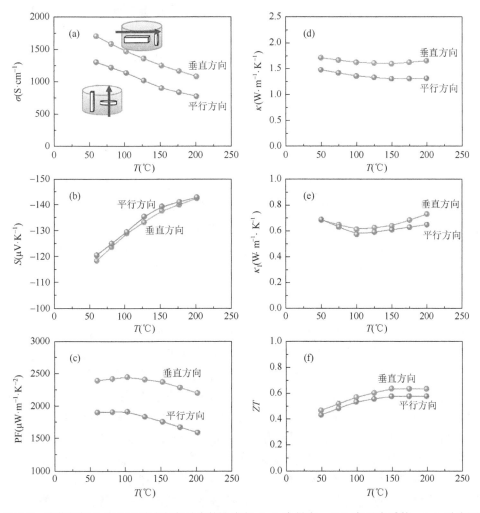

图 3.5　碲化铋样品的不同测试方向对应的温度与（a）电导率，（b）塞贝克系数，（c）功率因
子，（d）热导率，（e）晶格热导率，（f）热电优值的关系

　　两者的塞贝克系数差异不大，因为塞贝克系数是材料本身的属性，仅有的属于误差范围之内微小差异可能是由于本征激发过程中的载流子在平行于 SPS 压力方向更容易被散射，导致仪器检测该方向的载流子浓度和迁移率较低。由于电导率的领先优势，使得垂直压力样品的功率因子大幅度领先。为了确定最终的热电性能，热导率也需要详细表征和讨论。

　　这种层状结构对于热导率的影响和电导率可以相互类比，电导率高的方向同样对热导率做出的贡献也会相对更高，因为垂直于 SPS 压力方向的晶格热导率主要是由共价键贡献，而平行于 SPS 压力方向的热导率会在范德瓦耳斯力间隙产生散射，从而消耗掉一部分晶格热震动，同样该方向也会对载流子进行散射。因此，由于电子热导率和晶格热导率的共同降低，贡献了平行于 SPS 压力方向的低热导率。尽管垂直于 SPS 压力方向有着更高的热导率，但是其在电性能方面更占优势，在协同作用的影响下，该方向的无量纲热电优值 ZT 相较于平行 SPS 压力方向的 ZT 值更高，在 425 K 达到了 0.62。因此在后续的实验中均会选择该方向进行热电性能的表征。

3.3　熔炼温度对 n 型碲化铋热电性能的影响

　　3.2 小节在所有工作之初就探索了低取向高致密碲化铋块体热电性能的各向异性，从而有效避免重复测试和误用不同方向的电导率、热导率计算出过高估计的热电优值。在表征了 950℃ 样品热电性能的基础上，本小节选取上述小节在熔炼温度为 900℃ 和 1000℃ 物相尽可能纯的样品经过破碎和放电等离子体烧结（在 450℃/50 MPa 下经过放电等离子体烧结 5 min）表征相应的热电性能，以进行对比，确定最佳的熔炼工艺。

　　如图 3.6 所示，反映了三种熔炼温度下制备不同样品的电性能随温度变化曲线图，以及不同熔炼温度下致密块体在室温区载流子浓度和迁移率的变化规律。

　　可以看出，随着熔炼温度的增加，电导率呈现出明显的上升趋势，但随着测试温度的增加，所有样品仍然都保持着金属导电特性。熔炼温度增加引起的电导率升高的原因有很多可能性，比如过高的熔炼温度超过 Te 元素的沸点（988℃）引起阴离子挥发引入电子进而提升载流子浓度；熔炼温度升高引起大尺寸晶粒增多，引入了更多的层状结构，织构度增加；晶粒尺寸的增加可能引起表面活性态的降低，改变载流子浓度；也有可能熔炼温度较高，挥发出的 Te 元素抑制了吸附氧与基体反应，使碲化铋的带隙减小接近理论值等。上述原因协同作用，引起了载流子浓度和电性能的升高。相对应样品在室温下通过霍尔效应测试仪测得了载流子浓度和迁移率，对应看出在 900～950℃ 熔炼温度之间，电导率的提升主要由载流子浓度影响占主导，然而塞贝克系数并没有因载流子浓度的升高而大幅度降低，主要是因为铸锭的氧化程度降低，导致碲化铋的简并程度向理论靠近，电子有效质量和费米能级附近的态密度增强，考虑到只有熔炼温度的差异，变化不大的载流子浓度是本征缺陷 Te 空位引起的，导致电离杂质散射增强，增加有效质量，从而一定程度减缓了塞贝克系数的降低。而在 950～1000℃熔炼温度之间，电导率升高没有前者明显，主要是因为载流子浓度的升高趋于缓慢，氧化不再成为主导因素，而是层状结构增多，织构化占据主导地位，引起的迁移率升高进一步引起电导率的小幅度提升。

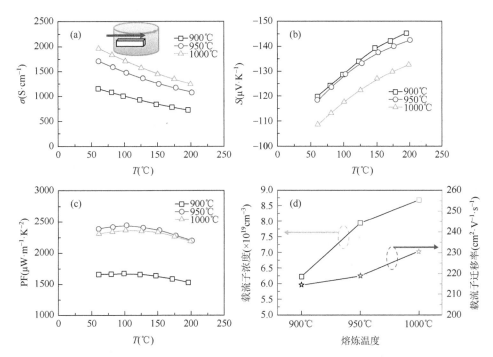

图 3.6　不同熔炼温度的碲化铋样品对应的温度与（a）电导率，（b）塞贝克系数，（c）功率因子以及（d）载流子浓度和迁移率的关系

　　功率因子可以通过电导率乘以塞贝克系数的平方得出。可以看出由于电导率和塞贝克系数的协同作用，功率因子在熔炼温度为 950℃和 1000℃的样品中取得了相对接近的值。而熔炼温度为 900℃的样品功率因子显示出了极大的劣势。

　　如图 3.7，绘制了不同熔炼温度制备样品的热学性能。图 3.7（a）可以看出三个样品的热导率变化与电导率变化趋势一致，均呈现出随熔炼工艺温度升高热导率升高的趋势。从第 1 章热导率的详细分析可以得知，热导率的研究需要将总热导率拆分成晶格热导率和电子热导率，详细分析热导率降低或升高的主题贡献因素。根据电导率、洛伦兹常数和开尔文温度的乘积可以计算得出电子热导率，如图 3.7（b）所示。载流子热导呈现出升高趋势，但是在熔炼温度为 950～1000℃时，电子热导率升高趋于缓慢，这与载流子浓度增强率先升高后降低有关，与霍尔测试的结果相互对应。

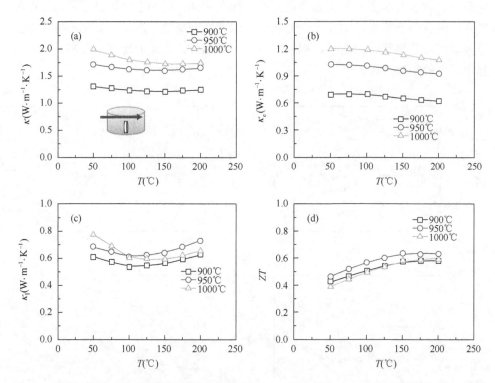

图 3.7　不同熔炼温度的碲化铋样品对应的温度与（a）总热导率，（b）电子热导率，（c）晶格热导率以及（d）热电优值

经过与总热导率和电子热导率的简单分离，晶格热导率与温度的变化关系绘制成如图 3.7（c），可以看出在室温附近晶格热导率随着熔炼工艺温度的升高展现出明显的上升趋势，这是织构化逐渐变强且含氧量下降导致的晶格内部点缺陷含量降低引起的，而明显可以看出熔炼温度为 1000℃的样品的晶格热导率随测试温度的升高下降得更为明显，这是由于该样品晶粒尺寸更大，从而更接近 U 过程散射机制，与温度变化关系更加明显，从图 3.6（d）可以看出熔炼温度为 1000℃的样品的载流子浓度是最高的，多子的浓度明显提升则少子的相对占比就会降低，所引起的电子空穴湮灭就会被抑制，从而使晶格热导率更结论理论的 1/T 关系。

相应的热电优值通过功率因子、热导率和开尔文温度计算得到，如图 3.7（d），可以看出由于各种因素协同作用，熔炼温度于 950℃条件下得到的样品的热电优值最高，于 425 K 得到 0.63。通过本小节的研究，在控制熔炼时间、破碎时间，球磨转速以及 SPS 烧结温度和压力为固定量的条件下，探索了熔炼温度工艺对于热电性能的影响，确定了在后续的研究中统一使用 950℃作为熔炼温度，并在此基础上进行优化和控制变量对比。

3.4　烧结工艺对 n 型碲化铋热电性能的影响

在上一节中，所有的铸锭经过高能球磨机破碎后，均采用放电等离子体烧结（SPS）工艺来制备多晶碲化铋块体。根据文献报道，该烧结温度在很大程度上相对熔炼温度对样品热电性能的影响更为剧烈，因此本节着重探索 SPS 烧结温度对热电性能的影响。SPS 烧结的基本原理主要是大电流通过装有样品粉末的石墨模具实现样品表面微溶，达到快速致密烧结的目的。目前 SPS 技术在热电材料制备的领域已经取得了广泛的应用。碲化铋，硫化铜，硫化铅等常见热电材料，均采用 SPS 烧结工艺热压成型[6-11]。

在上一节中采取了三种熔炼温度合成前期的高织构碲化铋铸锭，最终确定熔炼温度为 950℃时，所制备的高致密低取向多晶碲化铋的热电性能达到最优。根据文献报道，目前绝大部分采用 SPS 制备高性能碲化铋的温度范围在 400～500℃，因此我们选取折中温度 450℃作为参照，并在该范围内每隔 25℃选取一个烧结温度，作为变量调控（图 3.8）。当烧结温度为 475℃时，已经有部分样品挤出 SPS 模具，如图 3.9 插图所示，因此 500℃被放弃制备。

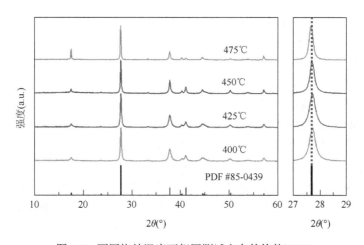

图 3.8　不同烧结温度下相同测试方向的块体 XRD

如图 3.8 为不同烧结温度下相同测试方向块体材料的 XRD 图谱，可以看出烧结温度为 400℃和 425℃的样品对应标准 PDF 卡片的衍射峰，而当烧结温度继续升高，450℃和 475℃样品的主衍射峰出现了极小的左移，这意味着晶格常数增大，晶格膨胀。也能从图 3.9 中的样品挤出模具插图推断出存在晶格软化。为了进一步确定衍射峰左移的程度和原因，针对 475℃烧结的块体样品进行了 XRD 慢扫，扫速为 1°/min，得到的 XRD 图谱通过软件 GSAS 进行精修，所得到的结果绘制成图 3.9。精修过程中的权重因子 $R_w = 5.9\% < 15\%$，证明了数据的真实可靠性。根据精修结果得到了 475℃烧结的块体样品的晶胞体积，为 513.315 Å^3，对比标准 PDF 卡片（PDF#85-0439）的晶胞体积 502.82 Å^3，由于烧结温度过高产生了明显的晶格膨胀和烧结过程中的晶格软化。

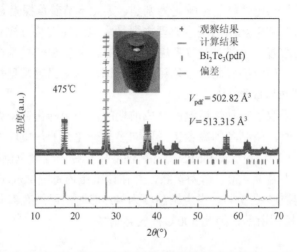

图 3.9　在 475℃烧结样品的 XRD 精修图谱

图 3.10 分别展示了在不同烧结温度下块体材料的新鲜断口 SEM 微观形貌。层状结构不规则分布的晶粒大量存在，随着烧结温度的升高，晶粒尺寸逐渐长大，局部出现了少量孔隙，可能是元素挥发所致，但是晶界减少，大尺寸晶粒增多，在图 3.10（d）的附图中可以观察到局部大量织构的形成，这与烧结过程中的晶格软化能够相互印证。但这种织构化只是局部，大量的多尺寸无序排布晶粒依然占据主导位置，因此 XRD 图谱中并没有展示出很强的各向异性。

由于少量孔隙形成和局部织构化特征对密度产生出降低和升高的竞争性贡献，因此较难通过上述内容来判断样品密度的变化。所以通过阿基米德法测得所有样品的实际密度按照烧结温度由低到高的顺序分别为 7.19 g/cm^3、7.27 g/cm^3、7.4 g/cm^{3}和 7.51 g/cm^3，结合理论密度（~7.8 g/cm^3）计算出样品的致密度（相对密度）依次为 92.07%、92.96%、94.62% 和 96.24%。样品的实际密度和致密度呈现出明显的随烧结温度升高而升高的趋势。其中烧结温度为 450℃ 的样品相对 400℃ 的样品实际密度提升了近 2.5%。再次证明了 SPS 烧结接近理论密度的可靠性（图 3.11）。

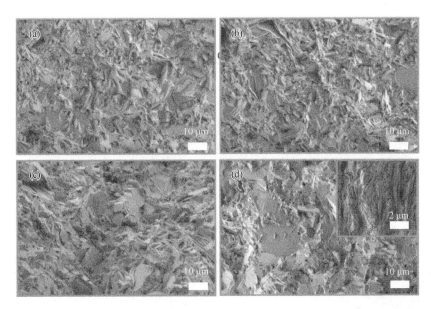

图 3.10　分别在（a）400℃，（b）425℃，（c）450℃，（d）475℃ 温度下烧结后的样品的SEM 断口形貌

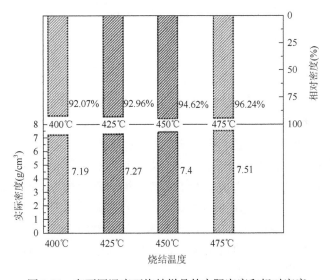

图 3.11　在不同温度下烧结样品的实际密度和相对密度

不同烧结温度样品的热电性能如图 3.12 所示。图 3.12（a）展示了烧结温度

不同的四个样品电导率随测试温度变化的曲线，可以看出所有样品均保持金属导电特性。随烧结温度的升高，样品的电导率呈现出先上升后下降的趋势。一般来讲，塞贝克系数的变化会与电导率的变化趋势呈现出负相关，而如图 3.12（b），塞贝克系数也呈现出和电导率相同的变化规律，即随着烧结温度的升高，先升高后降低。

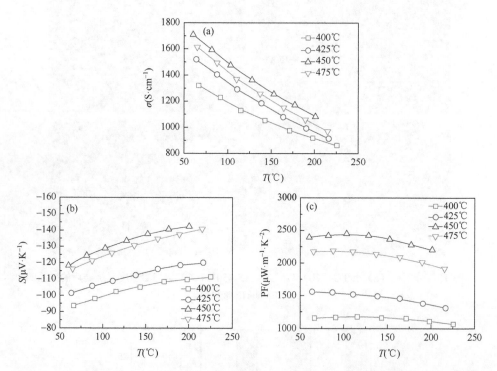

图 3.12   不同烧结温度下碲化铋样品对应的温度与（a）电导率，（b）塞贝克系数，（c）功率因子

为了明确载流子浓度和迁移率在烧结过程中所起到的作用，同时解释塞贝克系数反常变化的规律，通过室温霍尔系数测试仪测得载流子浓度和迁移率的随烧结温度变化的规律，如图 3.13 所示。随着烧结温度的升高，样品致密度逐渐升高，晶粒尺寸亦呈现出增大趋势，样品中的晶界数量减少，导致界面散射效应减弱，所以载流子迁移率呈现出随烧结温度升高而不断升高的趋势。而当烧结温度到达475℃时，晶格软化，会引起阴离子挥发，在晶粒内部也出现了少量由于元素挥发留下的残余孔洞，纳微尺度的孔洞对于载流子的散射的贡献远比大尺寸晶粒对于载流子传输的贡献要大，产生了竞争机制，然而缺陷散射的影响因素占据主导地位，因此，迁移率出现了降低的拐点。

而载流子浓度则呈现出与迁移率变化趋势相反的规律，先降低后升高。主要归因于烧结温度不断升高，原子扩散的无序程度增加，Te 原子在外界能量的干预下倾向于脱离占据 Bi 的位置，回到 Te 原本的原子占位，由 Te 占据 Bi 位置的反位缺陷逐渐减少，从而减少了载流子浓度。而当烧结温度到达 475℃时，脱出晶格的 Te 原子在高能量的作用下，可能发生直接挥发的情况，导致 Te 空位浓度增加，从而为体系引入了额外的自由电子。这也是塞贝克系数并没有随着电导率变化而变化的主要原因，没有存在反常现象，塞贝克系数主要仍依赖于载流子浓度的变化规律而变化。塞贝克系数在室温的最优值于 333 K 取得 –118 $\mu V \cdot K^{-1}$，相比最低的 –93.7 $\mu V \cdot K^{-1}$绝对值提升了 25 $\mu V \cdot K^{-1}$多。

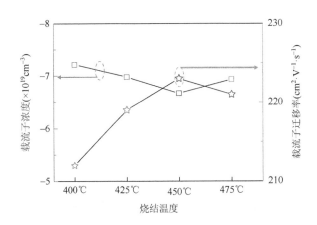

图 3.13　不同烧结温度样品的室温下载流子浓度和载流子迁移率

相应的功率因子通过电导率乘以塞贝克系数的平方获得，由于电导率和塞贝克系数的变化规律相同，因此功率因子展现出了良好的区间分布。烧结温度为 450℃样品的功率因子在 376 K 达到最大值 2446 $\mu W \cdot m^{-1} \cdot K^{-2}$，相比最低的 400℃烧结的样品提升了近一倍。

所有样品的热导率通过 LFA457 测试得到的热扩散系数与密度和热容相乘得到结果并绘制成图 3.14（a）。可以看出随着烧结温度的升高，所有样品的热导率呈现出先上升后降低的趋势。为了详细探究热导率变化的规律，根据洛伦兹常数乘以电导率和开尔文温度计算出电子热导率，并用总热导率减去电子热导率即可得到晶格热导率。如图 3.14（b）所示，可以看出随着烧结温度变高，晶格热导率逐渐升高，这与晶粒尺寸长大相互印证，而当烧结温度为 475℃时，样品的总热导率呈现下降趋势，晶格热导率却仍然呈现出上升的趋势，主要是因为纳微尺度的孔洞大量产生，有助于散射中频声子，降低晶格热导率，与晶粒尺寸长大贡献晶格热导率形成竞争关系，纳微尺度孔洞增强了对载流子的传输散射，载流子迁移率下降引起电导率一定程度的降低，进而引起了电子热导率的大幅度降低实现了总热导率的下降。

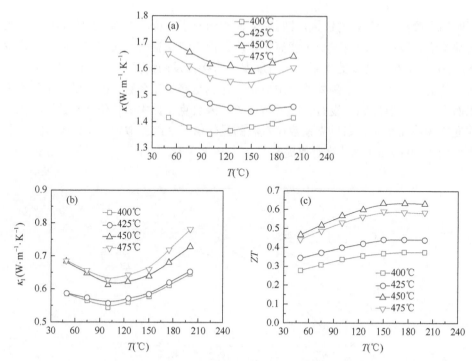

图 3.14 不同烧结温度下碲化铋样品对应的温度与（a）热导率，（b）晶格热导率，（c）ZT

根据热电优值的定义公式计算出所有样品的无量纲 ZT 值，根据实验结果显示，仍然是在 450℃烧结时，样品的各项性能能够达到最佳耦合的状态，实现最高的热电优值。

3.5 Bi$_2$S$_3$ 纳米棒弥散和原位掺杂对 Bi$_2$Te$_{2.7}$Se$_{0.3}$ 热电性能及力学性能的影响

3.5.1 Bi$_2$S$_3$ 纳米棒对 Bi$_2$Te$_{2.7}$Se$_{0.3}$ 相结构的影响

图 3.15（a）绘制了 Bi$_2$Te$_{2.7}$Se$_{0.3}$ + x wt%（x = 0, 0.5, 1, 1.5）Bi$_2$S$_3$块体样品的 X 射线衍射图谱。初始样品 Bi$_2$Te$_{2.7}$Se$_{0.3}$ 的衍射图谱用紫色线条标出，通过对比标准 PDF 卡片（PDF#85-0439），可以看出 Bi$_2$Te$_{2.7}$Se$_{0.3}$ 的主要衍射峰与标准卡片均对应得很好。通过图 3.15（a）右侧主峰放大图可以看出 2θ 位于 27°～28°的主峰出现了小角度左偏。元素 Se 的离子半径为 0.5 Å，Te 的离子半径为 0.97 Å，因此 Se 的阴离子位取代原则上会引起晶格收缩即衍射峰的右移。而现象与理论出现相反趋势，结合以下分析认为初始样品的晶格膨胀被认为是在熔炼和烧结过程中阴离子挥发引起的。

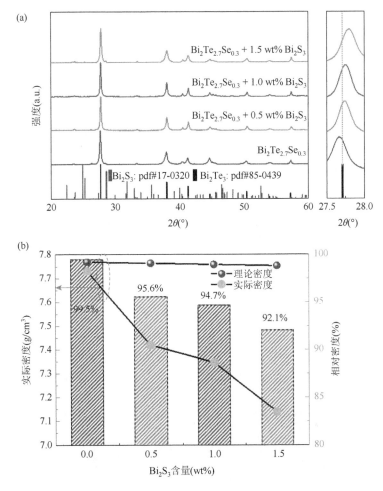

图 3.15　$Bi_2Te_{2.7}Se_{0.3} + x$ wt%（$x = 0$，0.5，1，1.5）Bi_2S_3 块体的（a）XRD 图谱，以及（b）各样品对应的实际密度、理论密度和相对密度

　　Se 单质的熔沸点分别为 221℃和 685℃，均低于 Te 单质的 449.51℃和 988℃，在单质状态下更容易挥发，但当与 Bi 原子成键后，由于 Se 的电负性更大，所以 Se—Bi 化学键的极性更强，键能明显要强于 Te—Bi 键，可以从 Bi_2Se_3 高于 Bi_2Te_3 585℃熔点温度的 710℃得出该结论。因此局部的 Se 取代可能会导致少量的 Te 挥发，从而发生晶格膨胀，与 Se 原子阴离子占位引起的衍射峰右偏产生竞争机制，从而在初始样品的 XRD 中展现出了小范围衍射峰左移的现象。而当 Bi_2S_3 纳米棒的含量上升时，主峰出现了逐渐向右偏移的情况，虽然伴随着 Te 元素的挥发，但是 S 的小离子半径 0.37 Å 能够在竞争关系中占据主导地位，引起衍射峰的右偏。且通过图 3.15（a）右侧主峰放大图还可以看出，主峰逐渐宽化，意味主峰所属主

相的晶粒尺寸逐渐变小，这说明 Bi_2S_3 纳米棒的引入能够抑制烧结过程中的晶粒尺寸长大，有助于晶粒细化散射声子。

图 3.15（b）绘制了各个样品的实际密度（阿基米德密度）、理论密度和相对密度。因为 Bi_2S_3 的密度为 6.78 g/cm³，而 $Bi_2Te_{2.7}Se_{0.3}$ 的密度为 7.73 g/cm³，而 Bi_2S_3 纳米棒并非完全致密体，密度应该更低，因此理论上 Bi_2S_3 纳米棒的添加会引起密度的降低。实验结果符合理论预期，随着 Bi_2S_3 纳米棒含量的增多，实际密度、理论密度和相对密度均呈现下降的趋势，其中相对密度的下降是因为多孔结构的形成引起的。从纯样品的 99.5% 下降到 + 1.5 wt%Bi_2S_3 的 92.1%。

图 3.16（a）～（d）分别为 $Bi_2Te_{2.7}Se_{0.3}$ + x wt%（x = 0，0.5，1，1.5）Bi_2S_3 块体的 SEM 新鲜断口形貌，可以较为明显地分辨出 $Bi_2Te_{2.7}Se_{0.3}$ 大尺寸层状结构晶粒并没有明显的取向，多是无序排布。而在图 3.16（b）～（d）中均能够发现少量极细小 Bi_2S_3 纳米棒，随着 Bi_2S_3 纳米棒含量的增多，少量的 $Bi_2Te_{2.7}Se_{0.3}$ 层状结构被消除，多孔结构出现了明显增加，且孔的周围、内部均会出现不属于 Bi_2S_3 或 $Bi_2Te_{2.7}Se_{0.3}$ 显微形貌的不规则类球状颗粒。我们起初猜测，因为 Bi_2S_3 纳米棒的高比表面积和表面活性，又因为 S 元素的低熔沸点，更容易在烧结过程中挥发产生孔洞，因此产生了多孔结构。通过 XPS 进一步验证 S 元素是否存在于基体中。如图 3.17 所示，S 元素的确实仍然存在于基体中，并且 $Bi_2Te_{2.7}Se_{0.3}$ 层状结构的消除可能是 S 元素扩散形成的原位掺杂。为了进一步明晰微观结构的形成机理，进一步的分析表征如下。

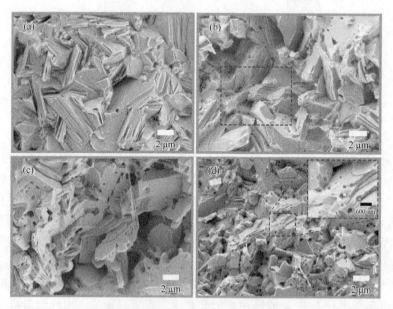

图 3.16　$Bi_2Te_{2.7}Se_{0.3}$ + x wt%[x = 0，0.5，1，1.5，分别对应（a）～（d）]Bi_2S_3 块体的 SEM 断口形貌

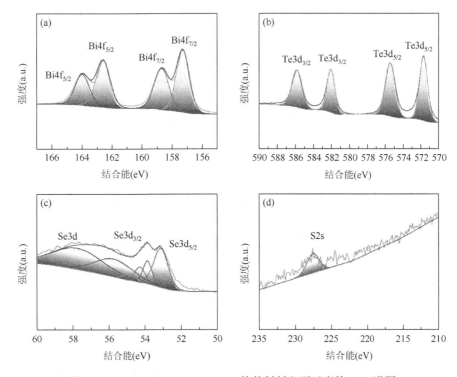

图 3.17 $Bi_2Te_{2.7}Se_{0.3}$+ 1 wt%Bi_2S_3 块体材料主要元素的 XPS 谱图

3.5.2 复杂微观结构表征及形成机理

如图 3.18（a）和（b），通过场发射扫描电子显微镜拍摄了 Bi_2S_3 粉体的原始形貌图，可以看出 Bi_2S_3 纳米棒的直径在 20～100 nm 不等，长度在 1～3 μm，极小的晶粒有助于增加晶体的表面能，增加化学活性和烧结驱动力。图 3.18（c）为 $Bi_2Te_{2.7}Se_{0.3}$+ 1 wt%Bi_2S_3 混合后经过手工研磨的粉体，可以看出 $Bi_2Te_{2.7}Se_{0.3}$ 晶粒在高能球磨法破碎后得到纳米至微米尺度尺寸不同的大小晶粒，经过手工混合 Bi_2S_3 纳米棒，可以在细碎晶粒的夹杂处寻找到破碎的极细小 Bi_2S_3 纳米棒，如图 3.18（d）所示，这种通过低能破碎的纳米晶尺寸上要比水热合成的纳米晶更小，并且保留了原有形貌，能够为电声输运带来更加有趣的现象。

为了清晰观察到普遍存在的多孔结构，挑选了 $Bi_2Te_{2.7}Se_{0.3}$ + 1.5 wt%Bi_2S_3 的样品进行补充实验，进一步在场发射扫描电子显微镜中观察样品烧结后多孔结构的微观形貌。如图 3.19 所示，主相 $Bi_2Te_{2.7}Se_{0.3}$ 的晶粒尺寸相较于研磨后的细碎晶体图 3.18（c）发生了明显的晶界融合和晶粒生长，同时可以在晶界和晶内发现大量的多孔结构，而在这种多孔结构中或孔周围发现了少许残留物，残留物有些呈现出棒状，有些呈现出不规则多面体，因此我们猜测在烧结过程中发生了扩散反应，

图 3.18　（a，b）Bi$_2$S$_3$ 粉体的原始 SEM 图片，以及（c，d）Bi$_2$Te$_{2.7}$Se$_{0.3}$ + 1 wt%Bi$_2$S$_3$ 混合后经过手工研磨的粉体 SEM 图片

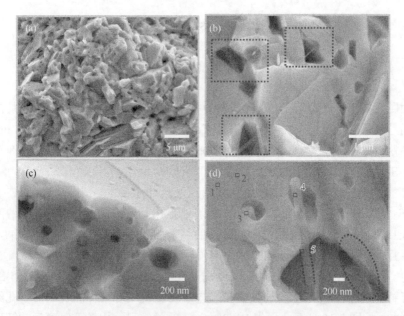

图 3.19　（a）Bi$_2$Te$_{2.7}$Se$_{0.3}$ + 1.5 wt%Bi$_2$S$_3$ 断口的特征 FESEM 图片，以及（b～d）局部放大后的孔内微观结构形貌

高温高压下主相 Bi$_2$Te$_{2.7}$Se$_{0.3}$ 产生了晶粒生长现象，而处于夹杂处的 Bi$_2$S$_3$ 纳米棒

受高温高压发生形变，并与主相 $Bi_2Te_{2.7}Se_{0.3}$ 发生了元素扩散即原位掺杂反应，一些未发生形变的 Bi_2S_3 纳米棒其形貌保留了下来，进一步抑制了原位的晶粒生长及晶界融合，从而产生了大量多孔结构或孔内桥连结构，这种孔内桥连结构能够保留高能电子通过的同时引起能量过滤效应而散射低能载流子，这种复杂的多孔结构以及孔周围由于元素扩散引入的高浓度点缺陷有助于极强的声子散射形成。

　　为了进一步验证孔内夹杂物的成分，如图 3.19（d）以及表 3.1，展现了 EDS 点扫的数据结果，1 处明显看出 S 元素的含量为 0，而 2 处出现极少量 S 元素，可能是由于晶粒长大过程中元素扩散引起的。3 处的 S 元素含量明显增多，甚至要高于 4 处和 5 处棒状结构上 S 元素的含量，由于能谱在高分辨率下精确定量的误差较大，这种差异的来源主要是 EDS 在进行元素分析时能够进一步考虑样品的深度，因此基体会占据一定含量，但是可以基于此进行定性分析，该棒状结构可以通过前期未烧结粉末的 SEM 图判定明确为 Bi_2S_3 纳米棒，因此可以确定 3 处与 4 处和 5 处成分相似的不规则颗粒为 Bi_2S_3 的形变产物，进一步验证了上述推断，完善了复杂微观结构的形成机制。Ge 等也在 Cu-S 体系中通过 In_2S_3 快速掺杂实现过相似的"第二相-气孔"核壳微观结构[12]，对于载流子和声子的影响结合文献报道在下文中进一步分析。

表 3.1　在图 3.19（d）序号位置的 EDS 各元素点扫含量

采样点	S 原子（%）	Se 原子（%）	Te 原子（%）	Bi 原子（%）
1	0.00	7.25	55.37	37.38
2	0.39	7.67	54.20	37.73
3	4.56	6.90	46.75	41.70
4	2.47	6.49	50.68	40.36
5	3.78	5.43	51.28	39.51

　　XRF 的结果显示，Te 元素确实相比理论值存在含量较低的情况，如表 3.2 证明了 Te 挥发在纯样品中也会发生，因此这种挥发被推测发生在熔炼过程中，孔洞的形成被证明和元素挥发无明显关系。从 XRF 的结果中还可以明显地看出 S 元素和 Se 元素的含量均大于理论值，这并不意味着这两种元素含量增多了，主要是因为 Te 元素的挥发使得 S 和 Se 两种元素的占比增加了。

表 3.2　BTS + x wt%BS（x = 0，1.5）两个样品的理论元素含量和 XRF 元素含量结果

样品	S-理论（wt%）	Se-理论（wt%）	Te-理论（wt%）	Bi-理论（wt%）	S（wt%）	Se（wt%）	Te（wt%）	Bi（wt%）
+ 0 wt%	0	3.010	43.823	53.164	0.000	3.762	41.353	54.885
+ 1.5 wt%	0.279	2.969	43.175	53.577	0.436	3.759	40.883	54.922

3.5.3　Bi₂S₃ 纳米棒对 Bi₂Te₂.₇Se₀.₃ 热电性能的影响

如图 3.20，经过电性能和热性能的表征以及计算，绘制了随 Bi₂S₃ 纳米棒含量增多，样品的电导率、热导率等各参数随温度升高而变化的曲线图。图 3.20（a）为电导率随温度变化的关系，可以看出所有样品的电导率均呈现出随温度升高而降低的趋势，展现出了金属导电特性。文献报道 Bi₂Te₂.₇Se₀.₃ 原始样品[13-15]的电导率均在 $600\sim800$ S·cm^{-1} 的范围附近，而在本工作中，由于 Te 挥发的缘故，引入了一定含量的阴离子空位，所以初始样品在室温下的电导率约有 1240 S·cm^{-1}，能够很好地对应 XRD 中显示的纯样品的衍射峰左移，Te 挥发虽然对电导率有利，但是会降低 Bi₂Te₂.₇Se₀.₃ 主相的简并程度，造成有效质量的下降[16]，从图 3.21（b）中也可以看出初始样品的有效质量并不高，$m^* = 1.19\ m_0$（m_0 为自由电子有效质量，m^* 为实际电子有效质量），这也是本工作中初始塞贝克系数没有上述参考文献中 Bi₂Te₂.₇Se₀.₃ 原始样品塞贝克系数高的主要因素。Zhang 等通过原位 ARPES 和 STM 详细证明了碲化铋中 Te 元素挥发的机理，进一步证明了 $\mathrm{Bi'_{Te}}$ 会导致在导带附近的载流子有效质量降低[16]。较低的纯样品的电子有效质量正好与文献报道符合，形成了作证。

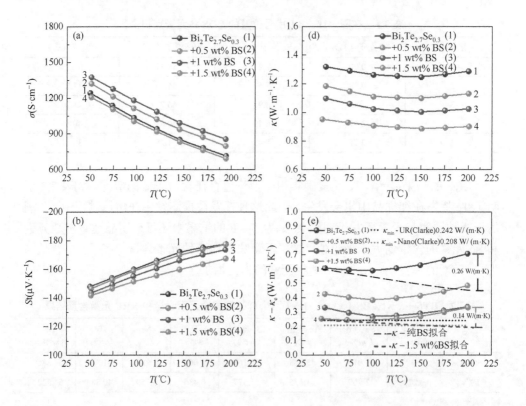

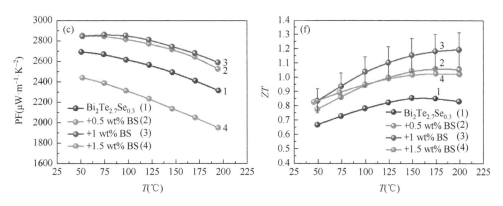

图 3.20　$Bi_2Te_{2.7}Se_{0.3}+ x$ wt%（$x = 0$，0.5，1，1.5）Bi_2S_3 块体材料对应的温度与（a）电导率，（b）塞贝克系数，（c）功率因子，（d）热导率，（e）晶格热导率，（f）热电优值的关系

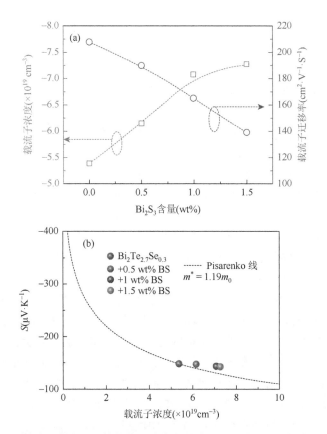

图 3.21　（a）不同样品对应室温下的载流子浓度与载流子迁移率，（b）载流子浓度与塞贝克系数拟合单抛带模型结合 Pisarenko 线半定量分析电子有效质量

　　当 Bi_2S_3 纳米棒含量增加时，样品的电导率先上升后下降，Bi_2S_3 纳米棒的引

入在主相晶粒融合的过程中夹杂其中并参与反应，形成原位掺杂，S—Bi 键极强的电负性差和键能可以使此类同族高电负性差的类施主掺杂能够有效抑制 Bi'_{Te} 的反位缺陷，同时促使在烧结过程中占据阴离子位的 Bi 返回原有的阳离子位置引入电子，能够有效引起载流子浓度的提升，同时引起有效质量的升高。

但是当硫化铋含量增大时，S 元素能够降低碲化铋的能带简并程度，与抑制 Te 空位提升有效质量形成竞争关系，并且与载流子浓度的提升也形成竞争关系，导致了在含量为 + 1.5 wt% 的样品中载流子上升趋势被抑制。

通过图 3.21 可以获得载流子浓度提升的直接证据。相关的缺陷方程式如下

$$2Bi + 3Te \longrightarrow Bi^{\times}_{Bi} + (3-x)Te^{\times}_{Te} + xTe(g)\uparrow + xV^{\cdot\cdot}_{Te} + 2xe \qquad (3.1)$$

$$2V^{\cdot\cdot}_{Te} + Bi^{\times}_{Bi} + Se \longrightarrow Bi'_{Te} + V'''_{Bi} + Se^{\times}_{Te} + 8h \qquad (3.2)$$

$$Bi'_{Te} + V'''_{Bi} + Se^{\times}_{Te} + S \longrightarrow S^{\times}_{Te} + Se^{\times}_{Te} + Bi^{\times}_{Bi} + 4e \qquad (3.3)$$

式（3.1）与式（3.2）为实验中所有样品在完成区域熔炼后的缺陷状态，而式（3.3）为当引入 S 元素形成掺杂的缺陷方程式，可以看出在一定程度上，引入 S 元素越多，自由电子的浓度将会越大，进一步证明了 S 元素对于主相的扩散反应，共同阐明了上述电性能提升的机理。

而当 Bi_2S_3 纳米棒的添加含量达到质量比的 1.5% 时，电导率出现了明显的下降，根据图 3.21（a），可以看出载流子浓度提升趋于缓慢，而迁移率仍然呈现出剧烈下降的趋势。迁移率的下降结合微观结构分析可以看出，多孔结构的急剧增多和 S 元素取代 Te 元素贡献主相带隙增大的趋势（硫化铋的带隙 1.33 eV 远大于碲化铋的 0.145 eV 的带隙）共同作用降低了载流子迁移率。而载流子浓度的上升趋势减弱主要归因于载流子浓度变化的竞争机制，包括前述载流子浓度升高的三种因素以及未完全参与融合反应的 Bi_2S_3 纳米棒与主相产生界面势垒引发的低能载流子过滤效应相互作用。

主相与第二相之间产生的低能载流子过滤效应的示意图绘制如图 3.22 所示。根据碲化铋的带隙 0.145 eV 和功函数 5.1 eV，以及硫化铋的带隙 1.33 eV 和功函数 5.3 eV，可以大致定义出费米能级的位置。当两相接触产生界面后，能带弯曲会在表面态实现，费米能级会倾向于低能态一侧统一，从而引起费米能级变化的相发生导带和价带弯曲。由于两者均为 n 型半导体，主要载流子是电子，且硫化铋的带隙足够大，使得碲化铋的带隙在发生能带弯曲后并没有能够进入硫化铋的导带或者价带而是形成了图 3.22 中间虚线部分的能量势垒。众所周知价电子跃迁至导带需要能量摄入，而动能较大的电子则会远离导带底向真空能级靠近，因此会越过该势垒。而能量较低的电子在传输过程中无法越过该势垒，发生了散射。

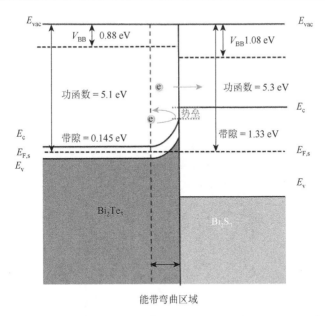

图 3.22　能量过滤效应示意图

图 3.21（b）中，载流子的有效质量先升高后维持稳定。前半程主要是 S 元素抑制了 Bi'_{Te} 反位缺陷，引起了主相简并程度的增加，有效质量提高；而后半程有效质量的升高明显受到抑制，这是因为 S 元素的大量取代和 Te 元素的挥发进一步降低了主相的简并程度。能量过滤效应在整个过程中都发挥着重要作用，可以明显看出样品的电导率在升高的过程中塞贝克系数虽有所降低，但幅度极小，主要是因为界面势垒散射了大量的低能载流子，在塞贝克系数的公式中，载流子浓度降低和有效质量也形成了相互竞争的关系，遏制了由于电导率提升引起的塞贝克系数的大幅度下降，因此功率因子得到一定程度的提升，从原始样品的 $2730~\mu W \cdot m^{-1} \cdot K^{-2}$ 提升至接近 $2860~\mu W \cdot m^{-1} \cdot K^{-2}$。

所有样品的热导率、晶格热导率绘制如图 3.20（d）和（e）所示，总热导率随着 Bi_2S_3 纳米棒含量的增加出现明显的降低，且含量越高，热导率降低得越剧烈。由第 1 章可知热导率可拆分为电子热导率和晶格热导率，电子热导率的计算公式非常简便，与电导率呈现正相关，通过总热导率与电子热导率相减，即可得到晶格热导率的相关数据。如图 3.20（e）所示，随着 Bi_2S_3 纳米棒含量的增加，晶格热导率呈现出极大的降低，最低的晶格热导率在 + 1.5 wt%Bi_2S_3 样品中于 373 K 取得，达到 $0.244~W \cdot m^{-1} \cdot K^{-1}$，是碲化铋体系目前实现为数不多的超低晶格热导率[17]。结合该种复杂微观结构的形成机制分析可知，对于实现超低晶格热导率贡献的因素主要有由各类反位缺陷、阴离子位同族元素取代及阴阳离子空位形成的点缺陷，第二相硫化铋纳米棒演化形成的"第二相-气孔"核壳结构、桥连结构和晶界等多尺寸体缺陷组成。相关的示意图绘制如图 3.23 所示。

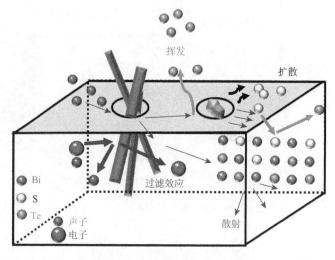

图 3.23　电声输运模型示意图

为了验证这种超低晶格热导率的准确性，分别通过超声反射法测试获得了样品的杨氏模量，和通过（高通量）纳米压痕法获得的杨氏模量而求得 Clarke 模型下的极限晶格热导率[18]。所得到的数据见表 3.3，相关的计算过程如下所示。

$$v_{\mathrm{a}} = \left[\frac{1}{3} \left(\frac{1}{v_{\mathrm{l}}^3} + \frac{2}{v_{\mathrm{t}}^3} \right) \right]^{-1/3} \tag{3.4}$$

$$v_{\mathrm{p}} = \frac{1 - 2(v_{\mathrm{t}} / v_{\mathrm{l}})^2}{2 - 2(v_{\mathrm{t}} / v_{\mathrm{l}})^2} \tag{3.5}$$

$$E = \frac{\rho v_{\mathrm{c}}^2 \left(3v_{\mathrm{l}}^2 - 4v_{\mathrm{t}}^2 \right)}{\left(v_{\mathrm{l}}^2 - v_{\mathrm{t}}^2 \right)} \tag{3.6}$$

$$\gamma = \frac{3}{2} \frac{(1 + v_{\mathrm{p}})}{(2 - 3v_{\mathrm{p}})} \tag{3.7}$$

$$\theta_{\mathrm{D}} = \frac{h}{k_{\mathrm{B}}} \left[\frac{3N}{4\pi V} \right]^{1/3} v_{\mathrm{a}} \tag{3.8}$$

$$\kappa_{\mathrm{min(Clarke)}} = 0.87 k_{\mathrm{B}} \Omega^{-2/3} \left(\frac{E}{\rho} \right)^{1/2} \tag{3.9}$$

其中，v_a 为平均声速，v_l 为纵波声速，v_t 为横波声速，E 为杨氏模量，h 为普朗克常量，V 为晶胞体积，γ 为格林奈森常数，θ_D 为德拜温度，v_p 为泊松比，k_B 为玻尔兹曼常数，N 为晶胞中原子数，ρ 为密度。

表 3.3　通过超声反射法及相关计算得到样品的声速等相关参数

样品	密度（g/cm³）	横波声速（m/S）	纵波声速（m/S）	平均声速（m/S）	晶胞体积（Å³）	泊松比
+ 0 wt%	7.73	1507.9	2666.7	1677	502.39	0.265
+ 0.5 wt%	7.42	1470.3	2615.4	1636	502.37	0.268
+ 1.0 wt%	7.35	1461.9	2609.0	1627.0	501.6	0.271
+ 1.5 wt%	7.14	1389.0	2309.0	1541.2	501.1	0.244

表 3.4 反映了超声反射法和纳米压痕法得到的模量及极限热导率参数。其中，US 表示为超声反射法的简称，Nano 表示为纳米压痕法的简称。

表 3.4　超声反射法和纳米压痕法得到的模量及极限热导率参数

样品	杨氏模量(GPa)-US	格林奈森常数	德拜温度（K）	极限晶格热导率[W/(m·K)]	杨氏模量(GPa)-Nano	极限晶格热导率[W/(m·K)]
+ 0 wt%	44.46	1.575	154.9	0.276	33.58	0.239
+ 0.5 wt%	40.71	1.595	151.1	0.262	32.99	0.236
+ 1.0 wt%	39.92	1.607	150.4	0.259	29.10	0.221
+ 1.5 wt%	34.30	1.476	142.5	0.239	24.11	0.200

通过超声反射法得到的杨氏模量 E-US 相比于纳米压痕法得到的杨氏模量 E-Nano 明显偏大，主要是因为材料内部缺陷的存在明显缩短了声子实际传播的路程，导致声速的过高估计，因此杨氏模量和最终计算得出的极限热导率也相对较高，而纳米压痕法测得的杨氏模量能够通过力学性能准确反映包含内部缺陷下的实际值，并在 900 各数据点上求取平均值，所得的杨氏模量更为可信。因此纳米压痕法计算出的极限热导率也更为接近理论值。通过对比两种方法所获得极限热导率，可以看出在晶格热导率最低的 + 1.5 wt%Bi_2S_3 的样品中，由于致密度的大幅度降低，超低的实际晶格热导率 $0.244\ W\cdot m^{-1}\cdot K^{-1}$ 已经十分接近理论的极限热导率。一般认为接近极限热导率的方式有两种，一种是原子无序排列达到非晶状态，可以接近非晶极限热导率，而另一种是材料的密度降低，这也是唯一一种能够降低热导率至非晶极限热导率以下的方式。本研究在降低材

料密度、使晶格热导率接近非晶极限热导率的同时，实现了高热电性能。最终热电优值经过计算在 + 1 wt%Bi$_2$S$_3$ 的样品中于 473 K 实现 1.19，相比原始样品的 ZT 值提升了 39%。

3.5.4　Bi$_2$S$_3$ 纳米棒改性的重复性及样品转换效率探究

为了进一步确定 Bi$_2$Te$_{2.7}$Se$_{0.3}$ + 1 wt%Bi$_2$S$_3$ 样品热电性能的真实性和可重复性，BTS + 1 wt%Bi$_2$S$_3$（#2/#3）样品完全按照#1 样品的组分和工艺进行重复制备，并且进行相同方向热电性能的测试和表征，所得到的热电性能测试结果如图 3.24 所示。可以看出，电性能的变化规律与#1 样品保持一致，均呈现出金属导电特性，#2/#3 样品的电导率相较于#1 样品有所升高，塞贝克系数因为电导率的关系出现了误差范围之内的下降趋势，整体的电性能虽然有较小偏差，但是始终保持在误差测试范围之内。

重复性测试的热性能如图 3.24（d）和（e）所示，分别绘制了总热导率以及通过计算得到的晶格热导率，晶格热导率的计算值通过式（1.44），式（1.45），式（1.46）获得。可以看出电导率较低的#1 样品的总热导率较低，这说明电子热导率有略微

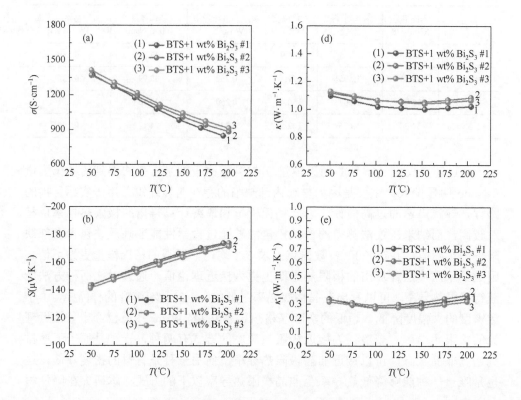

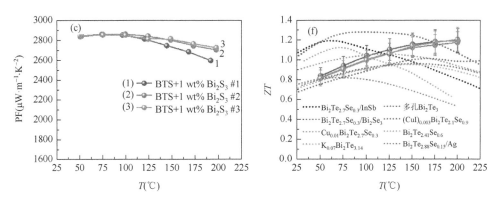

图 3.24　$Bi_2Te_{2.7}Se_{0.3}$ + 1 wt%Bi_2S_3 块体材料热电性能的重复性测试

上升，这与硫化铋与主相的扩散程度有关，Bi_2S_3 与主相反应程度越高，电导率就会越高，相应的电子热导率就会升高。而三者的晶格热导率重复交叠，并没有显现出明显的差异。样品的热电优值经过计算得出如图 3.24（f）所示，由于两个重复的样品在电性能和热性能上重复性较好，所造成的数据波动在误差范围内，因此三个样品的热电优值在相同测试温度区间内仍然保持一致水平，于 50～200℃范围内逐渐升高，并且最高值均出现在 200℃，在 1.15～1.2 波动。由于热电优值的误差范围在 20%左右，因此样品的重复制备和测试进一步证明了该优化工艺的可行性和重复性良好。

挑选了热电优值最高的样品通过 mini-PEM 进行热电转换效率的直接表征，在制备单腿器件时，在样品的上下端分别垫上碳纸，保证样品端面和接触界面能够尽可能良好接触，以减小接触电阻，之后用提前焊接有铜导线的铜片覆盖在端面碳纸外侧，在铜片外侧继续叠加涂抹了导热胶的碳纸，保证两端与热电偶的良好接触，也尽可能减小热损失。

热流法测量转换效率的相关参数和结果如图 3.25 所示，分别绘制了测试过程中低温段恒为 25℃，高温端分别为 100℃、200℃、300℃的测试电流与电压、输出功率、热流量和转换效率的关系。图 3.25（b）和（d）可以看出随着冷热端温差的升高，样品的输出功率和转换效率出现了明显的升高，虽然样品的最大 ZT 值出现在 200℃，但随着温差进一步增大，转换效率在高温端温度到达 300℃时还在增大，到达 1.67%，输出功率在该温差下达到 9.56 mW。

转换效率在同温差下与 Chetty 的工作几乎一致[19]，而输出功率稍有逊色，这可能与样品的高度和截面积有关。Zhuang 等通过 SPS 循环烧结 4 次所制备的 p 型碲化锑热电优值在 70～100℃达到 1.4，进一步通过金箔添加至样品和铜片接触层间，实现了温差在 225 K 时转换效率达到 5%。因为单腿热电转换效率的工作并不多，因此并不做过多对比。

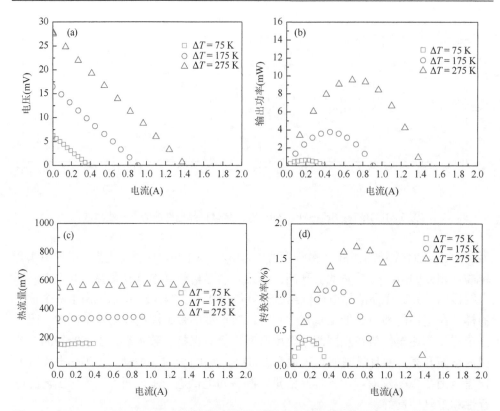

图 3.25　$Bi_2Te_{2.7}Se_{0.3} + 1\ wt\%Bi_2S_3$ 样品单臂块体材料在不同温差下电流与（a）电压，（b）输出功率，（c）热流量，（d）转换效率的关系

3.5.5　Bi_2S_3 纳米棒对 $Bi_2Te_{2.7}Se_{0.3}$ 力学性能的影响

在实验设计之初，考虑到硫化铋纳米结构能够有效引起细晶强化，且硫化铋的硬度明显高于碲化铋，因此认为硫化铋的引入能够引起主相力学性能的提升。通过纳米压痕法表征了材料的硬度与杨氏模量，分别以云图的形式绘制并展现在图 3.26 中。纳米压痕的载荷设定为 20 mN，针头的曲率半径为 20 nm，压痕区域为在 300 μm×300 μm 的范围内测试 30×30 的阵列。

结合图 3.26 发现了一种反常现象，随着 Bi_2S_3 纳米棒含量的增加，样品的硬度逐渐增加，而模量逐渐降低，且可以明显发现硬度和模量的提升较为均匀，没有发现明显的硬度和模量的高值堆积。我们认为这种硬度模量增加的反常现象主要是由于 Bi_2S_3 纳米棒均匀弥散在基体内部，并且在烧结过程发生原位掺杂，因为 S 元素的电负性比 Te 大，S—Bi 较 Te—Bi 更强的键能有利于局部力学性能的提升，而纳微尺度孔洞含量的提升引起密度下降，材料内部结构的缺陷明显增多，进一步导致了模量的下降。

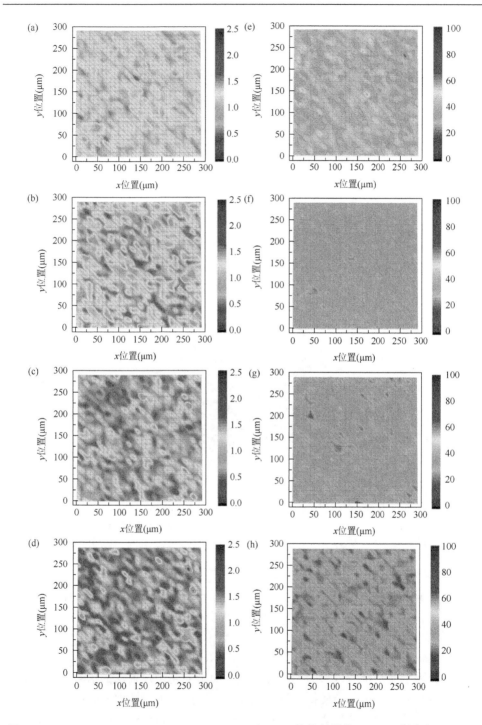

图 3.26　Bi$_2$Te$_{2.7}$Se$_{0.3}$+x wt%（x = 0，0.5，1，1.5）Bi$_2$S$_3$ 块体材料的（a～d）硬度和（e～h）模量云图

　　高通量纳米压痕法所得到的硬度与模量的原始数据离散分布绘制成散点图如图 3.27 所示。分别用灰色、绿色、蓝色和黑色空心圆表示添加不同含量 Bi$_2$S$_3$ 纳米棒样品的数据点，对应同种颜色的实心圆球是高通量数据求得的平均值。相应平均值变化在图的右上角特别注释。可以定量地分析出随着 Bi$_2$S$_3$ 纳米棒含量的增加，样品的硬度从 1.30 GPa 提升到 1.44 GPa，而杨氏模量从 41.58 GPa 降低到 26.11 GPa，确实出现了硬度与模量的反常变化，通过平均值点与原点建立的一次函数的斜率从 31.98 降低到 18.13，进一步展现出了硬度与模量的反常负相关。这是在上述结果中密度的降低和孔洞的形成引起的，也是超低晶格热导率的主要来源之一。

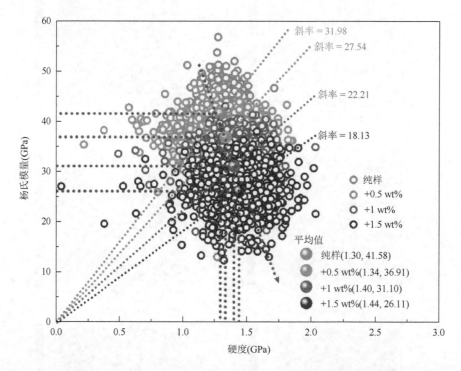

图 3.27　Bi$_2$Te$_{2.7}$Se$_{0.3}$ + x wt%（x = 0，0.5，1，1.5）Bi$_2$S$_3$ 块体材料的硬度与模量原始数据离散分布统计

　　相比较超声反射法测得的杨氏模量，纳米压痕法表征的模量显示出了明显的降低。原因主要是材料内部的孔隙会造成界面影响超声反射法的信号传输，导致声速的过高估计，进一步使得模量的值变大。因此，纳米压痕的数据更具有信服力。但是两种测试方法的降低趋势几乎一致，实现了力学性能的提升以及对声子的大幅度散射。

3.6　硬质相 Ru 纳微颗粒弥散增强 n 型商业碲化铋材料热电性能及力学性能研究

3.6.1　Ru 纳微复合结构对商业碲化铋物相及微观结构的影响

图 3.28（a）展示出商业碲化铋复合 + x wt% Ru（x = 0，0.5，1，2）纳米复合材料的 XRD 图谱，以及在底端用黑色线段表示的碲化铋标准 PDF 卡片（PDF# 85-0439）。除了 Bi_2Te_3 + 2 wt% Ru 样品在 $2\theta = 44°$ 时有一个弱峰外，XRD 谱图上没有明显的杂质峰，该弱峰放大后与 Ru 第二相的（1 0 1）晶面对应，所属的 PDF 卡片为 PDF# 89-4903。Bi_2Te_3 + 0 wt% Ru 样品与标准 PDF 卡片对应得很好，说明晶体内没有明显的晶格畸变，以及超过 XRD 物相检测限的杂质相和元素固溶。随着 Ru 纳微复合颗粒含量的增加，如图 3.28（b）所示，碲化铋位于 27.7° 的最高特征峰（2 2 1）开始向大角度微偏，这表示 Ru 第二相的引入引起了晶格常数的减小和晶胞体积的收缩。Ru 元素的化学态极其稳定，它的熔点有 2250℃，并且复合过程为手工研磨，并不能提供足以让 Ru 参与反应的能量。通常情况下 Ru 元素在化合物中显 + 4 价，假设 Ru^{4+} 取代阳离子位置 Bi^{3+}，这会为体系引入电子以提高载流子浓度，进而提升电导率。而在后续章节的实验结果可以表明，电导率在散射作用下一度降低到 $300\ S·cm^{-1}$，载流子浓度也在小范围内降低。因此我们认为 Ru 纳微复合颗粒并没有与基体碲化铋发生反应，而是在手工研磨的过程中以磨料的形式细化了碲化铋的晶粒尺寸，提供了压应力。这类在烧结过程中团聚

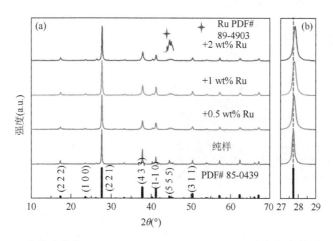

图 3.28　（a）商业碲化铋 + x wt% Ru（x = 0，0.5，1，2）纳米复合材料 XRD 图谱；（b）主峰位置的放大图谱

在碲化铋晶界处引入的宏观残余压应力，是引起衍射峰微小偏移原因，可以通过布拉格方程推得，这种宏观参与压应力通过退火可以消除。这种由于硬质第二相的引入引起衍射峰向大角度偏移的理论在相关文献中也有报道[20, 21]。图 3.28（b）还显示出随着 Ru 含量的增加伴随着半峰宽度的增加，这表明主相晶粒逐渐细化，这是由于 Ru 纳米复合结构在晶界处的团聚抑制了晶粒长大，这一点可以在扫描电子显微镜照片中得以印证。

　　图 3.29（a～c）展示出了原始的 Ru 的纳微复合颗粒的微观形貌，图 3.29（c）是图 3.29（b）的局部放大图，其中最大的颗粒可以达到 20 μm，最小的颗粒尺寸可以达到 30～40 nm，这种多尺寸第二相能够显著增强中低频声子散射，降低晶格热导率[22-26]。经过复合及 SPS 烧结过程后，所得到不同 Ru 含量的块体材料断口形貌 SEM 图像如图 3.29 所示，碲化铋是图中由大量层状晶粒占据的主要组成部分，而 Ru 纳微复合颗粒展示出的较为饱满的颗粒状与碲化铋层状晶粒对比出明显的形貌差异，这一点也可以在图 3.30 中的 SEM 以及 EDS 图像中得到明显的证明。

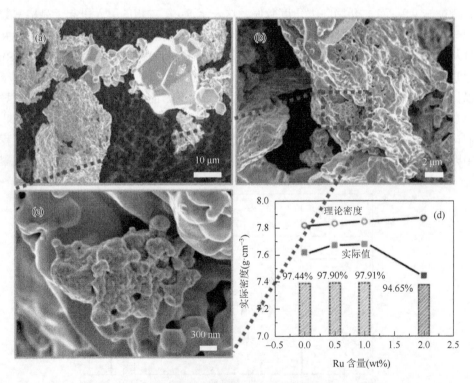

图 3.29　（a～c）原始的纳微复合结构 Ru 颗粒的 SEM 图像；
（d）不同 Ru 含量样品的实际密度、理论密度、致密度

　　然而从图 3.29 烧结过后的断口 SEM 图像中并不能明显看出块体材料密度的

变化，因此我们根据阿基米德法测量块体材料的实际密度，并计算材料的理论密度和致密度，绘制图 3.29（d），Ru 的理论密度为 12.37 g·cm^{-3}，随着 Ru 含量的增加，块体材料的密度应该呈现出如理论计算出的逐渐升高的变化趋势，在含量小于等于 1 wt%时，实验值和理论值存在误差，但是变化趋势相同，致密度从 97.44%增加至 97.91%。然而当 Ru 含量增加到 2 wt%时，实验值所取得的密度出现了反常降低，致密度也降低至 94.65%，这主要是由于：①Ru 的磨料特征细化碲化铋晶粒，导致晶界进一步增加；②Ru 在晶界处团聚抑制了碲化铋晶粒的长大，进一步影响了材料的孔隙率。而这种由穿晶/沿晶断裂和生长抑制产生的晶粒细化现象可以通过图 3.28（b）XRD 主衍射峰的半高宽宽化加以印证。

　　图 3.30 展示了商业碲化铋+x wt%（x = 0，0.5，1，2）纳米复合材料 SEM 图像及局部放大图。

　　图 3.31 展示出了一种多尺寸碲化铋晶粒包覆 Ru 纳微复合结构的微观形貌，在手工研磨的低能量复合过程中，Ru 纳微复合颗粒的超硬磨料特性使得其周围的碲化铋晶粒破碎团聚，并且包覆在 Ru 颗粒周围，形成了该种主相与第二相均为纳微复合结构的微观形貌，这种特殊的微观形貌对于声子具有强的散射，能够有效降低声频支晶格热震动。不同元素在 EDS 图像上的分布清晰可见，能够明显看出非层状 Ru 颗粒的周围包覆着大量细碎晶粒，而根据元素能谱可以看出这些细碎晶粒是碲化铋和 Ru 纳米颗粒的团聚物，由于样品能谱照片是断面形貌，有助于更好地分辨 Ru 纳微复合颗粒和碲化铋层状结构，因此能谱图片也是基于此进行拍摄，局部的黑色区域，是由于断口形貌的高低不同和景深差异造成的。

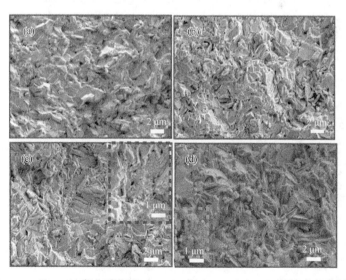

图 3.30　（a～d）商业碲化铋 + x wt%（x = 0，0.5，1，2）纳米复合材料
SEM 图像及局部放大图

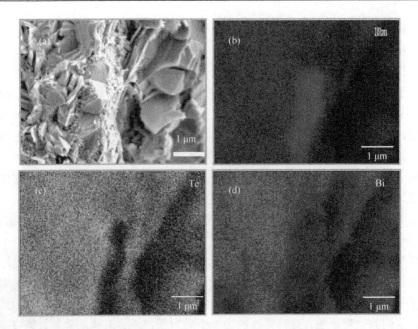

图 3.31　(a) 多尺寸碲化铋晶粒包覆 Ru 纳微复合结构的 SEM 图像及其（b～d）对应元素能谱

3.6.2　Ru 纳微复合结构对商业碲化铋热电传输的影响及机制

　　研究发现，采用区域熔融法制备的 Bi_2Te_3 在垂直于 SPS 压力方向上的热电性能优于平行于 SPS 压力方向上的热电性能，因此垂直于 SPS 压力方向测量了所有样品的电导率和热导率[14]。图 3.32（a）显示了电导率对温度的依赖关系，在 50～250℃范围内，所有样品均表现出金属导电特性，即电导率随温度的升高而降低。且能明显看出，复合材料的室温电导率与 Ru 含量呈现出明显的负相关。为了进一步探究电导率降低的原因，结合式（1.13），引入电导率与载流子浓度和迁移率的关系，同时通过室温 Hall 测试仪检测了块体材料的载流子浓度和载流子迁移率，如图 3.33（a）。

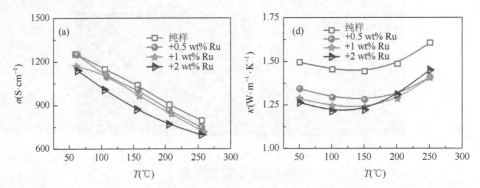

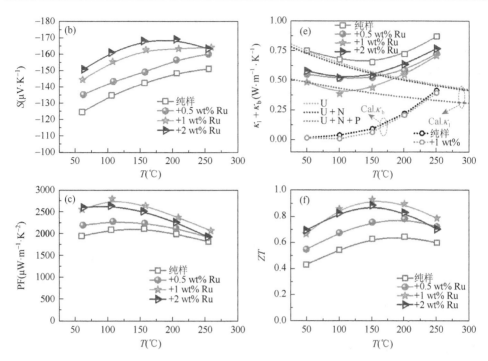

图 3.32　测试温度与（a）电导率，（b）塞贝克系数，（c）功率因子，（d），热导率，（e）晶格热导率 κ_1 + 双极热导率，（f）无量纲 ZT 之间的关系

可以明显看出，载流子浓度和迁移率的协同降低引起了电导率随复合含量增加而降低的趋势。样品中含有细小的 Bi_2Te_3 晶粒和 Ru 纳米级颗粒，以及大量暴露出的大尺度晶界。晶粒的比表面积明显增大，因此晶界散射是降低 n、μ 和热导率的主要原因。同时晶粒细化增加晶粒的表面断裂化学键的数目进一步影响载流子浓度。Bi_2Te_3 是一种低载流子浓度、高迁移率的三维拓扑绝缘体，依赖于强自旋轨道相互作用（spin oribit intereaction），我们推测，超硬 Ru 颗粒与 Bi_2Te_3 颗粒之间的相互作用，产生了类似填充、团聚和包覆现象，并影响了强 SOI，同时使 Bi_2Te_3 晶粒表面态复杂化，进一步降低了电子迁移率。

图 3.32（b）展示了所有样品的塞贝克系数随温度变化的规律，参照图 3.32（a），塞贝克系数随 Ru 含量的增加而增加对应着电导率的降低。通过式（3.10）可简要判断影响塞贝克系数的因素。

$$S = \frac{8\pi^2 k_B{}^2}{3eh^2} m^* T \left(\frac{\pi}{3n}\right)^{2/3} \tag{3.10}$$

从式中可以看出变量仅为电子有效质量 m^* 和载流子浓度 n，而前者与塞贝克系数呈正相关，后者呈负相关。可以看出载流子浓度的降低是影响塞贝克系数增加的主要因素之一。为了进一步详细研究电子有效质量的变化，这里我们参照 Zhao 的工作[27]，引入单抛带模型，并且建立对应的皮萨连科（Pisarenko）关系，如式（3.11），式（3.12）。

$$S = \frac{k_B}{e}\left[\frac{\left(\frac{5}{2}+\lambda\right)F_{\lambda+3/2}}{\left(\frac{3}{2}+\lambda\right)F_{\lambda+1/2}} - \eta\right] \quad (3.11)$$

$$n_H = 4\pi\left(\frac{2m^* k_B T}{h^2}\right)^{3/2} F_{(\lambda)}(\eta) \quad (3.12)$$

相应的计算结果和数据拟合通过图 3.33（b）可以看出，随着 Ru 含量从 $x = 0$ 增加到 $x = 1$，块体材料的电子有效质量从 $m^* = 1.5\ m_0$ 增加到 $m^* = 1.6\ m_0$，物理意义是碲化铋的能带结构简并程度增加，为此我们画出复合材料能带结构变化的示意图，如图 3.33（c），通过查阅 Ru 和 Bi_2Te_3 的功函数可以看出 Ru 的功函数约为 4.7 eV，而碲化铋的功函数约为 5.1 eV，由于 Ru 的化学性质稳定，且金属为电子传导，在两种材料发生接触时，费米能级会倾向于统一，引起碲化铋表面态费米能级的弯曲，使得碲化铋的导带进入到 Ru 的价带，形成欧姆接触，即会产生近

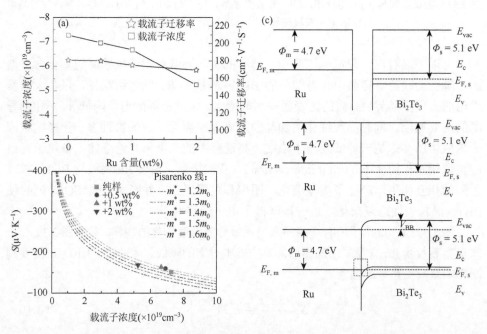

图 3.33　（a）不同样品对应室温下的载流子浓度与载流子迁移率，（b）载流子浓度与塞贝克系数拟合单抛带模型结合皮萨连科线半定量分析电子有效质量，（c）欧姆接触形成机理及表面耗尽层机制

乎无损的电子传输。同时在两相接触区会产生耗尽层，Ru 的自由电子接触到碲化铋的价带与空穴发生湮灭，消耗掉一部分载流子浓度，进一步引起载流子浓度的降低和塞贝克系数的提升，所以此处的电子有效质量提升并没有引起广泛的能带结构变化，这种微小的变化仅仅维持在晶粒的表面态。

　　结合电导率和塞贝克系数，通过 $PF = \sigma S^2$ 计算材料的功率因子 PF。+ 1 wt% Ru 样品的功率因子在 383 K 附近达到最大值 2802 $\mu W \cdot m^{-1} \cdot K^{-2}$，比纯样品的 2089 $\mu W \cdot m^{-1} \cdot K^{-2}$ 提升了 713 $\mu W \cdot m^{-1} \cdot K^{-2}$。所有样品的最大功率因子随 Ru 含量的增加均呈上升趋势，在 Ru 含量为 + 1 wt% 时达到峰值，之后下降。可以看出 PF_{max} 与 Ru 含量呈类抛物线关系。因此，导热系数是研究热电性能的一个重要参数。

　　如图 3.32 （d） 和 （e），展示了通过测试热扩散系数计算出的总热导率 κ、晶格热导率 κ_l 和双极热导率 κ_b。由于 Ru 和碲化铋基体组成多重纳微复合结构引起强的声子散射，总热导率的降低主要归因于晶格热导率的降低。图 3.32 （e） 展示出 $\kappa_l + \kappa_b$ 的降低是总热导率降低的主要贡献者，最低的 $\kappa_l + \kappa_b$ 达到 0.38 $W \cdot m^{-1} \cdot K^{-1}$，在 + 1 wt% Ru 样品于 373 K 获得。然而 + 2 wt% Ru 样品的 $\kappa_l + \kappa_b$ 出现了反常升高，这主要是由于 Ru 本身的热导率非常高，能够达到 117 $W \cdot m^{-1} \cdot K^{-1}$，在增强相界面声子散射的同时，会贡献一部分 κ_l，引起了 $\kappa_l + \kappa_b$ 的回升。为了验证 κ_b 是否因为第二相的引入而产生变化，可以通过克拉维模型及德拜-爱因斯坦模型求得。结果如图 3.32 （e） 虚线部分，彩色虚线为计算所得的 κ_l，可以看出晶格热导率满足 $1/T$ 关系，符合随温度的升高而降低的趋势，且计算结果与实验值拟合度较高。黑色及灰色虚线为原始商业样品和最优样的 κ_b，可以看出两条线的重合度较高，误差在 0.01 $W \cdot m^{-1} \cdot K^{-1}$ 之内，这说明第二相对于块体材料的双极热导率没有明显作用，且 τ_p^{-1} 即纳米第二相是声子散射的主要因素。无量纲 ZT 值通过热电优值的定义公式计算得出，如图 3.32 （f） 所示，在 423 K 时，+ 1 wt% Ru 样品的 ZT 峰值达到 0.93，相较于纯样品提高了约 45.3%。

3.6.3　Ru 纳微复合结构对商业碲化铋热电转换效率的影响

　　对于材料的热电转换效率，在其工作温度范围内，高的平均 ZT 对效率的影响要比单纯的高热电优值更有收益，因此我们通过积分简单计算了 Ru 含量为 $x = 0$ 和 $x = 1$ 两个样品的平均 ZT，并引用该体系及领域中较为优秀的工作做对照。如图 3.34 所示，$x = 1$ 的样品相较于 $x = 0$ 的样品平均 ZT 值从 0.58 增长到 0.86，提升近 48%，提升幅度较为明显。因此选取这两个样品直接进行热电转换效率的测试。图 3.35 （a） 展示了热电转换效率测试的实物图和示意图，上端为热端，下端为冷端，采用 Sn/Ag/Cu 高温焊料将相同尺寸的两个样品与 Cu 片焊接，同时分别焊接上 Cu 导线，接引至电流电压极柱上。冷端温度设置为 25℃，另外设置三个高温端温度分别为 50℃，100℃，150℃。从图 3.35（c）和（d）所测得在 125 K 温差下的转换效率和输出功率，分别为 0.9% 和 5.5 mW，与 Chetty 等的结果相当[19]。

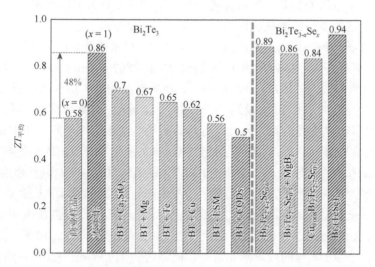

图 3.34　Bi_2Te_3 体系与 $Bi_2Te_{2.7}Se_{0.3}$ 体系平均 ZT 值的比较[26]

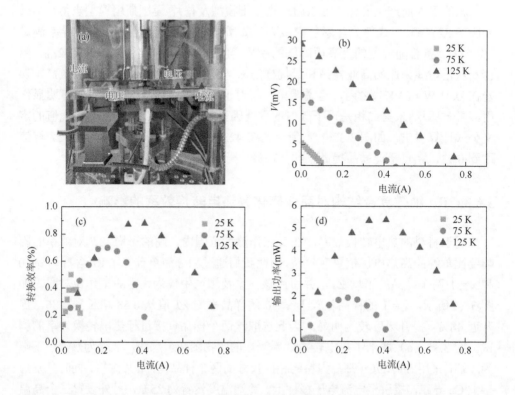

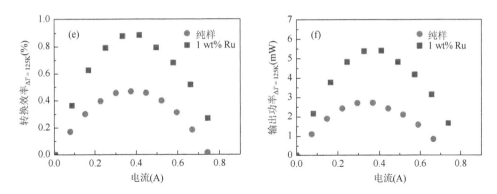

图 3.35　（a）热电转换效率测试的示意图。＋1 wt%Ru 样品中电流与（b）电压，（c）转换效率和（d）输出功率的对应关系；原始商业样品与 ZT_{max} 样品的（e）转换效率与（f）输出功率对比图

如图 3.36，在 Chetty 的研究中，$Cu_{26}Nb_2Ge_6S_{32}$ 的 ZT 在 670 K 时达到 1，对于没有金属阻隔层的单臂热电材料，在 173 K 温差下的转换效率和输出功率分别为 1%和 6 mW。这种微小的差异可能是由于材料体系和温度的不同造成的。由于接触热阻和电阻较大，导致输出功率较低，实验结果低于理论值。He 等将实测值与模拟值进行了比较，并在其研究论文的表 S6 中进行了解释和阐述[28]。

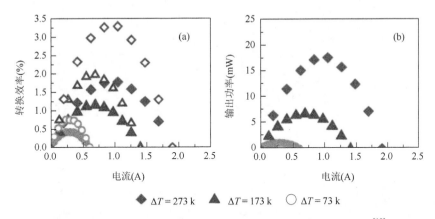

图 3.36　$Cu_{26}Nb_2Ge_6S_{32}$ 单臂热电材料转换效率及输出功率对照[19]

图 3.35（e）和（f）对 125 K 温差下纯样品（即原始商业样品）和＋1 wt% Ru 样品（即 ZT_{max} 样品）的转换效率和输出功率进行了比较。根据式（1.7）计算了不同 ZT 值和温差下的理论转换效率。计算得到纯样品（平均 ZT 值～0.62）和＋1 wt% Ru 样品（平均 ZT～0.93）的理论转换效率分别为 6.7%和 11%，提高了 65%。然而，实验测量的增幅约为 91%，由于样品尺寸、铜片尺寸等变量都固定控制变量，对于 ZT 升高引起的转换效率的提升，认为该误差是接触电阻轻微变化的结果。

3.6.4　Ru 纳微复合结构对商业碲化铋力学性能的影响

如图 3.37，为区熔法制备的 n 型商业碲化铋不同方向的 SEM 图像，可以看出商业碲化铋铸锭的解离面为面内，而层状结构方向为面外，能够明显地区分出碲化铋的微观形貌的各向异性。沿层方向易发生沿晶断裂，即层间滑移，而垂直层方向也容易发生穿晶断裂。Ru 属于超硬、超高熔点金属，其纳微复合颗粒作为第二相弥散在碲化铋基体中，理论上能够增强基体的力学性能。如图 3.38，为商业碲化铋解离面与截面以及 Ru 含量不同样品的维氏压痕形貌，可以看出原始的商业碲化铋铸锭在完成压入过程后，其压痕形貌展现出明显的沿晶断裂和穿晶断裂，力学性能较差。而经过笔者承担课题的研究工艺处理后，可以看出劈裂和脆断逐渐消失，维持载荷一定，定性分析样品的断裂韧性明显增强。巧合的是，当 Ru 含量为 + 1 wt%时，样品的断裂韧性也达到最大。当含量为 + 2 wt%时，样品的断裂韧性却出现了反常。因此我们进一步采取纳米压痕法验证材料力学性能的变化规律。

图 3.37　区熔法制备的 n 型商业碲化铋不同方向的 SEM 图像

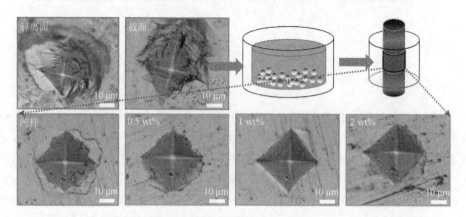

图 3.38　商业碲化铋解离面与截面以及 Ru 含量不同样品的维氏压痕形貌

为了对比原始的商业样品的力学性能，原始的铸锭经过解离/切割和高精度抛光，得到面内和面外方向的压痕平面。在 300 μm² 内选取 30×30 的点阵以及 5 mN 载荷进行高通量压痕实验，得到硬度和模量如图 3.39 的结果。在面内方向出现了穿晶断裂，层状结构发生脆断，而在面外方向出现了大量沿晶断裂，也是层间发生了劈裂。产生以上缺陷的主要机理绘制成示意图分别展示在图 3.39（e）和（f）中。面内方向的平均硬度值和模量值分别达到 1.253 GPa 和 33.892 GPa，面外方

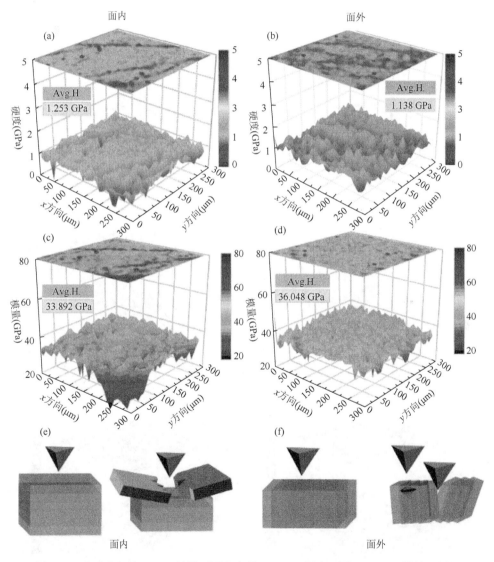

图 3.39　商业高织构 Bi₂Te₃ 铸锭不同方向的（a，b）硬度云图，（c，d）模量云图和（e，f）力学性能各向异性的示意图

向的平均硬度值和模量值分别达到 1.138 GPa 和 36.048 GPa。面外方向的硬度低于面内方向的硬度，主要是因为 Te 原子层间的范德瓦耳斯力引起的滑移进一步在宏观上展现为沿晶断裂，从而减小了平均硬度值。

而经过笔者课题研究工艺处理后，所制得的多晶碲化铋/Ru 纳微复合材料块体的力学性能选取同样的面积和点阵数量的矩阵进行高通量实验表征。因为整体材料硬度增加，因此本次纳米压痕选取载荷为 20 mN，保证压坑深度利于计算和矫正。所得的结果如图 3.40 所示。三维压痕云图的 x 轴坐标和 y 轴坐标相互对应，

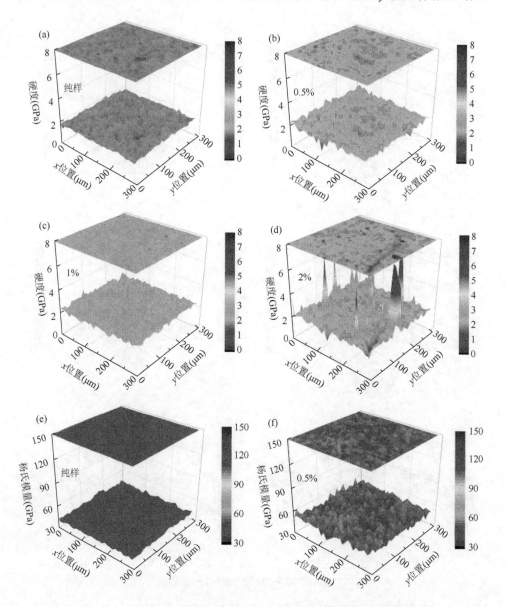

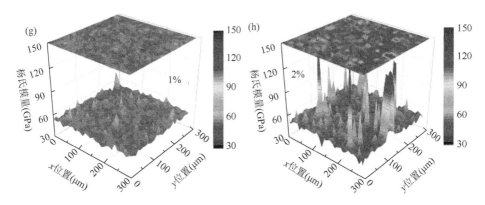

图 3.40　商业碲化铋 + x wt%Ru（x = 0，0.5，1，2）纳米复合材料的（a～d）硬度云图及（e～h）模量云图

在坐标轴统一的情况下，Ru 含量从 0～1 wt%的云图伴随着表面颜色的变化，硬度和模量均有提升。从数值上定量分析，硬度从商业高织构铸锭的～1.2 GPa 提升至高能球磨破碎后的 1.75 GPa，提升 45%，并通过 Ru/Bi$_2$Te$_3$ 纳微复合结构在 + 1 wt%Ru 样品中进一步提高至 2.38 GPa，提升率接近 100%，是目前维持高热电性能 Bi$_2$Te$_3$ 体系的硬度最高值。

图 3.41 显示了 Ru 含量从 0～2 wt%纳米复合材料的硬度和模量的平均值。

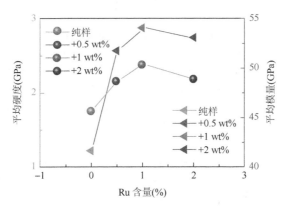

图 3.41　 + x wt%Ru（x = 0，0.5，1，2）纳米复合材料的硬度和模量的平均值

巧合的是， + 2 wt% Ru 的样品的硬度和模量云图的平均值展现出了与断裂韧性相对应的恶化现象，但是却展现出了一些远高于平均值的硬度和模量的数据点，相关解释的示意图如图 3.42 所示。

+ 1 wt% Ru 样品通过高强度超硬 Ru 纳米复合颗粒和生成细化的 Bi$_2$Te$_3$ 基体晶粒复合作用制备块体材料来提高力学性能。随着 Ru 含量的增加超过优化各类性能的临界含量，存在更多的超纳米结构，导致晶粒结合强度降低。由于超高的稳定性和硬度，晶界处的 Ru 颗粒抑制了晶粒长大，产生纳米级微裂纹，进一步增加脆性断裂和宏观残余压应力。

以上结论相互印证，实验数据相互佐证，对本课题进行了全面深入的分析。

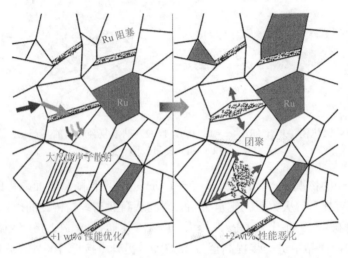

图 3.42　从＋1 wt%Ru 到＋2 wt%Ru 的机理变化示意图

参 考 文 献

[1]　Kim C，Yang Y，Baek J Y，et al. Concurrent defects of intrinsic tellurium and extrinsic silver in an n-type Bi$_2$Te$_{2.88}$Se$_{0.15}$ thermoelectric material [J]. Nano Energy，2019，60：26-35.

[2]　Wu Y，Yu Y，Zhang Q，et al. Liquid-phase hot deformation to enhance thermoelectric performance of n-type bismuth-telluride-based solid solutions [J]. Advanced Science，2019，6（21）：1901702.

[3]　Zhai R，Hu L，Wu H，et al. Enhancing thermoelectric performance of n-type hot deformed bismuth-telluride-based solid solutions by nonstoichiometry-mediated intrinsic point defects [J]. ACS Applied Materials & Interfaces，2017，9（34）：28577-28585.

[4]　Chen B，Li J，Wu M，et al. Simultaneous enhancement of the thermoelectric and mechanical performance in one-step sintered n-type Bi$_2$Te$_3$-based alloys via a facile MgB$_2$ doping strategy [J]. ACS Applied Materials & Interfaces，2019，11（49）：45746-45754.

[5]　Zhu Y K，Wu P，Guo J，et al. Achieving a fine balance in mechanical properties and thermoelectric performance in commercial Bi$_2$Te$_3$ materials [J]. Ceramics International，2020，46（10，Part A）：14994-15002.

[6]　Zhao L D，Zhang B P，Li J F，et al. Enhanced thermoelectric and mechanical properties in textured n-type Bi$_2$Te$_3$ prepared by spark plasma sintering [J]. Solid State Sciences，2008，10（5）：651-658.

[7]　Ge Z H，Ji Y H，Qiu Y，et al. Enhanced thermoelectric properties of bismuth telluride bulk achieved by telluride-spilling during the spark plasma sintering process [J]. Scripta Materialia，2018，143：90-93.

[8]　Zhao L D，Lo S H，He J，et al. High performance thermoelectrics from earth-abundant materials：Enhanced figure of merit in PbS by second phase nanostructures [J]. J Am Chem Soc，2011，133（50）：20476-20487.

[9]　Ge Z H，Zhang Y X，Song D，et al. Excellent ZT achieved in Cu$_{1.8}$S thermoelectric alloys through introducing

rare-earth trichlorides [J]. Journal of Materials Chemistry A，2018，6（29）：14440-14448.

[10]　Min Y，Roh J W，Yang H，et al. Surfactant-free scalable synthesis of Bi_2Te_3 and Bi_2Se_3 nanoflakes and enhanced thermoelectric properties of their nanocomposites [J]. Advanced Materials，2013，25（10）：1424.

[11]　Yang L，Chen Z G，Hong M，et al. Enhanced thermoelectric performance of nanostructured Bi_2Te_3 through significant phonon scattering [J]. ACS Applied Materials & Interfaces，2015，7（42）：23694-23699.

[12]　Ge Z H，Chong X，Feng D，et al. Achieving an excellent thermoelectric performance in nanostructured copper sulfide bulk via a fast doping strategy [J]. Mater Today Phys，2019，8：71-77.

[13]　Li S，Chu M，Zhu W，et al. Atomic-scale tuning of oxygen-doped $Bi_2Te_{2.7}Se_{0.3}$ to simultaneously enhance the Seebeck coefficient and electrical conductivity [J]. Nanoscale，2020，12（3）：1580-1588.

[14]　Yan X，Poudel B，Ma Y，et al. Experimental studies on anisotropic thermoelectric properties and structures of n-type $Bi_2Te_{2.7}Se_{0.3}$ [J]. Nano Letters，2010，10（9）：3373-3378.

[15]　Lee K H，Kim S I，Mun H，et al. Enhanced thermoelectric performance of n-type $Cu0.008Bi_2Te_{2.7}Se_{0.3}$ by band engineering [J]. Journal of Materials Chemistry C，2015，3（40）：10604-10609.

[16]　Zhang M，Liu W，Zhang C，et al. Identifying the manipulation of individual atomic-scale defects for boosting thermoelectric performances in artificially controlled Bi_2Te_3 films [J]. ACS Nano，2021，15（3）：5706-5714.

[17]　Xu B，Feng T，Agne M T，et al. Highly porous thermoelectric nanocomposites with low thermal conductivity and high figure of merit from large-scale solution-synthesized $Bi_2Te_{2.5}Se_{0.5}$ hollow nanostructures [J]. Angewandte Chemie International Edition，2017，56（13）：3546-3551.

[18]　Chen L，Hu M，Wu P，et al. Thermal expansion performance and intrinsic lattice thermal conductivity of ferroelastic $RETaO_4$ ceramics [J]. J Am Ceram Soc，2019，102（8）：4809-4821.

[19]　Chetty R，Kikuchi Y，Bouyrie Y，et al. Power generation from the $Cu_{26}Nb_2Ge_6S_{32}$-based single thermoelectric element with Au diffusion barrier [J]. Journal of Materials Chemistry C，2019，7（17）：5184-5192.

[20]　Madavali B，Kim H S，Lee K H，et al. Enhanced Seebeck coefficient by energy filtering in Bi-Sb-Te based composites with dispersed Y_2O_3 nanoparticles [J]. Intermetallics，2017，82：68-75.

[21]　Ge Z H，Zhang B P，Chen Y X，et al. Synthesis and transport property of $Cu_{1.8}S$ as a promising thermoelectric compound [J]. Chemical Communications，2011，47（47）：12697-12699.

[22]　Guo J，Zhang Y X，Wang Z Y，et al. High thermoelectric properties realized in earth-abundant Bi_2S_3 bulk via carrier modulation and multi-nano-precipitates synergy [J]. Nano Energy，2020，78：105227.

[23]　Tang H，Zhuang H L，Cai B，et al. Enhancing the thermoelectric performance of $Cu_{1.8}S$ by Sb/Sn co-doping and incorporating multiscale defects to scatter heat-carrying phonons [J]. Journal of Materials Chemistry C，2019，7（14）：4026-4031.

[24]　Gu W H，Zhang Y X，Guo J，et al. Realizing high thermoelectric performance in n-type SnSe polycrystals via（Pb，Br）co-doping and multi-nanoprecipitates synergy [J]. Journal of Alloys and Compounds，2021，864：158401.

[25]　Ge Z H，Qiu Y，Chen Y X，et al. Multipoint defect synergy realizing the excellent thermoelectric performance of n-type polycrystalline SnSe via Re doping [J]. Advanced Functional Materials，2019，29（28）：1902893.

[26]　Hu L，Wu H，Zhu T，et al. Tuning multiscale microstructures to enhance thermoelectric performance of n-type bismuth-telluride-based solid solutions [J]. Advanced Energy Materials，2015，5（17）：1500411.

[27]　Zhao L D，He J，Wu C I，et al. Thermoelectrics with earth abundant elements：High performance p-type PbS nanostructured with SrS and CaS [J]. Journal of the American Chemical Society，2012，134（18）：7902-7912.

[28]　He W，Wang D，Wu H，et al. High thermoelectric performance in low-cost $SnS_{0.91}Se_{0.09}$ crystals [J]. Science，2019，365（6460）：1418-1424.

第4章 p型碲化铋基热电材料的制备及性能研究

4.1 p型碲化铋的成分优化及热电性能的各向异性研究

4.1.1 测试方向对 p 型碲化铋热电性能的影响

由于碲化铋的原子排布为 Te1-Bi-Te2-Bi-Te1，p 型碲化铋只是将其中的一部分 Bi 替换为 Sb，所以其仍然保持沿 c 方向的堆叠，这样的堆叠方式就会造成碲化铋形成明显的层状结构。然而电子和声子在传输过程中，穿过层与沿层经过的效率是不同的，这也就造成了其在热电性能上的差异。电子沿层流通一般为穿层而过的 2 倍，而声子则恰恰相反[1]，由于材料的 ZT 值在前面章节介绍是由电导率乘以塞贝克系数除以热导率计算得来，所以不同方向的热电性能一定是不同的，所以首先我们要找到最好的测试方向。

图 4.1 为平行于 SPS 压力方向和垂直于 SPS 压力方向的 XRD 图谱，经过归一化处理后的衍射峰位置与标准 PDF 卡片（PDF#72-1836）对照，所有峰的位置基本一致，但是主峰相对于标准卡片向低角度偏移，这是由于 PDF 卡片对应的物相为 $Bi_{0.4}Sb_{1.6}Te_3$，合成的物质为 $Bi_{0.45}Sb_{1.55}Te_3$，其中合成的 p 型碲化铋中 Bi 的含量稍有降低，然而 Bi 的相对原子半径大于 Sb，所以造成了晶格的略微膨胀，由于布拉格方程的存在，造成了主峰位置的偏移。经过对比，两个方向的 XRD 图

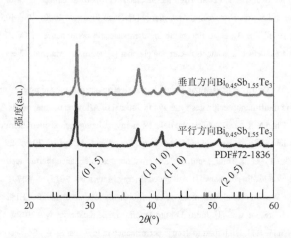

图 4.1 经过 SPS 烧结后平行和垂直于压力方向的 XRD 图谱

谱并没有太大的差异，这是由于测试的样品是经过 SPS 烧结制成的，在烧结前材料经过了行星式球磨机的破碎，球磨过程中破坏了原有的大尺寸层状织构变成了细小的晶粒。

图 4.2 为从 SPS 烧结后的铸锭上切下一小块，然后对于其 x、y、z 三个方向断口拍摄所组成的 SEM 图。经过对比，可以观察到其中在 x 方向上的层状结构更多，这是由于在烧结过程中，x 方向为平行于压力方向，在高温高压下，层片更倾向于纵向排列，所以在 x 方向的断口上会出现更多的层状结构。虽然这一特点不会对 XRD 图谱造成显著的影响，但是对于其热电性能来说，层状结构的排列方向就会对其造成显著影响[2]。

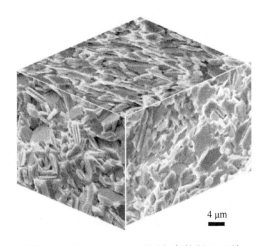

4 μm

图 4.2　$Bi_{0.45}Sb_{1.55}Te_3$ 不同方向的断口形貌

图 4.3 为不同测试方向的温度与碲化铋的电学性能对应关系。图 4.3（a）为温度与电导率之间的关系，可以明显观察到两个方向上的导电行为均为金属导电特性，即电导率随温度的升高而降低。然而在不同的测试方向上可以看到垂直于 SPS 压力方向测得的电导率明显高于平行于 SPS 压力方向，在室温时接近 360 $S·cm^{-1}$，是平行方向的 1.2 倍。图 4.3（b）为温度与 Seebeck 系数之间的关系，可以看到两者的 Seebeck 系数差别不大，这是因为 Seebeck 系数是材料本身的一种性质，与测试方向无关。图 4.3（c）为温度与功率因子之间的关系，可以观察到由于在垂直 SPS 压力方向上材料的电导率较高，而 Seebeck 系数在两个方向基本相同，在前面章节介绍过功率因子的计算方法，所以垂直方向上的功率因子在室温时接近 2200 $\mu W·m^{-1}·K^{-2}$。

图 4.4 为不同测试方向上碲化铋的温度与热学性质的对应关系，图 4.4（a）为温度与热导率之间的对应关系，上面提到材料的电导率在垂直于 SPS 压力方向

上是相对较高的，然而热导率在碲化铋材料中是晶格热导率、电子热导率和双极热导率的加和，其次由于电子与声子的传输性质，在电子的传输更为顺畅的地方声子一样可以更好地传递，综上所述这就造成了在垂直于 SPS 压力向的测试方向上，材料的热导率也是相对较高的，如图 4.4（a）所示。

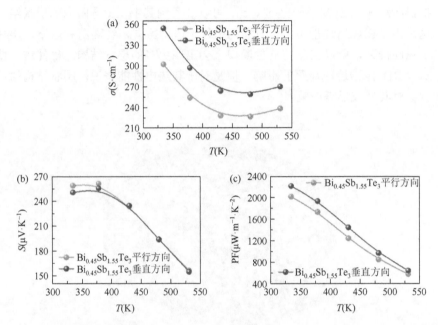

图 4.3　p 型碲化铋不同方向所对应的温度与（a）电导率，（b）Seebeck 系数，（c）功率因子关系

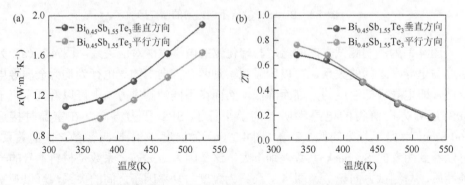

图 4.4　p 型碲化铋不同方向所对应的温度与（a）热导率，（b）ZT 值关系

　　由于材料的 ZT 值是一个比值，所以电导率不能太高，热导率也不能太低，所以计算下来如图 4.4（b）所示，在平行于 SPS 压力的测试方向上材料的 ZT 值更占优势，其 ZT 值在 325 K 达到 0.78，因此在后续的实验中所有的测试方向均会确定是平行于 SPS 压力方向。

4.1.2　p 型碲化铋的组分调控对热电性能的影响

经过了上一小节的讨论，得到了该材料最优的测试方向，避免了重复测试和使用不同方向的电导率和热导率计算 ZT 值，从而造成 ZT 的过高估计。在本节我们将详细讨论组分变化的影响。在 p 型碲化铋材料中，一般都是在 Bi_2Te_3 体系中引入更多的反位缺陷，从而引入更多的空穴载流子，进而增加电导率，提高 ZT 值。但正如前面所提到的，ZT 值与载流子浓度的变化规律符合正态分布，只有找到最适合的载流子浓度才能得到 ZT 的最高值。对于该体系来说，引入反位缺陷的方法是将其中的 Bi 位更换为 Sb 元素，Sb 相对于 Bi 来说与 Te 发生反位缺陷所属需要的能量更低。一般来说 p 型材料的最好的组分在 $Bi_{0.4}Sb_{1.6}Te_3$ 附近，我们根据这一原则详细选择了几个不同的组分进行了深入研究以确定材料的最优组分。

图 4.5 为变化 Bi 含量后测试方向相同的 X 射线衍射图谱，可以看到 $Bi_{0.4}Sb_{1.6}Te_3$ 样品的所有衍射峰的位置与标准卡片（PDF#72-1836）对应得很好并且没有杂峰出现，这表明合成的样品为纯样品。在图 4.5 右侧可以看到对 27°～29° 位置进行了局部放大处理，可以看到随着 Bi 含量的增加主峰的位置向低角度偏移，造成这种现象的原因是由于 Bi^{3+} 和 Sb^{3+} 的离子半径差异。衍射峰的宽度基本没有变化，说明晶粒尺寸基本没有变化。

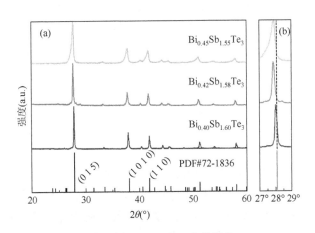

图 4.5　不同组分下相同方向的块体 XRD

图 4.6 为不同成分块体样品的断口形貌，为了防止其氧化，所有的样品都是在拍摄前统一制作。通过 SEM 可以明显观测到 p 型碲化铋的层状结构，而且可以看到其晶粒尺寸基本没有变化，这也说明改变 Bi^{3+} 的含量不会影响其材料的微观结构。

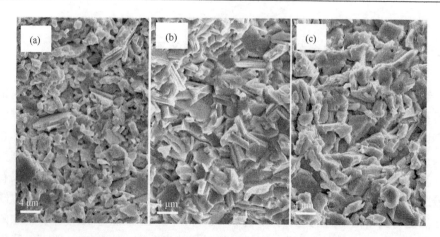

图 4.6　不同组分（a）$Bi_{0.4}Sb_{1.6}Te_3$，（b）$Bi_{0.42}Sb_{1.58}Te_3$，（c）$Bi_{0.45}Sb_{1.55}Te_3$
相同测试方向上的 SEM 断口形貌

　　图 4.7 为不同成分的 p 型碲化铋的热电性能与温度之间的关系。图 4.7（a）为温度与电导率之间的关系，可以明显观察到其导电性质还是属于金属导电，但起始点的电导率存在明显差异。成分 $Bi_{0.42}Sb_{1.58}Te_3$ 的样品电导率最高。影响电导率的因素主要有载流子浓度、迁移率、温度和晶粒尺寸，整组样品的晶粒尺寸在上面已经观察过基本没有发生变化，所以在该组实验中影响电导率的因素为载流子浓度与迁移率，随着 Bi^{3+} 含量的增加，载流子浓度降低，但是同时迁移率会升高，迁移率升高同样会造成电导率的升高。图 4.7（b）为温度与 Seebeck 系数之间的关系，可以发现，电导率高的样品其塞贝克系数相对较低，这符合塞贝克系数与电导率之间的关系[3]。图 4.7（c）为温度与功率因子之间的关系，$Bi_{0.42}Sb_{1.58}Te_3$ 该样品的功率因子最高，达到了 $2600\ \mu W\cdot m^{-1}\cdot K^{-2}$，这归因于该样品具有高的电导率以及适中的 Seebeck 系数。图 4.7（d）为材料的温度与热扩散系数之间的关系，由实验仪器直接测得。图 4.7（e）为温度与热导率之间的关系，可以看到热导率随着温度升高而升高。在其他半导体材料中[4,5]，材料的热导率都是随着温度升高而降低，但是在碲化铋体系中，存在双极效应机制，即由于材料的带隙较低，随着温度的升高，本征的载流子会被高温激发，造成空穴-电子对复合放出热量以及和声子导热的现象，所以造成了随着温度升高碲化铋的热导率会逐渐升高。变化 Bi^{3+} 的含量，热导率先升高后降低，这与电导率的变化规律一致。热导率由电子热导率、晶格热导率和双极热导率构成。首先，由于双极热导率一般由相对较大的载流子浓度变化和带隙的变化影响[6]，在本组实验中不涉及带隙以及载流子浓度的大范围变化；其次，本组实验所有样品的晶粒尺寸基本不发生变化，所以排除晶格热导率与双极热导率的影响因素，造成热导率的变化的原因是由于样品电导率的变化引起电子热导率的变化造成的。根据公式计算出材料的热电优值，结

果表现在图 4.7（f），$Bi_{0.42}Sb_{1.58}Te_3$ 样品的热电优值在 323 K 达到 0.85，是整组样品的最高值，各项性能达到一个最佳的耦合状态。

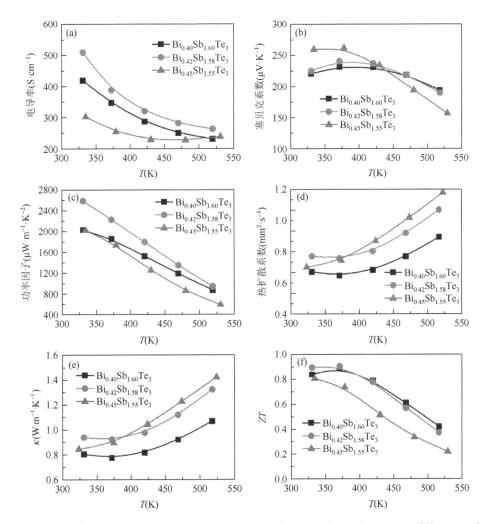

图 4.7　不同成分 p 型碲化铋块体材料对应的温度与（a）电导率，（b）Seebeck 系数，（c）功率因子，（d）热扩散系数，（e）热导率，（f）ZT 值的关系

4.2　CsBr 掺杂对 p 型碲化铋热电性能的影响

4.2.1　CsBr 掺杂对 p 型碲化铋微观结构的影响

图 4.8 为 $Bi_{0.42}Sb_{1.58}Te_3 + x$ wt% CsBr（$x = 0$，0.1，0.25，0.3）的块体 XRD 图

谱及掺杂后的密度变化图，测试过程中保证所有样品都是同一个方向测试，可以看到纯样品的各个衍射峰可以良好地对应标准卡片（PDF#72-1836），但经过 CsBr 的掺杂后，掺杂样品的主峰相对于标准卡片都发生了偏移，对于主峰的放大图在图 4.8（b）显示。这是由于 Cs^+，Br^-，Sb^{3+}，Te^{2-} 的相对原子半径差异造成的。由于 Br^- 的取代固溶度高于 Cs^+，所以在掺杂过程中，导致了主峰偏移的随机性。掺杂后的样品并没有出现第二相的衍射峰，这是由于 XRD 的检测极限是 3%，掺杂后产生的第二相数量不足，所以没有在 XRD 图谱中显示出来。观察主峰的宽度可以看到，掺杂样品相对于纯样品的主峰宽度有差异，这可能是由于晶粒尺寸的变化引起的。图 4.8（c）可以看到材料的实际密度分别为 6.529 g/cm^{-3}，6.53 g/cm^{-3}，6.33 g/cm^{-3}，6.15 g/cm^{-3}，掺杂 0.1 wt%样品的实际密度基本没有变化，这是由于掺杂量过低没有引起足够的微观结构变化。继续增加掺杂含量，材料的实际密度逐渐降低，这是由于掺杂引起了材料的微观结构的变化导致的。

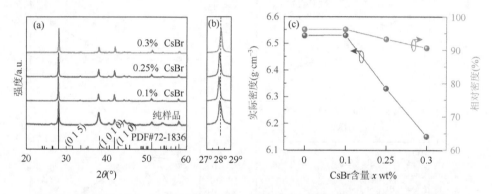

图 4.8　$Bi_{0.42}Sb_{1.58}Te_3 + x$ wt%CsBr（$x = 0$，0.1，0.25，0.3）的（a，b）XRD 图谱；
（c）实际密度与相对密度变化

为了验证是否有第二相存在以及了解晶粒尺寸的变化，进行了 SEM 观察，结果如图 4.9 所示。图 4.9（a）为纯样品的新鲜断口形貌，其晶粒尺寸较大，且层状结构明显，掺杂样品的晶粒尺寸明显减小，而且孔的数量变多。造成晶粒尺寸减小的结果可能是由于形成了第二相，第二相钉扎晶界，阻碍了晶粒生长，孔的形成是由于 Br^- 取代了 Te^{2-}，以及 Te 挥发而形成的。

为了验证到底是否存在第二相，将 $Bi_{0.42}Sb_{1.58}Te_3$（简称 BST）+ 0.25 wt% CsBr 样品进行了 TEM 观察，结果如图 4.10 所示。图 4.10（a）为透射电镜下的样品形貌图，图中可以看出存在颜色的差别，这是由于透射电镜拍摄时存在质厚衬度及原子序数衬度。当高能粒子束轰击材料的表面时，由于其原子序数及厚度的差异对高能粒子束的散射程度是不同的，随后造成了穿过样品后的电子束存在能量差异，之后由透射电镜的成像系统接收这些能量信号，经过计算机处理变为图片形式呈现。其中不同的颜色代表其组成的原子序数及厚度不同，为了验证不同的颜色是否为不同基体的第二相，对图 4.10（a）中的区域进行了能谱分析，结果如图 4.10（b~h）所示。其中可以看到在图 4.10（a）中的虚线圆圈处，均存在 Bi、Cs、Br 和 Te 的缺失，以及 Sb 和 O 的富集，如图 4.10（c~h）所示，综上可以推测第二相为 Sb 与 O 组成的化合物。

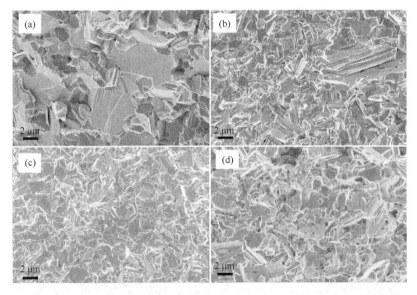

图 4.9　（a~d）$Bi_{0.42}Sb_{1.58}Te_3 + x$ wt% CsBr（$x = 0$，0.1，0.25，0.3）样品断口形貌

为了验证其中第二相的具体成分，选取了材料的另一个区域进行了详细观察，结果显示在图 4.11 中。图 4.11（a）为样品另一区域的放大图片，可以看到该区域同样存在 Sb-O 化合物组成的第二相，这也侧面证明了材料中的 Sb-O 化合物不是只存在样品局部，而是在样品内部均匀分布的。第二相分布在晶粒内部以及气孔的边缘。由图 4.11 还可以观察到样品的晶粒尺寸在 0.8~1.0 μm。为了进一步的观察第二相的形状，进行了局部放大，如图 4.11（b）及其插图所示，第二相的尺寸约为 75 nm，并且第二相具有规则形状，这表明这种第二相为原位生成而不是未反应完全的 CsBr。第二相 Sb_2O_3 的形成机理为：CsBr 掺杂后，在熔融过程中，Cs^+ 取代了 BST 基体中的 Sb^{3+}，Sb^{3+} 被置换出基体，与游离在材料内部的氧在高温环境下发生反应形成 Sb_2O_3 化合物。而样品中的气孔的形成是由于 Br 与基体中的 Te 发生取代反应，置换出了基体中的 Te，Te 在高温环境下挥发。对图 4.11（b）中的正方形虚线部分进行衍射分析以及高分辨观察，结果表征在图 4.11（c）和（d）中。

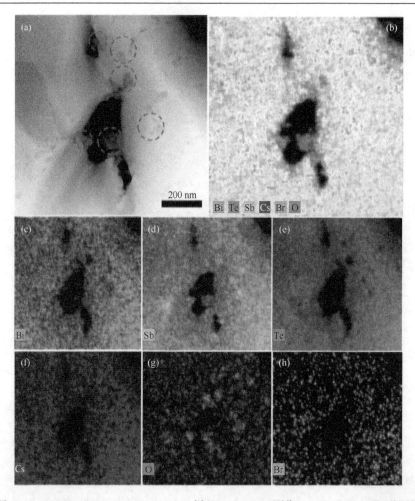

图 4.10　$Bi_{0.42}Sb_{1.58}Te_3 + 0.25\ wt\%\ CsBr$ 样品（a）TEM 图像；（b～h）EDS 能谱图像

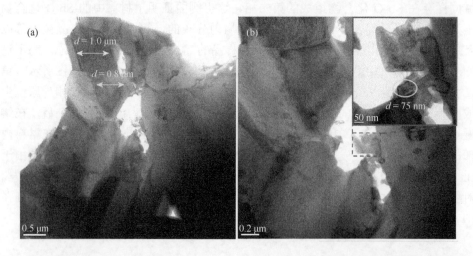

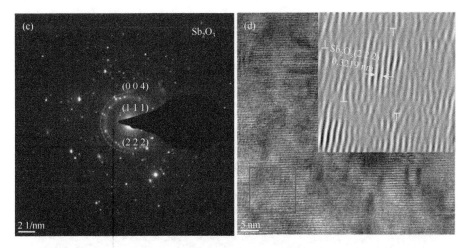

图 4.11　$Bi_{0.42}Sb_{1.58}Te_3$ + 0.25 wt%CsBr 样品（a，b）TEM 图像；（c）选取电子衍射花样；
（d）高分辨透射电镜图像

　　图 4.11（c）为第二相的衍射斑点花样，经过对衍射斑点的分析可以得到，这种 Sb-O 化合物第二相为立方晶系的 Sb_2O_3。图 4.11（d）为针对第二相的高分辨观察，对图中方形区域进行了傅里叶变换及反傅里叶变化得到图中插图，经过软件测量晶面间距，可以看到图中晶面指数为（2 2 2）的晶面间距为 0.322 nm，并且经过变化后可以明显观察到第二相内部存在大量位错。由于掺杂引入的第二相以及位错会对材料的热电性能产生影响。对该样品的另一个区域进行观察发现，结果如图 4.12（a）所示。可以看到其中存在两种第二相，一种为在机体内部均匀分布的 Sb_2O_3，并且气孔的周围都存在这种第二相。为了分析第二种第二相的具体元素组成，对样品该部位进行了 EDS 能谱分析，结果如图 4.12（b～h）所示。

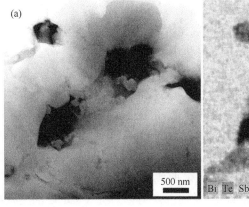
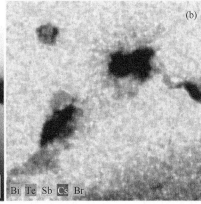

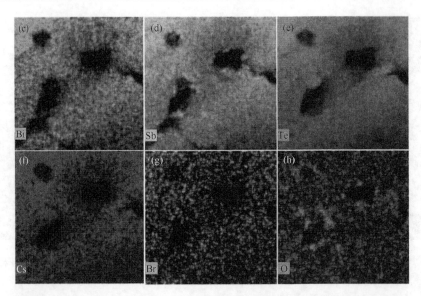

图 4.12　　(a) $Bi_{0.42}Sb_{1.58}Te_3 + 0.25$ wt%CsBr 样品另一区域（a）TEM 图像；
（b～h）EDS 能谱图像

可以看到图中第二种第二相部位存在 Bi 和 Sb 的缺失，证明其为 Cs、Te 及 O 元素组成的复杂化合物，这也说明该样品中 Cs 已经达到了其所能取代的取代极限，但是 Br 还没有达到极限。而在取代反应中，Cs 的取代反应会引入空穴载流子，而 Br 的取代反应会引入电子载流子，这会导致材料的电性能的变化。而基体中没有进行取代反应的 Cs^+ 捕获了游离在基体中的 Te、Br、O 元素形成了这种复杂的第二相。

4.2.2　CsBr 掺杂对 p 型碲化铋电性能的影响

图 4.13 为 $Bi_{0.42}Sb_{1.58}Te_3 + x$ wt% CsBr（$x = 0$，0.1，0.25，0.3）样品的电性能图，图 4.13（a）为 $Bi_{0.42}Sb_{1.58}Te_3 + x$ wt% CsBr（$x = 0$，0.1，0.25，0.3）的温度与电导率之间的关系图，所有样品都属于退化半导体行为，即：随着温度升高，电导率下降；随着掺杂浓度的升高，材料的电导率呈现一个先升高后降低的趋势。为了验证其电导率升高的原因，对材料进行了 Hall 测定，结果如图 4.13（d）所示，可以看到随着掺杂量的增加材料的载流子浓度增加，但当掺杂含量达到 0.3 wt%时，样品的载流子浓度不再升高，反而迁移率下降，这也对应了电导率随着掺杂量先升高后降低的趋势。载流子浓度的升高归因于 Cs^+ 取代了 Sb^{3+} 或者 Bi^{3+}，引入了 2 mol 空穴载流子，但是当 Br^- 取代基体中的 Te^{2-} 后会引入电子载流子，这两种取代反应会在基体内部形成竞争机制，导致掺杂 CsBr 后的空穴载流子

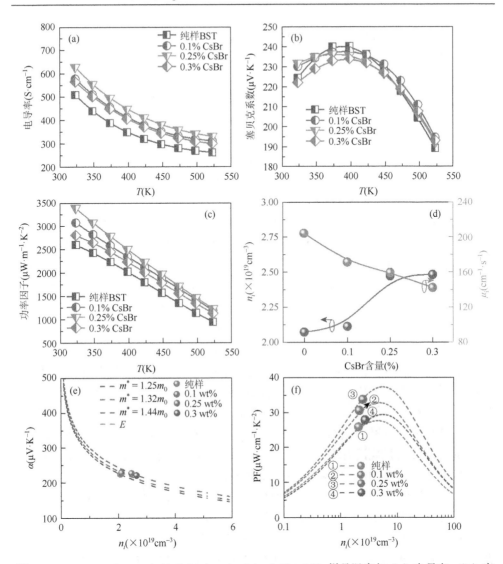

图 4.13　$Bi_{0.42}Sb_{1.58}Te_3$ + x wt% CsBr（x = 0，0.1，0.25，0.3）样品温度与（a）电导率；（b）塞贝克系数；（c）功率因子对应关系；（d）CsBr 掺杂量与载流子浓度、迁移率对应关系；（e）Pisarenko 曲线图；（f）载流子浓度与功率因子对应关系

浓度变化不大。但当掺杂量达到 0.3 wt%时，材料的电导率不再增加，这是由于 Cs 的取代反应达到极限，材料内部开始析出第二相，散射空穴载流子，由前面的透射结果可以看到，大部分 Cs^+ 取代了 Sb^{3+} 从而引起了 Sb_2O_3 第二相的析出。但当 Cs 的取代反应达到反应极限后，Br 的取代反应还没有达到极限，所以剩余的 Cs 会继续形成 Cs-Te-O 的复杂化合物形式的第二相。当 0.25 wt%样品内部析出这种复杂第二相后，0.3 wt%样品的载流子浓度不再增加以及迁移率的下降也是这种复

杂第二相继续析出的直接证据。掺杂 0.25 wt%CsBr 的样品的电导率达到本组的最大值，在室温区达到 640 S·cm^{-1}，相比于纯样品提升了约 150 S·cm^{-1}。

图 4.13（b）为 Bi$_{0.42}$Sb$_{1.58}$Te$_3$ + x wt% CsBr（x = 0，0.1，0.25，0.3）的温度与塞贝克系数的对应关系，可以看到，随着掺杂浓度的增加，材料的塞贝克系数的最大值都是呈降低趋势的，但是在室温区间，掺杂含量低于 0.25 wt%的样品的塞贝克系数相对于纯样品是升高的，造成该现象的原因是由于基体内部以及气孔的周围形成了 Sb$_2$O$_3$ 第二相。BST 基体的带隙为 0.15 eV，而第二相 Sb$_2$O$_3$ 的带隙为 3 eV，两者有巨大的带隙差异，当两者接触时，其能带会发生弯曲，费米能级向低能态统一。由于第二相 Sb$_2$O$_3$ 的带隙足够大，所以导致 BST 的能带弯曲后没有进入到 Sb$_2$O$_3$ 的价带内部，在两者接触的界面处形成能量势垒。而当空穴跃迁到价带需要能量的摄入，动能较大的空穴载流子会远离价带底向着真空能级运动，因此会越过这个能量势垒；然而能量较小的空穴在传输过程中无法越过此势垒，会被散射，这也就是能量过滤效应。能量过滤效应的直观表示就是当电导率升高时，材料的塞贝克系数没有发生明显减小甚至升高。但是在掺杂量为 0.3 wt%的样品上，虽然其电导率降低，但其塞贝克系数却没有升高，这是由于出现了大量复杂第二相，降低了材料的塞贝克系数。塞贝克系数变化归因于载流子浓度与晶体结构的变化，通过单抛带模型计算了材料的有效质量，可以看到材料的有效质量随着掺杂浓度的增加而增加，依次为 1.25 m_0, 1.32 m_0, 1.44 m_0，当掺杂量达到 0.3 wt%，其有效质量不再变化，如图 4.13（e）所示。一般来说有效质量增加，材料的塞贝克系数也会增大，但在本组实验中，0.3 wt%掺杂量时塞贝克系数没有增加反而降低的，这归因于材料的载流子浓度的升高。

图 4.13（c）为 Bi$_{0.42}$Sb$_{1.58}$Te$_3$ + x wt%CsBr（x = 0，0.1，0.25，0.3）的温度与功率因子之间的关系，可以看到随着掺杂含量的增加，材料的功率因子呈现先升高后降低的趋势，这是由于掺杂提升了材料的电导率造成的。由于掺杂量 0.25 wt%的样品具有最高的电导率，其塞贝克系数在适中水平，最后其功率因子是整组样品的最高值，在 323 K 达到了 3380 μW·m^{-1}·K^{-2}，相比于纯样品提高了 30%。图 4.13（f）为 Bi$_{0.42}$Sb$_{1.58}$Te$_3$ + x wt%CsBr（x = 0，0.1，0.25，0.3）的载流子浓度与其功率因子的对应关系，可以看到，当掺杂含量为 0.1 wt%时，其最优的载流子浓度应该为 4.55×10^{19} cm^{-3}，最大值可以达到 3100 μW·m^{-1}·K^{-2}，当掺杂含量为 0.25 wt%时，其最优的载流子浓度值应为 4.55×10^{19} cm^{-3}，最大值应为 3700 μW·m^{-1}·K^{-2}。但在本组实验中，当掺杂含量为 0.25 wt%时其载流子浓度为 2.47×10^{19} cm^{-3}，功率因子为 3380 μW·m^{-1}·K^{-2}，但在该成分的样品中已经出现第二相，说明其掺杂所能引起的载流子浓度变化已经达到最大值。表明该样品的功率因子已经为 CsBr 掺杂后所能达到的最大值。

4.2.3   CsBr 掺杂对 p 型碲化铋热性能的影响

图 4.14 为 $Bi_{0.42}Sb_{1.58}Te_3 + x$ wt% CsBr（x = 0，0.1，0.25，0.3）样品热性能图，图 4.14（a）为 $Bi_{0.42}Sb_{1.58}Te_3 + x$ wt% CsBr（x = 0，0.1，0.25，0.3）样品的的温度与热导率之间的关系图，总热导率通过公式计算得到，可以看到总热导率随着掺杂含量的增加先升高后降低，热导率是由电子热导率、晶格热导率及双极热导率组成的，随着掺杂含量的增加，材料的电导率增加导致了电子热导率的升高，0.1 wt%CsBr 的样品的总热导率高于纯样品可能是由于电子热导率的增加大于晶格热导率的降低。将所有样品的电子热导率从总热导率中扣除得到图 4.14（b）中晶格热导率和双极热导率的和，可以看到随着掺杂浓度的升高材料的双极热导率和晶格热导率的和是逐渐降低的，这符合前面观察到的微观结构的变化规律。总热导率中掺杂量为 0.3 wt% 的样品的热导率是最低的，图 4.14（b）中扣除电子热导率后该样品的晶格热导率与双极热导率之和仍然最低，这是由于其内部存在两种第二相 Sb_2O_3 以及 Cs-Te-O 化合物，它们可以有效地散射声子，进而降低热导率。另外在 Sb_2O_3 内部还观察到大量的位错线，位错在声子传输过程中也会对其造成阻碍[7]，综上该样品的热导率为整组样品的最低值，在 323 K 时为 $0.85\ W\cdot m^{-1}\cdot K^{-1}$。进一步，双极热导率是碲化铋热电材料体系的重要影响因素，因此通过德拜克拉维模型对晶格热导率进行了计算，计算时考虑晶界散射、第二相散射、点缺陷散射以及声子 U 过程散射机制，结果如图 4.14（c）所示，可以看到最优样品相对于纯样品的晶格热导率更低，这是由于掺杂后样品内部的第二相以及晶粒减小导致的，但是对于双极热导率，掺杂后的样品并没有在整个温度区间出现明显的降低，双极热导率与材料的载流子浓度以及带隙成反比[8]，所以在本组实验中并没有显著抑制双极热导率，所以材料的 ZT 的最优值所在的温度就在室温附近。通过公式计算了材料的热电优值，结果如图 4.14（d）所示，当掺杂浓度在 0.25 wt% 时，在 323 K 取得最大的 ZT 值为 1.2，相比于纯样品提升了 39%。

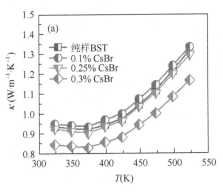

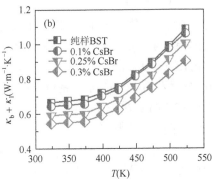

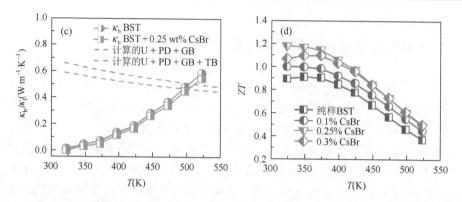

图 4.14　$Bi_{0.42}Sb_{1.58}Te_3 + x\,wt\%CsBr$（$x = 0$，0.1，0.25，0.3）样品的温度与（a）总热导率，（b）双极热导率与晶格热导率加和，（c）纯样品与 $Bi_{0.42}Sb_{1.58}Te_3 + 0.25\,wt\%CsBr$ 样品的双极热导率与晶格热导率之比，（d）ZT 值之间的关系

4.3　$Cu_{1.8}S$ 掺杂对 p 型碲化铋热电性能和力学性能及适用温区调整

4.3.1　$Cu_{1.8}S$ 掺杂对 p 型碲化铋微观结构的影响

BST 中掺杂位点的晶体结构和取代情况如图 4.15（a）所示。图 4.15（b）为 BST + x wt% $Cu_{1.8}S$（$x = 0$、0.03、0.05 和 0.1）块体样品的 XRD 结果。纯样品的 XRD 谱图与标准卡（PDF#72-1836）的 $Bi_{0.4}Sb_{1.6}Te_3$ 相匹配。$Cu_{1.8}S$ 粉末 XRD 图谱如图 4.15（b）所示，与标准卡（PDF#47-1748）相比，该图谱的所有峰都与 Cu_9S_5 匹配得很好，表明粉末是纯的，没有任何杂质。由于 $Cu_{1.8}S$ 含量低于 3 wt%，整体样品的 XRD 谱图中没有 $Cu_{1.8}S$ 杂质相的衍射峰。随着 $Cu_{1.8}S$ 掺杂量的增加，（0 1 5）峰在含量为 0.03 wt%时向低角度偏移；当含量大于 0.03 wt%时，峰值继续向高角度逐渐移动。2θ 角的相对变化表明 Cu^+ 进入 BST 晶格位置。Cu^+（96 Å）取代了 Bi^{3+}（108 Å）或 Sb^{3+}（92 Å），S^{2-}（184 Å）取代了 Te^{2-}（221 Å），导致 BST 的晶格参数发生了变化，进而导致衍射图谱发生偏移。图 4.15（a）为模拟原子占据的详细晶体结构。图 4.15（c）为所有样本的实际密度和相对密度。当掺杂量为 x wt%$Cu_{1.8}S$（$x = 0, 0.03, 0.05$ 和 0.1）时，BST 的密度分别为 6.529 g/cm³、6.400 g/cm³、6.300 g/cm³ 和 6.288 g/cm³。密度下降的原因：①$Cu_{1.8}S$ 的理论密度为 5.6 g/cm³，低于纯 BST 的 6.792 g/cm³；②多尺度孔隙是掺杂剂含量增加而产生的；③$Cu_{1.8}S$ 掺杂抑制了晶粒长大。

在垂直于 SPS 压力的方向上，获取所有块体样品新鲜断口的 FESEM 图像，如图 4.16 所示。从图中明显观察到 BST 的层状结构。通过 XRD、SEM、TEM-EDS

等方法对 $Cu_{1.8}S$ 的物相和微观结构进行鉴定和分析，发现 $Cu_{1.8}S$ 掺杂物并不是作为第二相存在，在熔融过程中与基体发生了扩散反应。由于极性键的增加，基体的键能增加，而在 SPS 过程中，极性键很难断裂，从而抑制晶粒的生长。随着掺杂剂含量的增加，多尺度孔隙伴随着晶界及晶体生长过程产生，因为在 BST 体系中阴离子挥发是一个正常过程。通过 TEM 图像可以详细观察到孔结构。

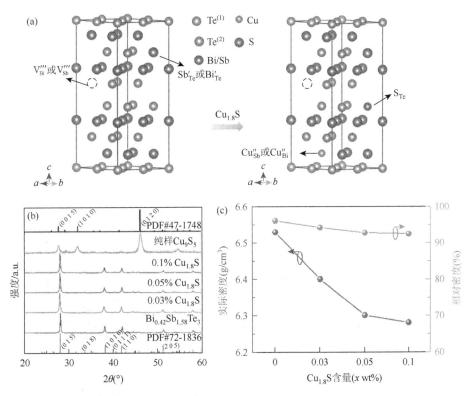

图 4.15　（a）晶体结构；（b）$Bi_{0.42}Sb_{1.58}Te_3 + x$ wt%$Cu_{1.8}S$（$x = 0$，0.03，0.05 和 0.1）的 XRD 谱图；（c）$Bi_{0.42}Sb_{1.58}Te_3 + x$ wt%$Cu_{1.8}S$（$x = 0$，0.03，0.05 和 0.1）的实际密度和相对密度

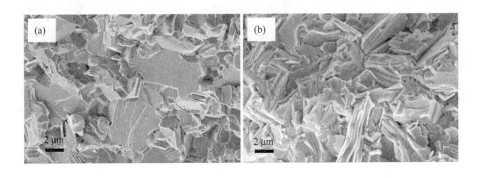

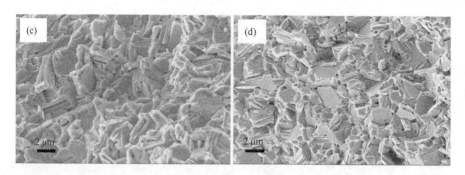

图 4.16　$Bi_{0.42}Sb_{1.58}Te_3 + x\ wt\%Cu_{1.8}S$（$x = 0$，0.03，0.05 和 0.1）样品的 SEM 图像

图 4.17 为 BST + 0.05 wt%$Cu_{1.8}$S 大块样品的高分辨率透射电镜（HRTEM）图像和相应的 EDS 图谱。从图 4.17（a）和（b）可以看出，多尺度孔隙分散分布在晶粒内部和晶界处。高角度环形暗场图像 [图 4.17（c）] 显示晶粒内部有黑色区域，且晶格取向不变，证明其不是第二相而是孔。孔隙的形成是由于 S 离子取代了 Te 离子。由于 S 的电负性大于 Te，Bi—S 比 Bi—Te 化学键强，导致 Te 挥发。表 4.1 的 XRF 结果证实了上述解释。可以看出，与初始化学计量比相比，Te 的实际质量分数从 57.71% 降低到 53.73%，这是 Te 挥发的直接证据。

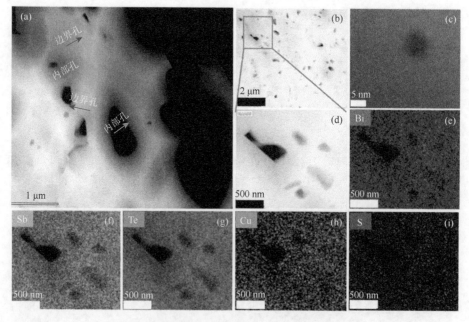

图 4.17　（a，b）BST + 0.05 wt%$Cu_{1.8}$S 的 TEM 图像；（c，d）高角度环形暗场图像；
（e～i）Bi、Sb、Te、Cu、S 对应的 EDS 元素图

表 4.1　BST + 0.05 wt%Cu$_{1.8}$S 样品 XRF 结果

	Bi	Sb	Te	Cu	S
名义组成（wt%）	13.23%	29%	57.71%	0.03%	0.02%
实际组成（wt%）	17.64%	27.69%	53.73%	0.03%	0.02%

如图 4.18（a）所示，在 TEM 图像中也发现了许多红色箭头标记的孪晶结构。HAADF（高角度环形暗场）图对孪晶结构进行了详细的表征，如图 4.18（c）所示。在图中没有观察到会影响强度和热导率的位错，掺杂半导体中孪晶生长机理的明确原因仍是一个未解之谜。孪晶结构生长的可能机制如下：①BST 合金中 Cu$_{1.8}$S 的掺杂降低了晶格的对称性，引入了层状 BST 中孪晶结构的堆积层错；②用 Cu 代替 Bi，S 代替 Te，提高了 BST 合金的应力，抑制了位错的滑移，引入了孪晶结构。由这些孪晶结构形成的通道促进了载流子的输运，阻碍了声子的输运[9]。

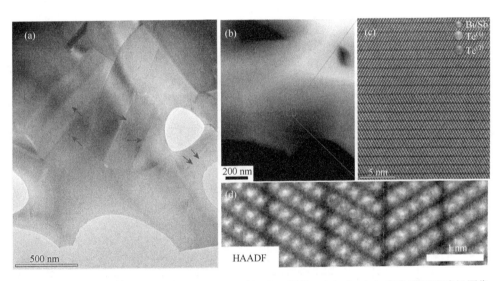

图 4.18　（a）和（b）BST + 0.05 wt% Cu$_{1.8}$S 的 TEM 图像；（c）和（d）高角度环形暗场图像

4.3.2　Cu$_{1.8}$S 掺杂对 p 型碲化铋热电性能的影响

图 4.19（a）为各样品温度与电导率的关系。所有样品都表现出典型的类金属性质。此外，所有样品的电导率与 $T^{-3/2}$ 的关系如图 4.19（a）插图所示，电导率与 $T^{-3/2}$ 成正比，说明"孔-声子"散射与金属的传导行为相对应[10]。随着 Cu$_{1.8}$S 含量的增加，块体材料的电导率显著增加。载流子浓度和迁移率的测量结果如图 4.19（d）所示。空穴浓度显著增加，这是引入 Cu$_{1.8}$S 掺杂提高电导率的主要原因。Cu$^+$可以占据

BST 基体中的阳离子或间隙位。而当 Cu$^+$占据间隙位置时，电子载流子数量会相应增加，这是由于 Cu$^+$在间隙位置会释放出电子。因此，本研究没有考虑 Cu$^+$的间隙位置。综上所述，空穴浓度和电导率的增加是由于 Cu$^+$取代了 Bi^{3+}和 Sb^{3+}。一般情况下，取代相同价态的阴离子不会改变载流子浓度。然而，电负性应该被认为是影响载流子输运的一个因素。在等电子杂质与主晶格原子的电负性差异足够大的情况下，会产生载流子陷阱来束缚载流子[11, 12]的转移。由于 S（2.58）的电负性高于 Te（2.1），因此缺陷 S^{Te} 诱导等电势电子阱可以捕获自由电子。在 +0.1 wt% Cu$_{1.8}$S 时，获得的最大电导率为 2290 S·cm^{-1}，是纯 BST 在 323 K 时 510 S·cm^{-1}的近 4.5 倍。

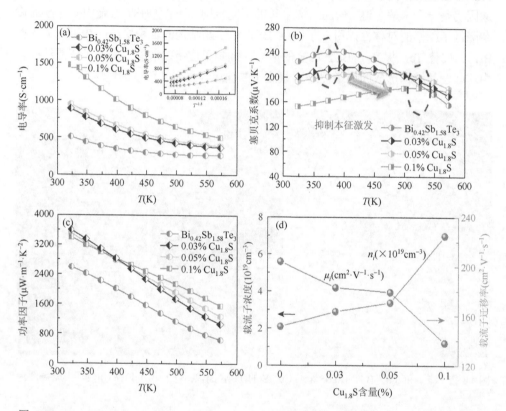

图 4.19　Bi$_{0.42}$Sb$_{1.58}$Te$_3$ + x wt%Cu$_{1.8}$S（x = 0，0.03，0.05 和 0.1）样品的（a）电导率，（b）塞贝克系数，（c）功率因子的温度依赖性；（d）Bi$_{0.42}$Sb$_{1.58}$Te$_3$ + x wt%Cu$_{1.8}$S（x = 0，0.03，0.05 和 0.1）的载流子浓度和载流子迁移率

图 4.19（b）为各样品与塞贝克系数之间的关系。塞贝克系数随着温度升高而升高，但达到最大值后，温度继续升高，塞贝克系数开始呈下降趋势，这是由于碲化铋体系固有的本征激发导致的，塞贝克系数与载流子浓度的关系可以由关系式（4.1）推出

$$S = \frac{8\pi^2 k_B^2}{3eh^2} m^* T \left(\frac{\pi}{3n}\right)^{2/3} \tag{4.1}$$

式中，e、h、m^*、n 分别为电子电荷、普朗克常数、载流子有效质量、载流子浓度。塞贝克系数随着掺杂含量的增加是逐渐降低的，由式（4.1）可以看到，塞贝克系数与载流子浓度成反比，塞贝克系数的下降是由于掺杂引起载流子浓度升高而造成的。为了更好地解释塞贝克系数的变化规律，使用单抛带模型计算了材料的有效质量，可以看到载流子有效质量 m^* 从 1.05 升高到 1.36，结果如表 4.2 所示。m^* 的增加，引起了导带与价带的反向交叠更大，导致了带隙的增加。所有样品的带隙（Eg）通过 "Goldsmid-Sharp" 方程求得

$$Eg = 2e\alpha_{max} T_{max} \tag{4.2}$$

式中，e 是基电荷，α_{max} 和 T_{max} 分别为 Seebeck 系数和相应温度的最大值。计算结果如表 4.2 所示，数值从 0.287 eV 增加到 0.305 eV，呈上升趋势。本研究值得注意的一点是，随着 $Cu_{1.8}S$ 的引入，每个样品的最大塞贝克系数向高温区偏移。塞贝克系数的右移峰值是一个重要的参数，它可以有效地调节功率因子，提高中温范围内的塞贝克系数值。

表 4.2　所有样品带隙、载流子有效质量、纵波声速、横波声速

wt%$Cu_{1.8}S$	0%	0.03%	0.05%	0.1%
带隙（eV）	0.287	0.292	0.298	0.305
载流子有效质量（m^*）	1.05	1.17	1.21	1.36
纵波声速（m/s）	2991.3	2960.3	2890.5	2850
横波声速（m/s）	1810.53	1705.7	1569.87	1459.2

温度与功率因子的关系如图 4.19（c）所示。由于在基体中加入 $Cu_{1.8}S$ 提高了电导率，从而提高了功率因子。对于掺杂量为 0.03 wt%$Cu_{1.8}S$ 的 BST 样品，在 323 K 时最大功率因子约为 3592 $\mu W \cdot m^{-1} \cdot K^{-2}$，比纯样品提高了约 1000 $\mu W \cdot m^{-1} \cdot K^{-2}$。

图 4.20（a）显示了各样品的热扩散系数与温度之间的变化规律。图 4.20（b）是各样品的热导率随温度的变化规律。热导率通过图 4.20（a）中的扩散系数计算得到，随着 $Cu_{1.8}S$ 掺杂含量的增加，总热导率呈上升趋势且随着温度升高先降低后升高。热导率由晶格热导率、电子热导率以及双极热导率构成，电子热导率及晶格热导率和双极热导率的和由公式计算得到

$$\kappa = \kappa_l + \kappa_e + \kappa_b \tag{4.3}$$

$$\kappa_e = L\sigma T \tag{4.4}$$

$$L = \left(\frac{k_{\mathrm{B}}}{e}\right)^2 \left\{ \frac{(\lambda + 7/2) F_{(\lambda + 5/2)}(\eta)}{(\lambda + 3/2) F_{(\lambda + 1/2)}(\eta)} - \left[\frac{(\lambda + 5/2) F_{(\lambda + 3/2)}(\eta)}{(\lambda + 3/2) F_{(\lambda + 1/2)}(\eta)} \right]^2 \right\} \quad (4.5)$$

其中，L 为材料的洛伦兹常数，$F_{(\lambda)}(\eta)$ 为费米积分。图 4.20（c）可以明显观察到，扣除了电子热导率后，掺杂样品的晶格热导率和双极热导率的加和是随着掺杂浓度的增加而降低的。通过与其他研究者的工作对比[9, 13, 14]，可以看到本组实验最优样品的热导率处在一个极低的水平并且功率因子保持在一个高水平。为了更加详细地区分晶格热导率与双极热导率的大小，通过德拜克拉维模型计算了材料的晶格热导率，其中计算过程中考虑了晶界散射、点缺陷散射、声子 U 过程以及孪晶散射。计算结果如图 4.20（e）所示，掺杂含量为 0.1 wt% $Cu_{1.8}S$ 的样品的 κ_1 在 373 K 是为 0.4 $W \cdot m^{-1} \cdot K^{-1}$，相比于纯样品的低 0.27 $W \cdot m^{-1} \cdot K^{-1}$，双极效应在高温区明显被抑制，纯样品的 573 K 时，双极热导率为 0.8 $W \cdot m^{-1} \cdot K^{-1}$，而掺杂样品在 573 K 时比纯样品低 0.2 $W \cdot m^{-1} \cdot K^{-1}$。

温度与 ZT 的关系如图 4.20（f）所示。纯样品在 348 K 时 ZT 最大值为 0.91。对于 $x = 0.05$ 的样品，在 373 K 时 ZT 最大值为 1.23。对于 $x = 0.1$ 的样品，在 423 K 时 ZT 最大值为 1.01。其中对于电性能及热性能的机理由图 4.21 表示，图 4.21（a）

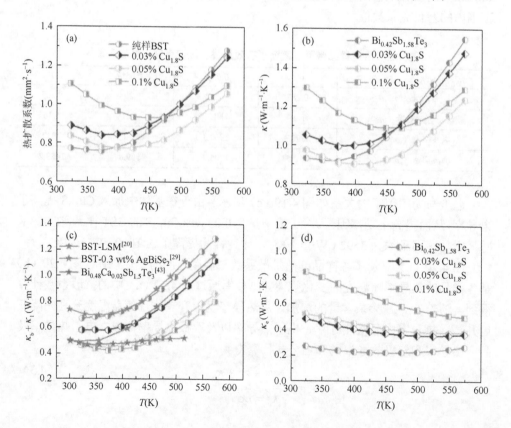

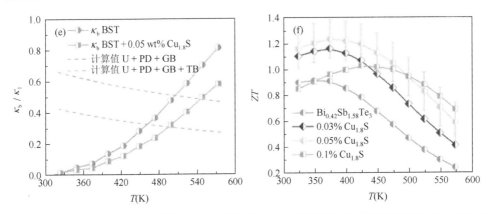

图 4.20　温度与（a）热扩散系数，（b）总热导率，（c）双极热导率与晶格热导率之和，（d）电子热导率，（e）双极热导率/晶格热导率，（f）ZT 值的关系

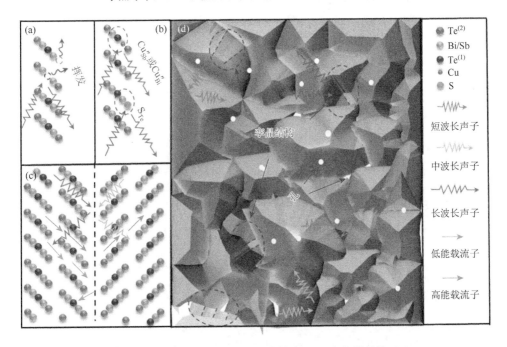

图 4.21　声子散射机理（a，b）、点缺陷（c）和孪晶结构（d）

为孔的形成机理，孔对于热导率的降低效果是非常明显的，孔是由于在 SPS 烧结过程中 Te 挥发引起的；图 4.21（b）是电子热导率的升高机理，Cu 取代 Bi 或者 Sb 的位置引入空穴载流子，S_{Te} 的范围缺陷贡献了电子阱，同时增加载流子浓度进而提高电子热导率；图 4.21（c）为孪晶界面对于声子及电子的散射机理，孪晶界面可以有效散射低能载流子，然而高能载流子可以有效穿过孪晶界面，这样可以引入类似于能量过滤效应的功能，降低塞贝克系数由于高电导率造成的损伤；

图 4.21（d）为断口处各种缺陷的宏观表象。孪晶的大量存在和多孔结构增加了声子散射中心。由于声子散射中心的增大，热导率降低，ZT 增大。

平均 ZT 计算结果如图 4.22（a）所示。在 323～448 K 温度范围内，＋0.05 wt%样品的平均 ZT 比纯样品提高了 0.4 倍。在相同条件下，分别对纯 BST 和 ＋0.05 wt%$Cu_{1.8}S$ 样品进行了转换效率测试。通过 AgBiSn 合金焊接将切割成相同尺寸的块体连接到铜片和铜线上。冷端与高温端增量分别设置为 25 K、75 K、175 K。

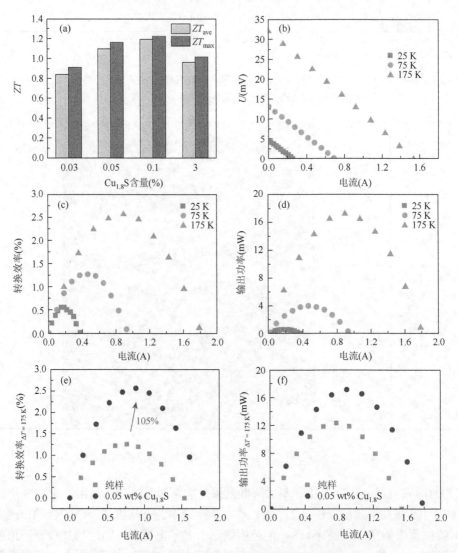

图 4.22　（a）平均 ZT；（b）掺杂 0.05 wt%$Cu_{1.8}S$ 样品的电压与电流的关系；（c）纯样品和掺杂 0.05 wt%$Cu_{1.8}S$ 样品的转换效率；（d）纯样品和掺杂 0.05 wt%$Cu_{1.8}S$ 样品的输出功率；（e，f）纯样品和 ZT_{max} 样品的转换效率和输出功率的比较

效率和输出功率如图 4.22（b）和（c）所示，虽然 ZT 峰值位于 373 K，但冷端和高侧的温差是影响直接转化效率的主要原因。因此，在 175 K 温差下比较了这两个量。对于 + 0.05 wt%的样品，效率和输出功率分别为 2.5%和 16 mW。理论效率由公式计算

$$\eta_{\max} = \frac{T_h - T_c}{T_h} \frac{\sqrt{1 + Z\overline{T}} - 1}{\sqrt{1 + Z\overline{T}} + T_c / T_h} \tag{4.6}$$

式中，T_h，T_c，$\overline{T}$ 分别为热端温度、冷端温度和平均温度。由于高的热接触电阻，理论效率比 + 0.05 wt%样品的实验效率低 4%。由于热接触电阻高，实验得到的数值低于理论值。在图 4.22（e）和（f）中效率和输出功率都有明显的提高。

4.3.3　$Cu_{1.8}S$ 掺杂对 p 型碲化铋力学性能的影响

纯样品和 + 0.05 wt%样品的显微硬度分析如图 4.23 所示。所有样品在测量前经过几个步骤的超高精度抛光处理。然后，采用纳米压痕法在 300 μm×300 μm 的正方形区域上选择一个 900 点进行测量。尖端曲率半径为 20 nm。试验采用 5 mN 作为负载，深度设置为 1000 nm。如图 4.23 所示，纯试样的平均硬度为 0.87 GPa，低于掺杂试样的 1.02 GPa；因此，掺杂样品的硬度增加了 14%。Cu^+ 和 S^{2-} 的引入使晶粒细化，孪晶界的形成有利于降低热导率。图 4.23（d）中一些低于平均硬度水平的蓝色孔洞归因于基体中的孔隙。掺杂样品中孔隙处使样品的硬度降低，这就是样品的平均硬度仅提高了 17%、而热导率进一步降低的原因。因此掺杂样品的硬度略有提高，导热系数明显降低。每个压痕位置对应于硬度的杨氏模量也如图 4.23（e）和（f）所示。与纯样品相比，掺杂样品的杨氏模量提高了 20%。

4.3.4　SnO_2 复合对于 BST + 0.3 wt%$Cu_{1.8}S$ 微观结构的影响

图 4.24 展示了 BST 纯样品、BST + 0.3 wt%$Cu_{1.8}S$ 和 BST + 0.3 wt%$Cu_{1.8}S$ + x wt%SnO_2（x = 0.5，1.0，1.5）的 XRD 图谱，以及在底部用黑色线标出了 p 型碲化铋的标准卡片（PDF#72-1836），由图可以看出 BST + 0.3 wt%$Cu_{1.8}S$ 相对于纯样品来说，没有第二相的衍射峰，只是主峰的位置向小角度偏移，造成这种现象的原因在前文已经讨论过，这里不再赘述。BST + 0.3 wt%$Cu_{1.8}S$ + 0.5 wt%SnO_2 和 BST + 0.3 wt%$Cu_{1.8}S$ + 1.0 wt%SnO_2 上面均没有明显第二相，这可能是由于复合物的含量太低，低于 XRD 的检测极限，而在 BST + 0.3 wt%$Cu_{1.8}S$ + 1.5 wt%SnO_2 的样品中可以明显看到第二相 SnO_2 衍射峰的存在。这是由于 SnO_2 的熔点为 1630℃，

而在整个烧结过程中，烧结温度均没有超过其熔点，使其可以在 BST 基体中稳定存在。

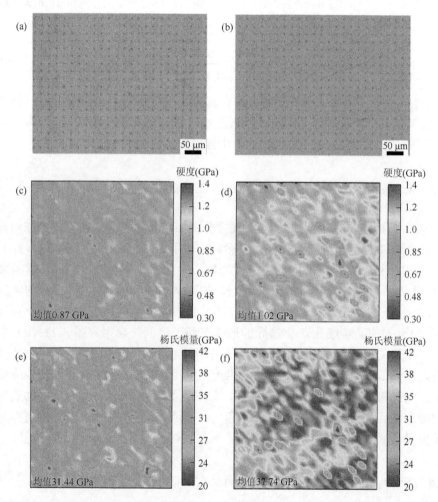

图 4.23 （a）$Bi_{0.42}Sb_{1.58}Te_3$ 的压痕形貌；（b）$Bi_{0.42}Sb_{1.58}Te_3 + 0.05$ wt% $Cu_{1.8}S$ 的压痕形貌；（c）$Bi_{0.42}Sb_{1.58}Te_3$ 的硬度；（d）$Bi_{0.42}Sb_{1.58}Te_3 + 0.05$ wt% $Cu_{1.8}S$ 的硬度；（e）$Bi_{0.42}Sb_{1.58}Te_3$ 的杨氏模量；（f）$Bi_{0.42}Sb_{1.58}Te_3 + 0.05$ wt% $Cu_{1.8}S$ 的杨氏模量

经过第二相复合后的样品主衍射峰的位置相对于 BST $+ 0.3$ wt% $Cu_{1.8}S$ 样品来说只存在轻微的偏移，这是由于本次测试的样品为块体样品，因为第二相引入，增加了基体内部的残余应力，导致了衍射峰发生微小的偏移，这是 XRD 测试中是非常常见的现象。图 4.24（b）是对主峰的局部放大图，可以看到主峰的半峰宽度逐渐增大，这表明了晶粒尺寸是逐渐减小的。图 4.24（c）为样品随复合含量增加的实际密度和相对密度变化规律，可以看到掺杂 $Cu_{1.8}S$ 后的样品的实际密度相对于纯样品是降低的，这归因于掺杂后引入更多的气孔。在掺杂后的样品中继续复合高熔点氧化物 SnO_2 后，样品的密度随着复合量的增加逐渐降低，其密度降低的原因在下一小节讨论。

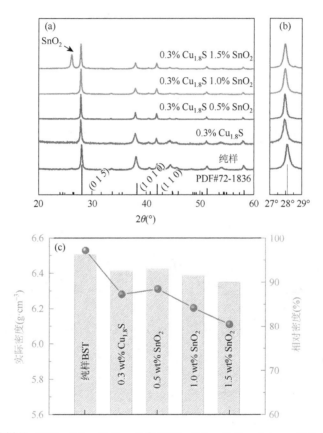

图 4.24　BST 纯样品、BST + 0.3 wt% $Cu_{1.8}S$ 和 BST + 0.3 wt% $Cu_{1.8}S$ + x wt% SnO_2(x = 0.5, 1.0, 1.5) 样品的 (a) XRD 图谱，(b) 主峰放大，(c) 实际密度与相对密度

　　为了验证晶粒尺寸的变化，对所有样品进行了新鲜断口的 SEM 观察，结果如图 4.25 所示。其中，图 4.25 (a) 为 $Bi_{0.42}Sb_{1.58}Te_3$ 样品的新鲜断口形貌，可以看到存在层状结构；图 4.25 (b) 为 BST + 0.3 wt% $Cu_{1.8}S$ 样品的 SEM 形貌，可以明显观察到大量气孔，气孔的形成机理在前文已经阐述；图 4.25 (c) 为复合所使用的纳米球形 SnO_2 粉体 SEM 形貌，纳米球形粉体的直径在 200 nm 左右，细小的纳米粉体可以更加有效地散射声子，以降低热导率；图 4.25 (d~f) 为复合 SnO_2 后的块体样品新鲜断口形貌，随着复合含量的增加，晶粒尺寸是逐渐减小的，这是由于 SnO_2 钉扎晶界抑制了晶粒的生长。断口形貌中存在大量层状结构，该结构

为基体的本征形貌，但是在所有复合样品中发现很多非层状物质（由图中红色圆圈标出），这些物质为复合进去的 SnO_2。当 SnO_2 与 BST 基体混合后，由于 SnO_2 的密度大于 BST 基体的密度，由两相复合密度变化规律可知道，当两相复合时，材料的理论密度会向着密度大的数值靠近，但在本组实验中复合后的样品密度却是下降的。这是由于，在 SEM 断口形貌图中可以观察到一种有趣的结构，有很多纳米尺寸的 SnO_2 发生了团聚，团聚后与基体层状结构发生结合，但是当长方体与球体进行结合时，由于其界面不匹配，无法完全结合，而变相地引入了更多的气孔，这也是复合后样品密度降低的原因。为了确定 SnO_2 是否与基体发生反应，对图中的复合结构进行了 EDS 能谱分析，结果如图 4.26 所示。通过对样品 EDS 观察，可以确定，纳米尺寸 SnO_2 并未与基体发生反应，但是层状结构与纳米尺寸第二相 SnO_2 形成冶金结合，这对材料的电导率及热导率是存在影响的，具体影响在后面章节讨论。

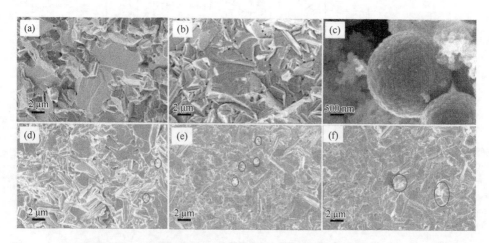

图 4.25　SEM 形貌图谱：（a）$Bi_{0.42}Sb_{1.58}Te_3$，（b）$Bi_{0.42}Sb_{1.58}Te_3 + 0.3$ wt% $Cu_{1.8}S$，（c）SnO_2，（d～f）$Bi_{0.42}Sb_{1.58}Te_3 + 0.3$ wt% $Cu_{1.8}S + x$ wt% SnO_2（$x = 0.5$，1.0 和 1.5）

4.3.5　SnO_2 复合对于 BST + 0.3 wt%$Cu_{1.8}S$ 电性能的影响

图 4.27（a）为复合样品的电导率与温度的变化规律图，可以明显观察到，所有样品的导电行为均为金属导电特性，掺杂 $Cu_{1.8}S$ 后的样品的电导率在整个温度区间相对于纯样品显著上升，电导率达到 2300 $S·cm^{-1}$，电导率升高归因于 Cu 离子的取代反应引入了空穴载流子。随后复合 SnO_2 后，样品的电导率下降，随着复合含量的增加，材料的电导率是一直下降的。分析下降的原因：①复合 SnO_2 后，SnO_2、SnO_2 钉扎晶界使晶粒尺寸减小，晶界增多，晶界影响载流子的传输，造成

载流子迁移率的降低，进而降低材料电导率[15]；②由于 SnO_2 并未与基体发生反应，而是以第二相的形式存在于基体内部，所以引入了更多的散射中心，同样造成了载流子迁移率的降低。综上，引入 SnO_2 会显著降低材料的电导率。

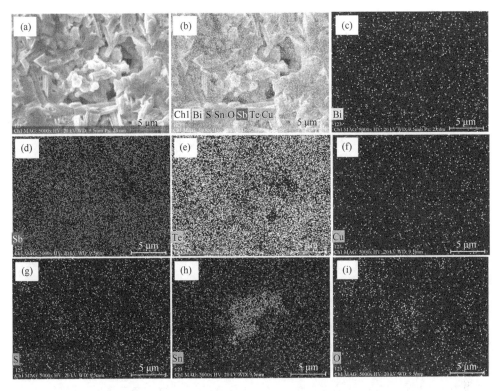

图 4.26　$Bi_{0.42}Sb_{1.58}Te_3 + 0.3\ wt\%Cu_{1.8}S + 1.0\ wt\%Ir$ 的 SEM 图像（a，b）
及 EDS 元素分布（c～i）

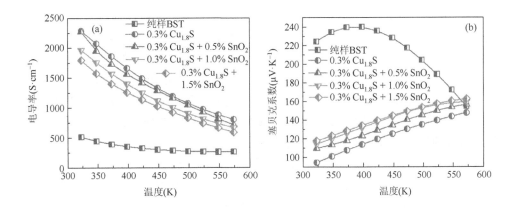

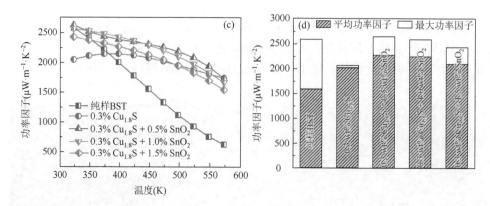

图 4.27　复合样品的温度与（a）电导率，（b）塞贝克系数，（c）功率因子之间的关系，（d）复合样品的平均功率因子与最大功率因子

图 4.27（b）为纯样品、掺杂样品和复合掺杂样品的塞贝克系数与温度之间的关系图。所有样品的塞贝克系数均为正值，表明所有材料未发生载流子以及半导体类型的转变。随着温度的升高，纯样品的塞贝克系数先升高，当温度达到 373 K时，材料的塞贝克系数值开始下降，这是由于随着温度的升高，载流子开始热激活，引入本征激发效应，载流子总浓度开始升高，导致的塞贝克系数下降。然而在掺杂样品中，随着温度的升高，材料的塞贝克系数均为逐渐增加的，这是由于，掺杂 $Cu_{1.8}S$ 后，扩大了材料的带隙和增加了材料的载流子浓度，引入了更多的多数载流子，使材料的本征激发被抑制在整个温度区间（300~600 K）。复合后的样品同样表现为随温度上升的趋势，本征激发仍然被抑制，如果 SnO_2 在复合过程中与基体发生取代反应，正四价的 Sn 离子取代正三价 Bi/Sb 离子，会引入更多的电子载流子，导致材料的载流子浓度下降，当多数载流子的浓度下降后，材料的本征激发温度就会提前，这也从侧面验证了前面 SEM 观察的结果。随着复合含量的增加，复合样品的塞贝克系数相对于掺杂样品是随着复合量的增加而增加的。由公式

$$\alpha = \gamma - \ln n \tag{4.7}$$

其中，α 为材料的塞贝克系数，γ 为材料的散射因子，n 为材料的载流子浓度。由于引入了 SnO_2 第二相，相当于增大了材料的散射因子，复合后材料的载流子浓度无明显变化。所以材料的塞贝克系数的增大是由于散射因子的增加引起的。

图 4.27（c）为所有样品的功率因子随温度的变化规律，可以看到纯样品的功率因子随温度升高急剧下降，下降的斜率接近 1，造成这种现象的原因为，随着温度升高纯样品的塞贝克系数显著下降。但掺杂 0.3 wt% $Cu_{1.8}S$ 的样品的功率因子随着温度的升高，并未发生很大的降低，这是由于抑制了材料的本征激发造成的。引入了 SnO_2 复合后的样品的室温区间功率因子相对于掺杂样品明显提升，而且在整个温度区间内可以看到样品的功率因子曲线的积分面积明显增大。故

计算了材料的平均功率因子，图 4.27（d）为所有样品的最大功率因子和平均功率因子对比，可以看到，纯样品的平均功率因子为 1580 $\mu W \cdot m^{-1} \cdot K^{-2}$，而最大功率因子为 2587 $\mu W \cdot m^{-1} \cdot K^{-2}$，掺杂样品的最大功率因子为 2055 $\mu W \cdot m^{-1} \cdot K^{-2}$，但其平均功率因子为 2021 $\mu W \cdot m^{-1} \cdot K^{-2}$，而复合 0.5 wt% SnO_2 的样品的最大功率因子为 2636 $\mu W \cdot m^{-1} \cdot K^{-2}$，平均功率因子为 2269 $\mu W \cdot m^{-1} \cdot K^{-2}$，相较于前两个样品其最大功率因子和平均功率因子明显提升。复合 SnO_2 后样品的平均功率因子升高，平均功率因子升高意味着将材料制备成器件后其输出功会显著升高。

4.3.6　SnO_2 复合对于 BST + 0.3 wt%$Cu_{1.8}$S 热性能的影响

图 4.28（a）为所有样品的热导率随温度变化规律曲线，样品的热导率通过公式计算，其中热扩散系数通过实验测得，密度通过阿基米德法测得，C_p 为 0.186 $J \cdot mg^{-1}$。纯样品的热导率随着温度的升高而升高，但是掺杂样品的热导率变化规律与纯样品完全相反，这是由于掺杂引入了过量的多数载流子，抑制了材料的双极传导。复合后的样品的热导变化规律与掺杂样品一致。可以看到掺杂后的样品相对于纯样品的热导率的数值在室温区显著增加。热导率由晶格热导率、电子热导率以及双极热导率构成。掺杂样品热导率升高的原因是由于过高的电导率，进而导致总热导率升高。复合后的样品的总热导率虽然比纯样品的高，但是相对于掺杂样品还是发生了明显的下降，复合 0.5 wt% SnO_2 的样品相比于纯样品降低了 0.5 $W \cdot m^{-1} \cdot K^{-1}$。但是如果仅仅只是电导率的降低引起的总热导率降低，是达不到这样的效果的，为了量化分析材料的晶格热导率的降低，将总热导率中扣除电子热导率后绘制了图 4.28（b）。虽然扣除电子热导率后，热导率部分还是剩下晶格热导率和双极热导率，但是在本工作中，由于复合 SnO_2，材料的载流子浓度并无明显变化，所以假定材料的双极热导率是不变的。由图 4.28（b）可知，温度 325 K 时，掺杂样品的晶格热导率相比于纯样品降低了 0.1 $W \cdot m^{-1} \cdot K^{-1}$，这是由于引入 $Cu_{1.8}$S 后，引入了更多的气孔、孪晶界面以及点缺陷，降低了晶格热导率，气孔的产生原因前面章节已经阐述，这里不再赘述。复合后的样品相对于掺杂样品的晶格热导率进一步降低，温度 325 K 时，复合 1.0 wt%SnO_2 的样品的晶格热导率相比于掺杂样品降低了 0.2 $W \cdot m^{-1} \cdot K^{-1}$。分析复合样品晶格热导率降低原因：①引入 SnO_2 后，使材料的晶粒尺寸减小，引入了更多的晶界，晶界会散射低频声子；②引入了纳米尺寸的 SnO_2，纳米尺寸的 SnO_2 并未与基体发生反应而是以第二相的形式存在于基体内部，而第二相会增强声子散射。以上两种机制的存在共同导致了材料晶格热导率的降低。

图 4.28（c）为通过所有样品的电性能及热性能计算的热电优值随温度的变化曲线，可以看到，掺杂样品相对于纯样品来说，ZT 的最大值所对应的温度移动到

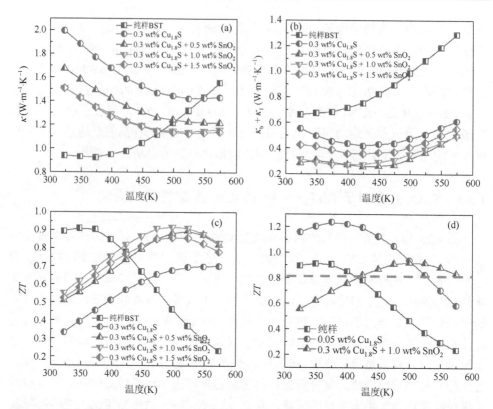

图 4.28　所有样品的温度与（a）总热导率，（b）晶格热导率与双极热导率之和，（c）ZT 值，（d）最优 ZT 值的关系

中温区间，但是 ZT 值不高，只有 0.7。但复合掺杂联用的样品 ZT 值在中温段显著上升。其中复合 1.0 wt%SnO$_2$ 的样品的 ZT 值达到最大，在 500 K 达到 0.92，接近于 1，存在商用价值。图 4.28（d）为纯样品、掺杂 0.05 wt% Cu$_{1.8}$S 以及掺杂复合联用优化后的 ZT 值，可以看到图中虚线的上方均为 ZT 值大于 0.8 的部分，在器件的使用过程中，需要高的平均 ZT，所以此处需要引入分段器件的思想，如果在 300～500 K 使用掺杂 0.05 wt% Cu$_{1.8}$S 而在 500～600 K 的温度区间使用掺杂复合联合优化的样品，可以得到更高的平均 ZT 的试样。

4.4　复合金属 Ir 对 p 型碲化铋热电性能的影响

4.4.1　复合金属 Ir 对 p 型碲化铋微观结构的影响

图 4.29 为 BST + x wt% Ir（x = 0，0.25，0.5，1.0）样品 XRD 图谱，测试过

程中为了避免由于碲化铋本征的层状结构造成的 XRD 图谱衍射峰位置以及强度的偏差，需要保证所有测试均在同一个方向进行。图中下面黑色直线为碲化铋标准卡片（PDF#72-1836）的衍射峰位置，纯样品的主衍射峰与标准卡片稍有偏差，原因在前面章节已经阐述。在所有 XRD 图谱中都未检测到第二相的 Ir 的衍射峰的存在，这是由于 Ir 的含量低于 XRD 的检测极限。经过 Ir 复合后的样品的衍射峰的主峰位置相对于纯样品并未发生移动。如果 Ir 与基体发生取代反应，其可能进入到晶格的取代位置或者间隙位置，会引起晶格的收缩或者膨胀，这会导致 XRD 图谱中的衍射峰的位置发生偏移。在本工作中，Ir 只是以第二相的形式存在于基体中，并未与基体发生反应。

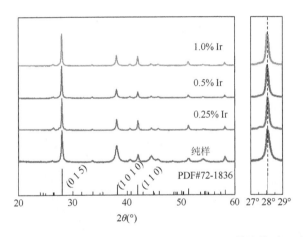

图 4.29　BST + x wt% Ir（x = 0，0.25，0.5，1.0）样品的 XRD 图谱

　　图 4.30 为 BST + x wt%Ir（x = 0，0.25，0.5，1.0）样品的新鲜断口 SEM 图。为保证实验的一致性，所有断口的方向均为统一方向的截面；为了防止氧化对其造成的影响，保证所有断口均为拍摄前进行制备。在所有样品中可以明显观察到层状结构。复合后的样品的晶粒尺寸相对于纯样品来说出现了明显的晶粒尺寸减小，这是由于引入第二相后，第二相钉扎晶界抑制了晶粒的生长。所有样品的气孔含量大致相等，这是由于 Ir 是稳定的贵金属，没有参与基体的反应，没有引入更多的挥发物质，只有 BST 基体内部本征的 Te 挥发引入气孔。但是在所有复合样品中并未观察到明显的 Ir 第二相，这是由于 Ir 的 SEM 图与 BST 基体的过于相似，导致不能在二次电子成像时被明显观察到。在扫描电镜配备的 EDS 能谱中也未发现 Ir 的直接存在，这是由于 EDS 的检测精度不够。

　　为了验证 Ir 是否稳定存在于基体内部，将样品进行高精度的抛光以刨除由于制样过程中磨粒对样品造成的磨损，随后对 BST + 0.5 wt% Ir 进行电子探针分析（EPMA）。其中图 4.31（b）为样品的实际密度和相对密度（致密度）随复合含量的变化曲线，随着复合含量的增加，样品的实际密度稍有增加，这是由于 Ir 的密度远远高于 BST 基体造成的。图 4.31（a）为 BST + 0.5 wt% Ir 的背散射观察，由于在背散射模式下，探头接受的是高能电子束轰击样品表面后被反射回来的背散射电子，并且背散射电子的产额随成分原子序数的增大而明显增加。由于 BST 基体与 Ir 存在明显的质量差异和原子序数差异，这样就造成了背散射模式下观察到的明暗明显不同的区域。这也表明样品中的确存在第二相。为了验证第二相是否为本工作前期加入的 Ir，对其进行了元素分析结果如图 4.31（c～f），可以看到对应图 4.31，其中的高亮部位在进行元素观察时均存在明显的 Bi、Sb 以及 Te 元素的缺失和 Ir 元素的富集。这也证明了我们成功将 Ir 引入到了基体中。

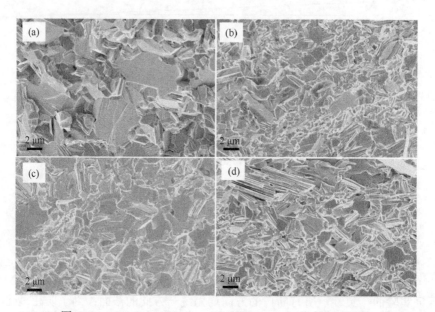

图 4.30　BST + x wt% Ir（x = 0，0.25，0.5，1.0）的断口形貌

　　为了验证其内部的 Ir 与 BST 基体的关系，对 BST + 0.5 wt%Ir 样品进行了透射电镜观察。图 4.32（a）为透射电镜下的形貌观察，可以看到图中确实存在明显的高亮部位，但是无法确定其是否为 Ir 单质。对其进行能谱观察发现其不是金属 Ir，所以在透射电镜下并未发现 Ir 的存在，但是在透射电镜下的形貌图中，可以明显观察到并不像原生气孔的部位（图中箭头已标出），而且在图 4.32（a）中可以看到，由于存在一个明显的结构确实造成了样品的断裂。造成这种气孔和断裂的原因可能是由于 BST 基体与金属 Ir 存在明显的硬度差异，也就是说 Ir 在 BST 基体中为较强的硬质相，而且其并未与基体发生反应形成冶金结合，而是 BST 围绕着 Ir 进行生长，这也就导致了其与 BST 基体的结合强度低。在透射

电镜拍摄前的制样过程中需要对样品进行离子减薄操作，在离子减薄过程中，由于两相的结合强度不高而导致 Ir 被剥离材料基体造成了这种并不像原生气孔的组织，以及当拔出基体中的 Ir 后引起了局部的断裂。所以 Ir 单质存在于图中的箭头部位。观察其位置不难发现，Ir 大部分存在于 BST 基体的晶界上，由于金属 Ir 的电导率极高，其在晶界上会影响其热电性能，具体影响会在后续章节分析。

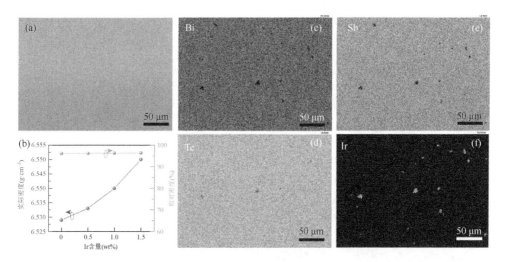

图 4.31　BST + 0.5 wt%Ir 的 EPMA 观察（a）和元素分析结果（c~f），以及 BST + x wt%Ir（x = 0，0.25，0.5，1.0）的实际密度及相对密度变化（b）

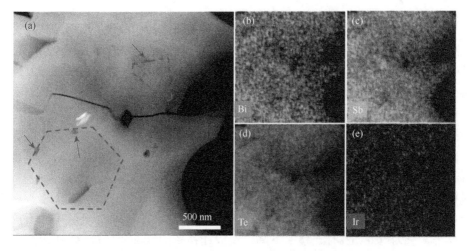

图 4.32　BST + 0.5 wt%Ir 的 TEM 图像（a）及 EDS 能谱分析（b~e）

4.4.2　复合金属 Ir 对 p 碲化铋电性能的影响

　　通过实验测得了 BST + x wt% Ir（$x=0$，0.25，0.5，1.0）样品的电导率以及塞贝克系数随温度变化的数值并绘制于图 4.33 中，图 4.33（a）为样品的电导率与温度之间的关系，材料的电导率随着温度升高逐渐降低，这表现出明显的金属特性。随着复合含量的增加材料的电导率先升高后降低。当复合含量为 0.5 wt% 时，其电导率达到最大值，在 323 K 达到 670 S·cm^{-1}。

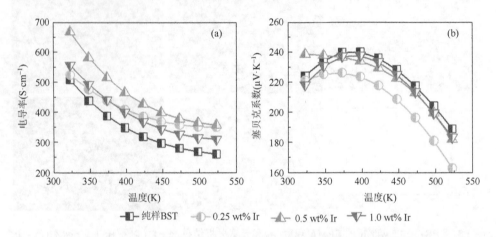

图 4.33　BST + x wt% Ir（$x=0$，0.25，0.5，1.0）温度与（a）电导率和
（b）塞贝克系数的关系

　　图 4.33（b）为材料的塞贝克系数随着温度变化规律曲线，可以看到随着温度升高，材料的塞贝克系数先升高，达到峰值后，当温度继续升高其开始降低，这是由于随着温度的升高，碲化铋的本征激发开始出现，导致总载流子浓度升高进而引起了塞贝克系数的降低。随着复合含量的增加，其室温点附近的塞贝克系数值基本未发生变化，而复合含量为 0.5 wt% 的样品的塞贝克系数反而升高。所有的塞贝克系数均为正值，这表明其主要载流子为空穴并为 p 型半导体。为了验证电导率及塞贝克系数变化的原因，对所有样品在室温下进行了 Hall 测试，测试其载流子浓度及迁移率并将结果绘制在图 4.34（a）中，可以看到随着复合含量的增加，材料的载流子浓度基本没有发生变化而是在 $2.0×10^{19}$ cm^{-3} 附近波动，而电导率的变化主要原因是由于迁移率的变化，当复合含量在增加，载流子迁移率先升高，当复合含量为 1.0 wt% 时迁移率下降。造成迁移率的这种变化规律的原因为，Ir 以第二相的形式存在于 BST 基体内部，由前面透射电镜结果可以得知，Ir 分布在晶界上，而晶界会对载流子的传输造成散射现象，降低其迁移率，而 Ir 分布在晶

界上后，由于其具有高的电导率，会在晶界处构建载流子传输的通道，而载流子具有自发寻找最优路径的特性，所以当载流子在传输过程中，经过晶界时会优先从金属 Ir 上传导，这也就解释了载流子迁移率升高的原因。复合 1.0 wt%Ir 后，由于添加量过多，导致了金属 Ir 的自发团聚，在基体中不再分布在晶界上，最后导致了该样品的迁移率发生降低。由于 BST 基体与 Ir 发生界面接触，由于两者的功函数具有差异，Ir 为 5.27 eV，而 BST 基体为 5.65 eV，所以在界面处引入了能量过滤效应引起了材料的塞贝克系数的反常升高。图 4.34（b）为通过电导率和塞贝克系数计算的材料的功率因子与温度的变化规律曲线，当复合含量为 0.5 wt% 时，功率因子在 323 K 达到最大值为 3750 $\mu W \cdot m^{-1} \cdot K^{-2}$。

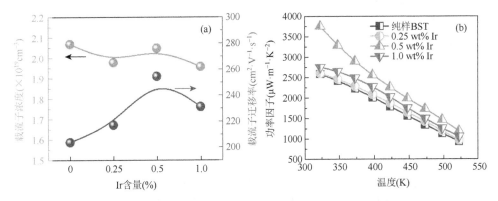

图 4.34　（a）BST + x wt% Ir（$x=0$，0.25，0.5，1.0）的载流子浓度与迁移率；（b）BST + x wt% Ir（$x=0$，0.25，0.5，1.0）的温度与功率因子的关系

4.4.3　复合金属 Ir 对 p 碲化铋热性能的影响

图 4.35 为材料的热性能与温度的相关性，图 4.35（a）为 BST + x wt% Ir（$x=0$，0.25，0.5，1.0）样品通过实验测得的热扩散系数计算得到的材料的总热导率与温度的变化规律。随着温度的升高，材料的总热导率逐渐升高，造成这种现象的原因为碲化铋的带隙较窄，随着温度的升高，材料自发地发生双极效应及空穴电子同时参与导热，进而导致了材料的热导率升高。但是随着温度的升高，其晶格热导率一般不发生变化，而在室温区一般不发生双极效应，所以一般在碲化铋体系中，其室温晶格热导率与双极热导率的和即为判定其晶格热导率升高或者降低的证明。

图 4.35（b）为扣除电子热导率后的 BST + x wt%Ir（$x=0$，0.25，0.5，1.0）样品的晶格热导率与双极热导率之和，可以看到在室温点处，其晶格热导率随着复合含量的增加先升高后降低。第二相会对声子的传输造成散射现象，由于 Ir 与 BST 基体的质量不同造成了质量波散射，进一步散射声子，这两种机理共同造成

了晶格热导率的降低。而复合含量为 1.0 wt%样品的晶格热导率升高的原因可能是由于过多的第二相在基体内部团聚，将散射中心减少，导致声子散射降低，进而到导致了热导率的升高。

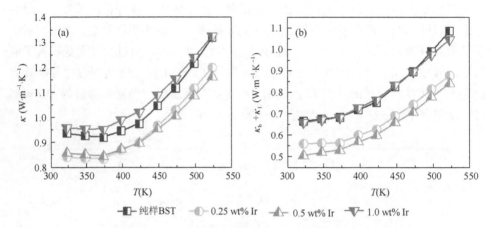

图 4.35　BST + x wt% Ir（x = 0, 0.25, 0.5, 1.0）温度与（a）总热导率，
（b）双极热导率和晶格热导率之和的关系

图 4.36 为通过热导率及功率因子计算的热电优值随温度变化曲线，热电优值的峰值都在室温点附近，这正是因为，本工作只改变了材料的迁移率，并没有影响材料的载流子浓度，所以并没有将其热电优值的峰值推至中温区。复合含量为 0.5 wt%样品的 ZT 值为本组的最大值，在 323 K 达到 1.4，相比于纯样品提升了 64%。图 4.37 为本工作中对电声输运性能调控的机理图，图中浅色线条为电子传输路径，而深色线条为声子传输路径；六边形方块为金属 Ir。在纯样品中其晶粒

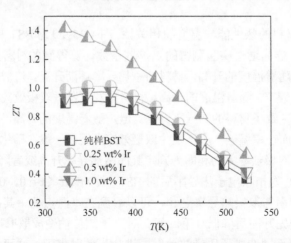

图 4.36　BST + x wt% Ir（x = 0, 0.25, 0.5, 1.0）温度与 ZT 值的关系

尺寸较大，所以对于声子散射效果不强，造成了其热导率较高，ZT 值较低。而复合 Ir 后其晶粒尺寸明显减小，并且在晶界处存在金属 Ir 导电通道，提高了材料的迁移率的同时由于 Ir 引入了更多的声子散射中心造成了热导率的降低，综上几种机制共同提高了材料的 ZT 值。

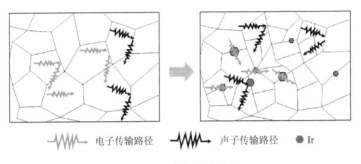

图 4.37　电声传输机理

采用 $Bi_{0.42}Sb_{1.58}Te_3$ + 0.5 wt% Ir 作为 p 型单腿的材料，采用商业 n 型单晶碲化铋作为 n 型单腿材料，进行两对器件的制备。具体制备路程为：将 $Bi_{0.42}Sb_{1.58}Te_3$ + 0.5 wt% Ir 和商业 n 型碲化铋进行切割以及打磨至 3 mm×3 mm×7 mm 的规则长方体样品，使用电镀的方法将样品的上下表面镀上一层金属镍作为扩散阻隔层以及黏结层，随后使用焊锡将热电单腿与陶瓷板进行连接。将制备好的热电器件使用 Mini-PEM 进行转换效率测试，结果如图 4.38 所示，在温差为 175 K 时该器件的最大转换效率为 6.21%，输出功率为 50 mW。

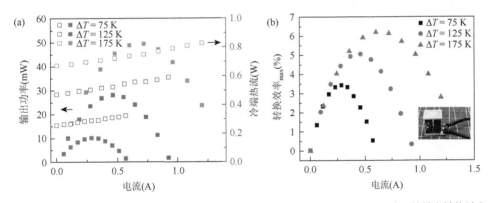

图 4.38　（a）热电器件在不同工作温度下的输出功率和冷端热流；（b）不同温差下的最大转换效率

参 考 文 献

[1]　Li C，Ma S，Wei P，et al. Magnetism-induced huge enhancement of the room-temperature thermoelectric and

cooling performance of p-type BiSbTe alloys [J]. Energy & Environmental Science, 2020, 13 (2): 535-544.

[2] Yang G, Niu R, Sang L, et al. Ultra-high thermoelectric performance in bulk BiSbTe/amorphous boron composites with nano-defect architectures [J]. Advanced Energy Materials, 2020, 10 (41): 2000757.

[3] Shi X L, Zou J, Chen Z G. Advanced thermoelectric design: From materials and structures to devices [J]. Chemical Reviews, 2020, 120 (15): 7399-7515.

[4] Guo J, Ge Z H, Qian F, et al. Achieving high thermoelectric properties of Bi_2S_3 via $InCl_3$ doping [J]. Journal of Materials Science, 2019, 55 (1): 263-273.

[5] Zhang Y X, Ge Z H, Feng J. Enhanced thermoelectric properties of $Cu_{1.8}S$ via introducing Bi_2S_3 and Bi_2S_3@Bi core-shell nanorods [J]. Journal of Alloys and Compounds, 2017, 727: 1076-1082.

[6] Zhuang H L, Pan Y, Sun F H, et al. Thermoelectric Cu-doped$(Bi, Sb)_2Te_3$: Performance enhancement and stability against high electric current pulse [J]. Nano Energy, 2019, 60: 857-865.

[7] Zhang Q, Lin Y, Lin N, et al. Enhancing the room temperature thermoelectric performance of n-type bismuth-telluride-based polycrystalline materials by low-angle grain boundaries [J]. Materials Today Physics, 2022, 22: 100573.

[8] Tan L P, Sun T, Fan S, et al. Facile synthesis of Cu_7Te_4 nanorods and the enhanced thermoelectric properties of Cu_7Te_4–$Bi_{0.4}Sb_{1.6}Te_3$ nanocomposites [J]. Nano Energy, 2013, 2 (1): 4-11.

[9] Yu Y, He D S, Zhang S Y, et al. Simultaneous optimization of electrical and thermal transport properties of $Bi_{0.5}Sb_{1.5}Te_3$ thermoelectric alloy by twin boundary engineering [J]. Nano Energy, 2017, 37: 203-213.

[10] Song J M, Rahman J U, Cho J Y, et al. Chemically synthesized Cu_2Te incorporated Bi-Sb-Te p-type thermoelectric materials for low temperature energy harvesting [J]. Scripta Materialia, 2019, 165: 78-83.

[11] Tan X, Lan J L, Hu K, et al. Boosting the thermoelectric performance of Bi_2O_2Se by isovalent doping [J]. Journal of the American Ceramic Society, 2018, 101 (10): 4634-4644.

[12] Bishop S G, Shanabrook B V, Klein P B, et al. New isoelectronic trap: Antimony in indium phosphide [J]. Physical Review B: Condensed Matter and Materials Physics, 1988, 38 (12): 8469-8472.

[13] Muzaffar M U, Zhu B, Yang Q, et al. Suppressing bipolar effect to broadening the optimum range of thermoelectric performance for p-type bismuth telluridee based alloys via calcium coping [J]. Materials Today Physics, 2019, 9: 100130.

[14] Shi F F, Wang H, Zhang Q, et al. Improved thermoelectric properties of BiSbTe-$AgBiSe_2$ alloys by suppressing bipolar excitation [J]. ACS Applied Energy Materials, 2021, 4 (3): 2944-2950.

[15] Kim E B, Dharmaiah P, Lee K H, et al. Enhanced thermoelectric properties of $Bi_{0.5}Sb_{1.5}Te_3$ composites with *in-situ* formed senarmontite Sb_2O_3 nanophase [J]. Journal of Alloys and Compounds, 2019, 777: 703-711.

第 5 章　硫化铋基热电材料的固相法制备及性能

5.1　SnX$_4$（X = F，Cl，Br，I）掺杂增强硫化铋热电性能

5.1.1　SnX$_4$（X = F，Cl，Br，I）掺杂硫化铋块体的相结构

图 5.1（a）给出的是未掺杂的 Bi$_2$S$_3$ 和所有掺杂 0.5 wt% SnX$_4$（X = F，Cl，Br，I）块体样品的 X 射线衍射图谱。由图可知，所有样品的主要衍射峰都与正交晶系结构 Bi$_2$S$_3$（PDF#17-0320）的 X 射线标准图谱相匹配，这表明我们成功地合成了 SnX$_4$（X = F，Cl，Br，I）掺杂的 Bi$_2$S$_3$ 基热电材料。图 5.2（b）为样品在 24°～26°扫描范围的局部放大图。由图可知，未掺杂的 Bi$_2$S$_3$ 纯样品的（１３０）衍射峰和（３１０）衍射峰相较于标准衍射峰发生了明显的低角度偏移，这是因为在放电等离子体烧结的过程中，部分硫挥发，使得 Bi$_2$S$_3$ 的晶格发生膨胀，进而表现出 X 射线衍射峰向低角度偏移，该现象在之前的工作中也有报道[1, 2]。而掺杂样品的特征衍射峰相较于纯样品均发生了不同程度、不同角度的偏移。由于 Sn^{4+} 的离子半径（71 pm）小于 Bi^{3+} 的离子半径（108 pm），且 F$^-$ 的离子半径（136 pm）也小于 S^{2-} 的离子半径（184 pm），所以 Sn 对 Bi 的取代和（或）F 对 S 的取代均有可能导致 SnF$_4$ 掺杂样品的（１３０）等主要衍射峰向高角度偏移。考虑到 S^{2-} 的离子半径（184 pm）与 Cl$^-$ 的离子半径（181 pm）十分接近，所以判断主要是 Sn 对 Bi 的取代，使得晶格收缩，进而表现为 SnCl$_4$ 掺杂样品的（１３０）衍射峰向高角度偏移。除此之外，Br$^-$ 的离子半径（195 pm）和 I$^-$ 的离子半径（216 pm）均大于 S^{2-} 的离子半径，所以 SnBr$_4$ 和 SnI$_4$ 掺杂样品的特征衍射峰相较纯样品发生低角度偏移是来自于 Br 和 I 对 S 的取代。以上样品主晶格原子的具体取代情况将结合性能表征情况进一步分析。

5.1.2　SnX$_4$（X = F，Cl，Br，I）掺杂硫化铋块体的微观结构

图 5.2 分别展示了未掺杂的 Bi$_2$S$_3$ 和所有掺杂 0.5 wt% SnX$_4$（X = F，Cl，Br，I）块体样品的断口表面形貌扫描电镜图和以上样品的实际密度及相对密度示意图。如图 5.2（a）～（e）所示，未掺杂的 Bi$_2$S$_3$ 块体样品的平均晶粒尺寸在 500 nm，掺杂 0.5 wt% SnF$_4$ 的样品的断面表面形貌与纯样品相似，晶粒尺寸大小没有明显

差异，而掺杂 $SnCl_4$，$SnBr_4$ 和 SnI_4 的块体样品的平均晶粒尺寸相较纯样发生明显的增大。其中 $SnCl_4$ 掺杂样品的晶粒尺寸最大，约为 $1\ \mu m$。$SnBr_4$ 和 SnI_4 掺杂样品存在多种尺寸大小差异较大的晶粒，相较与 $SnCl_4$ 掺杂样品，晶界密度显著上升。由此初步判断 SnF_4 在 Bi_2S_3 基体中固溶度较低，另外三种掺杂剂相较 SnF_4 更容易与 Bi_2S_3 基体发生反应。图 5.2（f）为本组实验所有样品的实际密度和相对密度示意图。如图所示，未掺杂的纯样品和掺杂了 SnF_4，$SnBr_4$ 和 SnI_4 的样品的相对密度均保持在 95% 以上，而 $SnCl_4$ 掺杂样品的实际密度较低，约为 $6.27\ g\cdot cm^{-3}$，相对密度约为 92%。观察图 5.2（c）发现，$SnCl_4$ 掺杂样品的晶粒间存在尺寸较大的孔隙，所以该样品的相对密度最低。

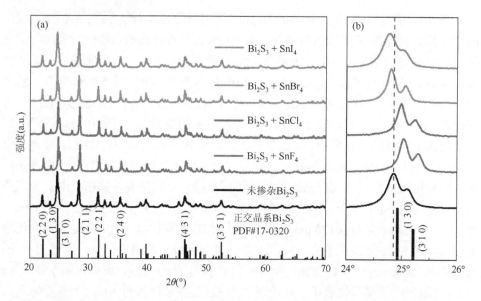

图 5.1　未掺杂和掺杂 0.5 wt% SnX_4（X = F，Cl，Br，I）的 Bi_2S_3 的 X 射线衍射图谱：（a）块体材料的 X 射线图谱；（b）24°～26°局部放大图谱

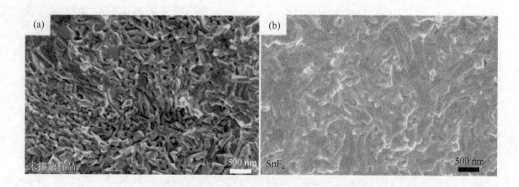

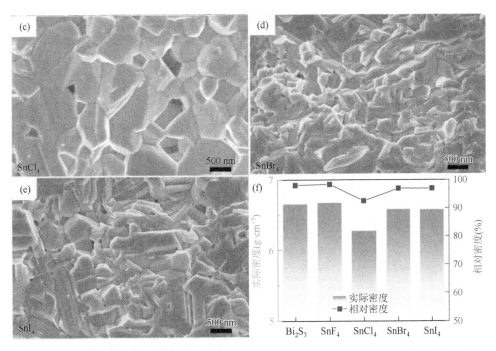

图 5.2　（a～e）未掺杂的 Bi_2S_3 和所有掺杂 0.5 wt%SnX_4（X = F，Cl，Br，I）块体样品的断口表面形貌扫描电镜图；（f）所有样品的实际密度，相对密度图

图 5.3（a）～（e）和（f）～（j）分别为 SnF_4 和 $SnCl_4$ 掺杂样品的断口表面元素分布图。如图 5.3（b）、（c）、（g）、（h）所示，作为样品的主要组成元素，Bi 和 S 元素分布比较均匀，且含量较高。通过比较图 5.3（d）、（e）和图 5.3（i）（j）发现，SnF_4 掺杂样品中 Sn 元素和 F 元素分布极少，表明含量较低，而且说明 SnF_4 在 Bi_2S_3 基体中的固溶度很小，基本不发生反应；而 $SnCl_4$ 掺杂样品中 Sn 元素与 Cl 元素分布比较均匀，含量较高，说明 $SnCl_4$ 与 Bi_2S_3 发生了更充分的反应。这是因为 Cl^- 的离子半径（0.181 nm）与 S^{2-} 的离子半径（0.184 nm）十分接近，Cl 很容易进入主晶格进而发生取代反应。

5.1.3　SnX_4（X = F，Cl，Br，I）掺杂硫化铋块体的电输运性能

图 5.4 是 Bi_2S_3 和 0.5 wt% SnX_4（X = F，Cl，Br，I）掺杂样品的电输运性能随温度的变化关系图。观察图 5.4（a）发现，除掺杂 0.5 wt%SnF_4 的 Bi_2S_3 样品的电导率与纯样品相差无几以外，其余三个掺杂样品的电导率均有一定幅度的提升，其中掺杂 0.5 wt%$SnCl_4$ 的 Bi_2S_3 样品的电导率提升最大。在室温下，该样品的电导率达到了 200 $S·cm^{-1}$，相较于纯样品（室温电导率 0.3 $S·cm^{-1}$）提升了 3 个数量级。

图 5.3　SnF₄ 掺杂样品断口表面元素分布图：(a) SnF₄ 掺杂样品断口表面形貌放大倍数 5000 倍；(b) Bi 元素分布结果；(c) S 元素分布结果；(d) Sn 元素分布结果；(e) F 元素分布结果。SnCl₄ 掺杂样品断口表面元素分布图：(f) SnCl₄ 掺杂样品断口表面形貌放大倍数 5000 倍；(g) Bi 元素分布结果；(h) S 元素分布结果；(i) Sn 元素分布结果；(j) Cl 元素分布结果

　　利用霍尔测试系统测量了室温下本实验中五个样品的载流子浓度和迁移率。由图 5.4（b）可知，纯 Bi_2S_3 和 SnF₄ 掺杂样品的载流子浓度较低，约为 10^{16} cm^{-3}。SnCl₄ 掺杂样品的载流子浓度最高，达到了 3.8×10^{19} cm^{-3}，相较纯 Bi_2S_3 样品提升了 3 个数量级，同时该样品保持了较高的迁移率（约 31 cm$^2 \cdot$V$^{-1} \cdot$s^{-1}）。电导率的计算公式如下

$$\sigma = ne\mu \tag{5.1}$$

其中，n 为载流子浓度，e 为电子电荷，μ 为载流子迁移率。所以，SnCl₄ 掺杂样品的电导率最高。由该图可知载流子浓度对电导率的贡献较大。掺杂 0.5 wt% SnX₄（X = F，Cl，Br，I）后，可能存在的缺陷反应方程式如下

$$SnF_4 \xrightarrow{Bi_2S_3} Sn^{\cdot}_{Bi} + 4F^{\cdot}_S + 5e' \tag{5.2}$$

$$SnCl_4 \xrightarrow{Bi_2S_3} Sn^{\cdot}_{Bi} + 4Cl^{\cdot}_S + 5e' \tag{5.3}$$

$$SnBr_4 \xrightarrow{Bi_2S_3} Sn^{\cdot}_{Bi} + 4Br^{\cdot}_S + 5e' \tag{5.4}$$

$$SnI_4 \xrightarrow{Bi_2S_3} Sn^{\cdot}_{Bi} + 4I^{\cdot}_S + 5e' \tag{5.5}$$

式中，右上角标"·"表示带正电荷，右上角标","表示带负电荷。

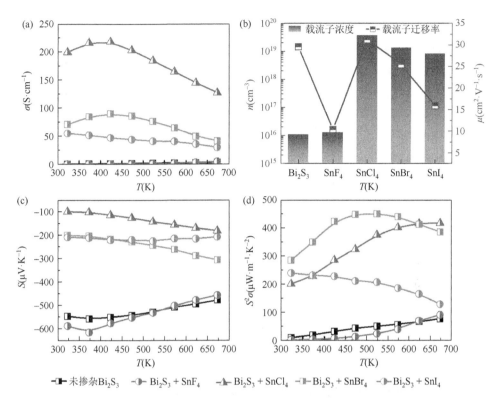

图 5.4　Bi$_2$S$_3$ 和 0.5 wt%SnX$_4$（X = F，Cl，Br，I）掺杂样品的电输运性能随温度的变化关系。
（a）电导率；（b）载流子浓度与载流子迁移率；（c）塞贝克系数；（d）功率因子

据密度泛函理论第一性原理计算得到不同卤素取代 S 原子位置时的缺陷形成能[3]。如图 5.5 所示，F，Cl，Br，I 都倾向于取代 S 阴离子作为能量上有利的掺杂位，即 F$_S^·$，Cl$_S^·$，Br$_S^·$，I$_S^·$ 四种取代缺陷的形成能都远低于 F$_i$，Cl$_i$，Br$_i$，I$_i$ 间隙的形成能，这可以理解为取代引起的结构畸变较小。Cl 取代 S 形成 Cl$_S^·$ 的缺陷形成能最低，约为 0.1 eV，F 取代 S 形成 F$_S^·$ 缺陷时的缺陷形成能最大，约为 0.54 eV，表明 F 在 Bi$_2$S$_3$ 晶格中的溶解度在四种卤素中是最低的。此外，将四种卤素分别取代 S 的缺陷形成能大小进行排序，即 $E_{f,\,Cl} < E_{f,\,Br} < E_{f,\,I} < E_{f,\,F}$，发现与本实验中四种掺杂样品的电导率高低变化一致。由缺陷形成能的计算结果可知，四种卤素进入 Bi$_2$S$_3$ 晶格取代 S 的难易程度不同，其中 Cl$_S^·$ 的缺陷形成能最低，式（5.3）中的取代反应更容易发生，所以 SnCl$_4$ 掺杂样品的载流子浓度最高。相同阳离子的情况下，氯化物掺杂对 Bi$_2$S$_3$ 的电导率提升最大。

图 5.4（c）为纯 Bi$_2$S$_3$ 和 0.5 wt% SnX$_4$（X = F，Cl，Br，I）掺杂样品的塞贝

克系数随温度变化关系图。如图所示，所有样品的塞贝克系数均为负值，这表明所有样品均为 n 型半导体，由电子作为电输运的主要载流子。纯 Bi_2S_3 样品和掺杂 0.5 wt% SnF_4 的 Bi_2S_3 样品的塞贝克系数绝对值范围在 475～625 $\mu V\cdot K^{-1}$，并且其塞贝克系数的绝对值随温度的升高不断降低。根据经验公式：$|S| = \gamma - \ln(n)$ [4]，低温下两个样品的载流子浓度较低，由温度升高引起的热激发产生了更多的自由电子，提高了电子浓度进而导致塞贝克系数绝对值的降低。而其余三个样品的塞贝克系数随温度升高而绝对值增大则是因为随着温度的升高，样品内负责电输运的电子热运动加剧，电子自散射增强，使得散射因子 γ 增大进而塞贝克系数绝对值增大。

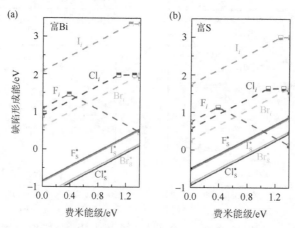

图 5.5　第一性原理计算的 $F_S^{\cdot}$，$Cl_S^{\cdot}$，$Br_S^{\cdot}$ 和 $I_S^{\cdot}$ 的缺陷形成能[3]

图 5.4（d）为纯 Bi_2S_3 和 0.5 wt% SnX_4（X＝F，Cl，Br，I）掺杂样品的功率因子与温度的变化关系图。如图所示，使用卤素化合物掺杂后，Bi_2S_3 块体材料的功率因子获得了明显的提升。其中，0.5 wt% $SnBr_4$ 掺杂样品的室温功率因子最高，提升至 285 $\mu W\cdot m^{-1}\cdot K^{-2}$，是纯 Bi_2S_3 样品的室温功率因子（～8 $\mu W\cdot m^{-1}\cdot K^{-2}$）的 35 倍多，并且该样品在 523 K 时取得最大功率因子～450 $\mu W\cdot m^{-1}\cdot K^{-2}$。

5.1.4　SnX_4（X＝F，Cl，Br，I）掺杂硫化铋块体的热输运性能

图 5.6 是 Bi_2S_3 和 0.5 wt%SnX_4（X＝F，Cl，Br，I）掺杂样品的热输运性能和热电优值 ZT 随温度变化的关系图。如图 5.6（a）所示，所有样品的总热导率随温度的升高而降低，表明声子散射为主要散射机制。0.5 wt%$SnCl_4$ 掺杂样品的总热导率相较纯 Bi_2S_3 样品有一定提升，在 323～673 K 的范围内，从 1.0 $W\cdot m^{-1}\cdot K^{-1}$ 下降到 0.67 $W\cdot m^{-1}\cdot K^{-1}$。0.5 wt%$SnI_4$ 掺杂样品的总热导率在所有样品中最低，在 323～673 K 的范围内，从 0.8 $W\cdot m^{-1}\cdot K^{-1}$ 下降到 0.57 $W\cdot m^{-1}\cdot K^{-1}$。为详细研究不同

卤化物掺杂对 Bi_2S_3 热导率的影响，需要将热导率拆分为电子热导率 κ_e 和晶格热导率 κ_1 两部分分别分析。其中电子热导率可通过魏德曼-弗兰兹关系（Wiedemann-Frans law）计算[5]，$\kappa_e = L\sigma T$，其中 L 为洛伦兹常数，σ 为电导率，T 为开尔文温度，由该式可知电子热导率通常与电导率呈正相关关系。如图 5.6（b）所示，各个样品的电子热导率变化趋势与对应的电导率相似。0.5 wt% $SnCl_4$ 掺杂样品的电子热导率最高，在 373~673 K 的测量温度范围内均保持在 0.15 $W·m^{-1}·K^{-1}$ 以上。其余样品的电子热导率在全测量温度范围内均小于 0.06 $W·m^{-1}·K^{-1}$。通过关系式 $\kappa_1 = \kappa - \kappa_e$，可以得到样品的晶格热导率，如图 5.6（c）所示。所有掺杂样品的晶格热导率均低于纯 Bi_2S_3 样品。其中掺杂 0.5 wt% SnI_4 的 Bi_2S_3 样品的晶格热导率最低，从 323 K 时的 0.78 $W·m^{-1}·K^{-1}$ 降低到 673 K 时的 0.54 $W·m^{-1}·K^{-1}$。而掺杂 0.5 wt% $SnCl_4$ 的 Bi_2S_3 样品在 323 K 时晶格热导率较高，达到了 0.87 $W·m^{-1}·K^{-1}$，随后随着温度的升高显著降低，在 673 K 时降低到 0.53 $W·m^{-1}·K^{-1}$，同时也是该温度下所有样品中达到的最低晶格热导率。在实际晶体材料中，热传导的过程是各种主要作用温度区间不同的散射机制共同作用的结果。例如晶界对传热声子的

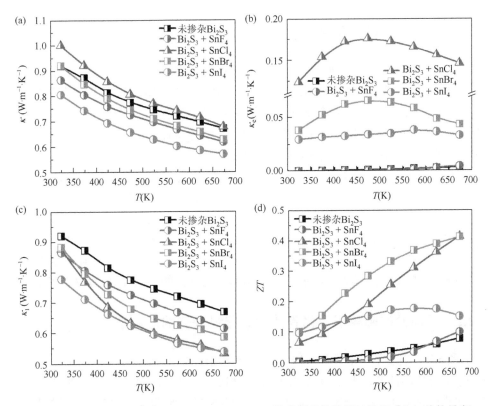

图 5.6　Bi_2S_3 和 0.5 wt%SnX_4（X = F，Cl，Br，I）掺杂样品的热输运性能 [（a）总热导率；（b）电子热导率；（c）晶格热导率] 随温度变化关系图；（d）热电优值与温度的关系图

散射在低温下占主要作用，点缺陷散射和声子-声子散射主要作用在中高温度区域。根据图 5.2 各个样品断口形貌的扫描电镜图可知，0.5 wt% $SnCl_4$ 掺杂样品在低温下的晶格热导率较高归因于该样品相较其他样品明显降低的晶界密度，而晶粒之间存在的纳米级别的孔洞以及 Cl 取代 S 产生的点缺陷在中高温下能够强烈散射传热声子，使得该样品的晶格热导率随着温度的升高迅速降低[5]。

图 5.6（d）是 Bi_2S_3 和 0.5 wt% SnX_4（X = F，Cl，Br，I）掺杂样品的热电优值 ZT 随温度变化的关系图。随着温度的上升，所有样品的热电优值也在升高，其中 0.5 wt% SnI_4 掺杂样品在 623～673 K 时 ZT 值下降归因于该温度下该样品电导率的下降。最终，0.5 wt% $SnCl_4$ 掺杂样品和 0.5 wt% $SnBr_4$ 掺杂样品在 673 K 时达到最大 ZT 值为 0.41，是纯 Bi_2S_3 样品（ZT～0.07）的近 6 倍。通过简单的卤化物掺杂即可实现 Bi_2S_3 热电材料热电性能的提升，本工作表明 Bi_2S_3 材料具备成为高性能热电材料的潜力。

5.2　不同价态阳离子氯化物掺杂增强硫化铋热电性能

5.2.1　不同价态阳离子氯化物掺杂硫化铋块体的相结构

图 5.7（a）为掺杂不同价态阳离子氯化物的 Bi_2S_3 块体的 X 射线衍射谱。通过对比 *Pbnm* 空间群正交结构 Bi_2S_3 的标准卡片（PDF#17-0320），发现本实验所有样品的主要衍射峰均与标准卡片有良好的匹配，并未观察到第二相出现。通过图 5.7（b）右侧主要衍射峰的局部放大图可以看出所有掺杂样品衍射角度位于 24°～26°的（130）和（310）衍射峰均出现了高角度的偏移。首先 Cl^- 的离子半径为 181 pm，小于 S^{2-} 的离子半径 184 pm，发生 Cl 离子取代 S 离子的反应后，根据布拉德衍射方程，晶格收缩将表现为衍射峰向高角度偏移。将四种阳离子的离子半径与 Bi 离子的离子半径比较并排序可以得到：$r_{Pb^{2+}}$ (120 pm) > $r_{Bi^{3+}}$ (108 pm) > $r_{Sm^{3+}}$ (96.4 pm) > $r_{Sn^{4+}}$ (71 pm) > $r_{Nb^{5+}}$ (70 pm)，可知 Pb^{2+}、Sm^{3+}、Sn^{4+}、Nb^{5+} 与 Bi^{3+} 发生取代后都会导致晶格收缩，最终表现为所有掺杂样品的主要衍射峰逐渐向高角度偏移，且偏移量增大。以上结果表明本实验设计的掺杂样品已经成功制备。

5.2.2　不同价态阳离子氯化物掺杂硫化铋块体的微观结构

图 5.8 分别展示了未掺杂的 Bi_2S_3 和所有掺杂 0.5 wt%不同价态阳离子氯化物的 Bi_2S_3 块体样品的断口表面形貌扫描电镜图和以上样品的实际密度及相对密度示意图。如图 5.8（a）～（e）所示，原始 Bi_2S_3 样品的断口形貌呈现类层片状结构特征，使用氯化物掺杂之后，Bi_2S_3 基材料的断口形貌由类片层状结构向颗粒状结构转变，

0.5 wt% NbCl$_5$ 掺杂样品的转变尤为明显，并且晶粒尺寸均发生了一定程度的增大，这是因为形成了取代固溶体，Cl 离子对 S 离子的取代和阳离子对 Bi 离子的取代引起了一定程度的晶格畸变。同时观察发现，氯化物掺杂后样品基体内出现了大量纳米级别的孔洞，这将对各个样品的电输运和热输运性能起到影响。

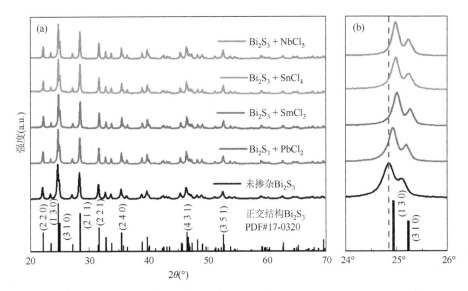

图 5.7　掺杂 0.5 wt% 不同价态阳离子氯化物的 Bi$_2$S$_3$ 的 XRD 图谱：（a）块体材料的 XRD；（b）24°～26°局部放大图谱

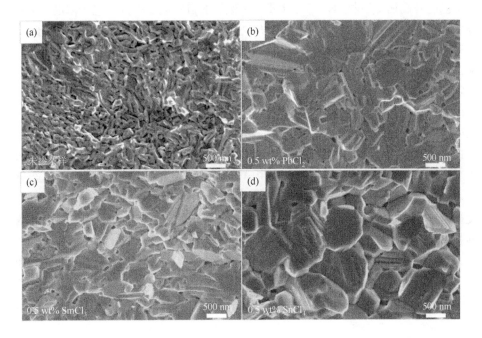

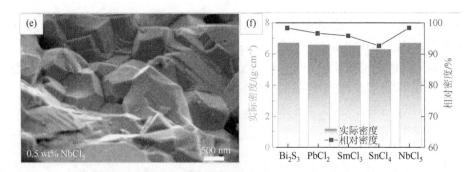

图 5.8　（a～e）未掺杂的 Bi_2S_3 和所有掺杂不同价态阳离子氯化物块体样品的断口表面形貌
扫描电镜图；（f）所有样品的实际密度，相对密度图

5.2.3　不同价态阳离子氯化物掺杂硫化铋块体的电输运性能

图 5.9（a）和（c）所示为掺杂不同价态阳离子氯化物的 Bi_2S_3 块体样品的电导率、塞贝克系数随温度的变化关系。如图 5.9（a）所示，原始 Bi_2S_3 样品在测量温度范围内表现出极低的电导率，这是由于原始 Bi_2S_3 样品的电子浓度 n 较低（室温下约 1.1×10^{16} cm^{-3}）。随着温度的升高，原始 Bi_2S_3 样品和 0.5 wt% $NbCl_5$ 掺杂样品的电导率单调增大，表现出半导体输运特性。然而，与前者相比，其余掺杂样品的电导率都表现出先上升后下降的趋势，在电导率的最高值处出现一个拐点。这是由于电子浓度和电子迁移率对电导率产生了升高和降低的竞争性贡献，在低温区时，由于温度升高而促进材料内部热激发产生额外的自由电子提升了电子浓度，使得电导率随温度上升而增加；当温度继续升高，材料内部的电子浓度接近饱和，此时由于升温将加剧电子在输运中的无规则热运动，导致电子之间相互碰撞散射的概率增加，降低了电子迁移率，使得电导率随温度进一步上升而下降，因此出现拐点。氯化物掺杂后，所有掺杂样品的电导率均有一定程度的提升。其中，Bi_2S_3 样品的室温电导率从原始样品的 0.3 $S·cm^{-1}$ 提高到 0.5 wt% $SnCl_4$ 掺杂样品的 200 $S·cm^{-1}$，比原始 Bi_2S_3 样品高出近 3 个数量级。这种电导率的急剧提升与电子浓度的提升有关。从理论结合上文研究结果表明，Cl^- 更倾向于取代可取代位上形成能最低的 S^{2-} 形成 $Cl_S^·$ 的缺陷，并且由于 $Cl_S^·$ 的电离能在导带内都是共振的，所以一旦成功掺杂进入 Bi_2S_3 晶格中，$Cl_S^·$ 将会全部电离。也就是说，$Cl_S^·$ 使 Bi_2S_3 具有强 n 型，使得电子浓度显著提高；并且阳离子位置发生的取代也将引入额外的自由电子，使得电子浓度增强。这些过程可以表示为以下缺陷反应方程式

$$x PbCl_2 \xrightarrow{Bi_2S_3} x Pb_{Bi}' + 2x Cl_S^· + 2Bi_{Bi} + 3S_S + xe' \tag{5.6}$$

$$x SmCl_3 \xrightarrow{Bi_2S_3} x Sm_{Bi} + 3x Cl_S^· + 2Bi_{Bi} + 3S_S + 3xe' \tag{5.7}$$

$$x SnCl_4 \xrightarrow{Bi_2S_3} x Sn_{Bi}^· + 4x Cl_S^· + 2Bi_{Bi} + 3S_S + 5xe' \tag{5.8}$$

$$x\mathrm{NbCl}_5 \xrightarrow{\mathrm{Bi}_2\mathrm{S}_3} x\mathrm{Nb}_{\mathrm{Bi}}^{\cdot\cdot} + 5x\mathrm{Cl}_{\mathrm{S}}^{\cdot} + 2\mathrm{Bi}_{\mathrm{Bi}} + 3\mathrm{S}_{\mathrm{S}} + 7x\mathrm{e}' \tag{5.9}$$

根据电导率计算公式 $\sigma = ne\mu$ 可知，电导率与载流子浓度和载流子迁移率成正比。采用霍尔测试系统对所有掺杂样品在室温下进行载流子浓度和载流子迁移率的表征，测试结果如图 5.9（b）所示。结果表明，PbCl_2、SmCl_3、SnCl_4 和 NbCl_5 掺杂样品的室温电子浓度分别为 $2.82\times10^{19}\ \mathrm{cm}^{-3}$，$4.47\times10^{19}\ \mathrm{cm}^{-3}$，$3.82\times10^{19}\ \mathrm{cm}^{-3}$，$3.42\times10^{17}\ \mathrm{cm}^{-3}$。结合上文中缺陷方程式（5.9）分析，理论上相同有效掺杂浓度下，NbCl_5 掺杂引入的额外自由电子最多，电子浓度应该最高，但实验测试发现并非如此，原因是 NbCl_5 在 $\mathrm{Bi}_2\mathrm{S}_3$ 基体中的固溶度并不高，能够实现的有效掺杂浓度远低于其他掺杂样品。而 SmCl_3 掺杂样品的电子浓度最高的主要原因为，根据 Pauling 电负性标度，Bi 的电负性（2.02）远高于 Sm 的电负性（1.17）。当 Sm^{3+} 取代 Bi^{3+} 时可以引起半导体内部形成等电子空穴阱，从而引起额外电子的激发。等电子空穴阱的引入可以有效提高 n 型 $\mathrm{Bi}_2\mathrm{S}_3$ 的载流子即电子的浓度，提高电导率。等电子元素取代是调节笼状物（$\mathrm{Sr}_8\mathrm{Ga}_{16-x}\mathrm{In}_x\mathrm{Ge}_{30}$）和 Zintl 相化合物（$\mathrm{YbZn}_{2-x}\mathrm{Mn}_x\mathrm{Sb}_2$）的载流子浓度的一种常用的方法，所以在本实验中 SmCl_3 掺杂样品的电子浓度最高，达到了近 $4.5\times10^{19}\ \mathrm{cm}^{-3}$，一部分源自一价 Cl 离子取代 2 价 S 离子引入的额外电子，另一部分源自 3 价 Sm 离子等价取代 3 价 Bi 离子形成等电子空穴阱而激发的额外自由电子。PbCl_2、SmCl_3、SnCl_4 和 NbCl_5 掺杂样品的室温电子迁移率分别为 $15\ \mathrm{cm}^2\cdot\mathrm{V}^{-1}\cdot\mathrm{s}^{-1}$，$7\ \mathrm{cm}^2\cdot\mathrm{V}^{-1}\cdot\mathrm{s}^{-1}$，$31\ \mathrm{cm}^2\cdot\mathrm{V}^{-1}\cdot\mathrm{s}^{-1}$，$90\ \mathrm{cm}^2\cdot\mathrm{V}^{-1}\cdot\mathrm{s}^{-1}$。常见的载流子散射机制包括缺陷散射（如点缺陷、纳米级境界、位错）、电离杂质散射、合金化散射和晶格振动散射。低温时以缺陷散射和电离杂质散射为主，高温时以晶格振动散射为主。在本组实验中，室温下 PbCl_2、SmCl_3、SnCl_4 掺杂样品的电子迁移率降低的主要原因为掺杂引起的 $\mathrm{Bi}_2\mathrm{S}_3$ 晶格畸变和缺陷增强了电子的散射，并且在强简并半导体中，载流子浓度越高，载流子之间相互碰撞的概率越高，也对载流子迁移率有负面影响。所以在本组实验中，0.5 wt%SnCl_4 掺杂样品获得最高室温电导率 $200\ \mathrm{S}\cdot\mathrm{cm}^{-1}$。

图 5.9（c）为原始 $\mathrm{Bi}_2\mathrm{S}_3$ 样品和掺杂不同价态阳离子氯化物实验样品的塞贝克系数与温度变化关系图。原始 $\mathrm{Bi}_2\mathrm{S}_3$ 在室温下具有 $550\ \mu\mathrm{V}\cdot\mathrm{K}^{-1}$ 的极高的塞贝克系数绝对值，随着温度的升高而降低。而掺杂样品的塞贝克系数绝对值随温度的升高而单调增大，这与 Cu 掺杂 $\mathrm{Bi}_2\mathrm{S}_2\mathrm{Se}$[6] 和 CuBr_2 掺杂 $\mathrm{Bi}_2\mathrm{S}_3$[7] 样品的塞贝克系数变化趋势相似。原始 $\mathrm{Bi}_2\mathrm{S}_3$ 样品和掺杂样品的塞贝克系数表现出不同的温度依赖性，这与电子浓度的显著提高有关。根据公式

$$S = \frac{8\pi^2 k_{\mathrm{B}}^2}{3eh^2} m^* T \left(\frac{\pi}{3n}\right)^{\frac{2}{3}} \tag{5.10}$$

其中，k_{B}、e、h、m^*、n 分别为玻尔兹曼常数、电子电荷、普朗克常数、载流子有效质量、载流子浓度。由此可见，塞贝克系数与费米能级处载流子有效质量 m^*

成正比，与载流子浓度 n 成反比。

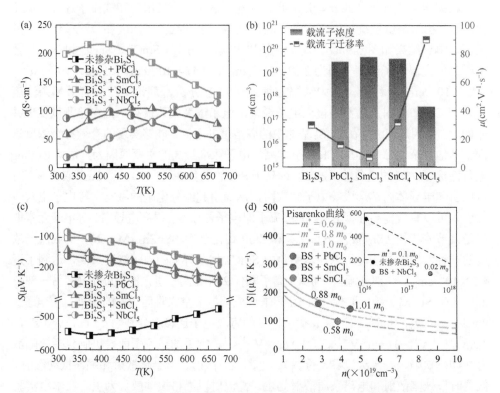

图 5.9　掺杂 0.5 wt%不同价态阳离子氯化物的 Bi2S3 样品的（a）电导率；（b）载流子浓度与
迁移率；（c）塞贝克系数；（d）计算掺杂样品的 Pisarenko 曲线

　　由图 5.9（b）发现，尽管 PbCl$_2$、SmCl$_3$ 和 SnCl$_4$ 掺杂样品的电子浓度已经提升到 10^{19} cm^{-3} 级别，比 NbCl$_5$ 掺杂样品的电子浓度高了 2 个数量级，但前者三个样品的室温塞贝克系数绝对值仍高于 NbCl$_5$ 掺杂样品。这种现象可能与能量势垒过滤效应有关，这是由低能电子通过纳米沉淀物和纳米晶界散射造成的。此外，由于氯化物掺杂使费米能级进入导带，m^* 的增加同样导致塞贝克系数的增加。m^* 利用单一抛物带模型（SPB）近似计算[4, 8]

$$n = 4\pi \left(\frac{2m^* k_B T}{h} \right)^{\frac{3}{2}} \frac{F_{1/2}(\eta)}{R_H} \tag{5.11}$$

$$S = \pm \frac{k_B}{e} \left(\frac{\left(r + \dfrac{5}{2} \right) F_{r+3/2}(\eta)}{\left(r + \dfrac{3}{2} \right) F_{r+1/2}(\eta)} - \eta \right) \tag{5.12}$$

$$F_n(\eta) = \int_0^\infty \frac{\chi^n}{1 - \exp(\chi - \eta)} d\chi \qquad (5.13)$$

其中，η 为简化的费米能量，$F_n(\eta)$ 为 n 阶费米积分，e 为电子电荷，χ 为约化载流子能量，r 是与散射机制有关的参数。根据 SPB 模型画出表示载流子浓度与塞贝克系数绝对值关系的 Pisarenko 曲线图，并将计算得到的 m^* 标注，如图 5.9（d）所示。$PbCl_2$、$SmCl_3$、$SnCl_4$ 和 $NbCl_5$ 掺杂样品的 m^* 分别为 0.88 m_0、1.01 m_0、0.58 m_0 和 0.02 m_0，m_0 为自由电子有效质量。

根据测量的电导率和塞贝克系数计算得出的功率因子随温度变化关系图如图 5.10（a）所示。与原始 Bi_2S_3 样品相比，所有掺杂样品的功率因子在整个测试温度范围内都得到了增强。在 673 K 时，$SmCl_3$ 和 $SnCl_4$ 掺杂样品取得了最大的功率因子，约 417 $\mu W \cdot cm^{-1} \cdot K^{-2}$，几乎是原始 Bi_2S_3 样品的 5 倍。并且通过积分计算可以得到所有样品的平均功率因子，如图 5.10（b）所示。图 5.10（c）显示了不同载流子浓度下不同价态阳离子氯化物掺杂样品的理论功率因子曲线。观察

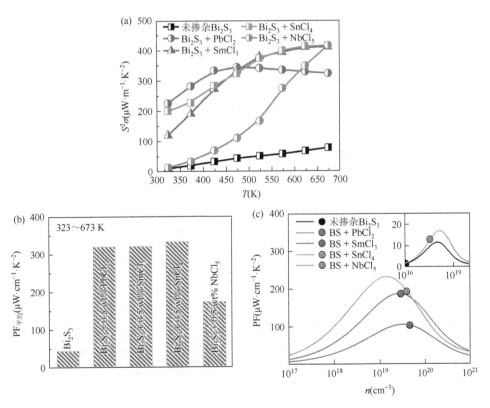

图 5.10　掺杂 0.5 wt%不同价态阳离子氯化物的 Bi_2S_3 样品的（a）功率因子；（b）323～673 K 之间的平均功率因子；（c）室温下载流子浓度与功率因子关系图

发现，$PbCl_2$、$SmCl_3$、$SnCl_4$ 掺杂样品中，m^* 小的样品的理论功率因子峰值更大，这与之前报道过的研究结果相符[9, 10]。

5.2.4 不同价态阳离子氯化物掺杂硫化铋块体的热输运性能

原始 Bi_2S_3 样品与不同价态阳离子氯化物掺杂样品的总热导率随温度变化的关系图如图 5.11（a）所示。总热导率由热扩散系数 D，热容 C_p 和密度 ρ 计算，$\kappa = D\rho C_p$。与原始 Bi_2S_3 样品相比，除 $PbCl_2$ 掺杂样品以外，其余三个掺杂样品的总热导率都有所提高。总热导率由电子热导率和晶格热导率两部分组成，采用 Wiedemann-Franz 定律可以计算得到电子热导率，其表达式为 $\kappa_e = L\sigma T$。这里 L 为洛伦兹常数，在单一抛物带模型和声子散射条件下，洛伦兹常数取决于塞贝克系数的绝对值[11]，表达式为 $L = 1.5 + \exp\left[-\dfrac{|S|}{116}\right]$。计算得到的原始 Bi_2S_3 样品和不

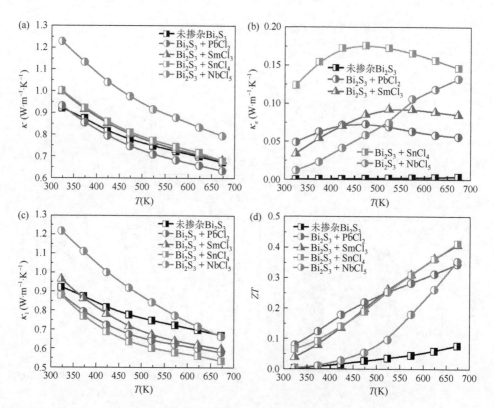

图 5.11　掺杂 0.5 wt%不同价态阳离子氯化物的 Bi_2S_3 样品随温度变化的热输运性能：（a）总热导率；（b）电子热导率；（c）晶格热导率；（d）ZT 值

同价态阳离子氯化物掺杂样品的电子热导率如图 5.11（b）所示。所有样品的电子
热导率对总热导率的贡献较小，表明声子传热为主要传热机制。由电子热导率的
计算公式可知，电子热导率与电导率成正比关系，所以图 5.11（b）中的电子热
导率与对应样品的电导率变化趋势一致。根据晶格热导率，电子热导率和总热
导率的关系式 $\kappa_1 = \kappa - \kappa_e$ 可以求出各个样品的晶格热导率与温度变化的关系图，
如图 5.11（c）所示。除 NbCl$_5$ 掺杂样品的晶格热导率明显高于原始 Bi$_2$S$_3$ 样品以
外，其余掺杂样品的晶格热导率相较原始 Bi$_2$S$_3$ 均有下降。结合图 5.8 可知，对
Bi$_2$S$_3$ 进行 PbCl$_2$，SmCl$_3$，SnCl$_4$ 掺杂后，Bi$_2$S$_3$ 样品基体中出现了大量纳米级别
的气孔，并且掺杂引起的晶格畸变产生了多种尺寸的晶粒。这些都将增强声子
散射，进而降低晶格热导率。同时，晶格热导率降低的趋势也与对应样品利用
阿基米德排水法测出的密度变化趋势一致。密度最低的 SnCl$_4$ 掺杂样品晶格热导
率也最低，从室温下的 0.88 W·m^{-1}·K^{-1} 降低至 673 K 时的 0.53 W·m^{-1}·K^{-1}。而
NbCl$_5$ 掺杂样品的晶格热导率则是由于掺杂后致密度（相对密度）升高，有效掺
杂浓度低，缺乏声子散射中心造成的。

　　结合测量的电子输运性能和总热导率，原始 Bi$_2$S$_3$ 样品和掺杂不同价态阳离子
氯化物的 Bi$_2$S$_3$ 样品的热电优值 ZT 随温度的变化关系如图 5.11（d）所示。由于
在高温段相近的功率因子峰值以及总热导率，SmCl$_3$ 掺杂样品和 SnCl$_4$ 掺杂样品的
最大 ZT 值也十分相近，约为 0.41。

5.3　XCl$_4$（X = Sn，Zr，Hf）掺杂增强硫化铋热电性能

5.3.1　XCl$_4$（X = Sn，Zr，Hf）掺杂硫化铋块体的相结构

　　图 5.12（a）显示了在 2θ 范围为 20°～70°内掺杂 0.5 wt% XCl$_4$（X = Sn，Zr，
Hf）的 Bi$_2$S$_3$ 块体样品的 XRD 谱图。根据标准卡片 PDF#17-0320，所有样品的主
相都可以被检索为正交结构的 Bi$_2$S$_3$（空间群，Pmcn），没有观察到杂相相。如
图 5.12（b）所有样品 24°～25°衍射峰局部放大图所示，原始 Bi$_2$S$_3$ 样品的（1 3 0）
衍射峰相比标准卡片对应衍射峰向低角度偏移，表明存在晶格的膨胀，只是由于
SPS 过程中存在部分 S 元素挥发导致的。而所有掺杂样品的（1 3 0）衍射峰对应
的 2θ 角度都比原始 Bi$_2$S$_3$ 样品的高，这与三种掺杂剂阳离子的离子半径和氯的离
子半径有关。查表可知，三种掺杂剂的离子半径大小关系为 S^{2-}（184 pm）>Cl$^-$
（181 pm）>Bi^{3+}（108 pm）>Zr^{4+}（80 pm）>Hf^{4+}（79 pm）>Sn^{4+}（71 pm）。由
上文可知 Cl 取代 S 形成 Cl$_S^\bullet$ 的缺陷形成能为负值，该取代反应可以自发进行，所
以 Cl 取代 S 位后将引起晶格收缩，同时掺杂剂阳离子位的离子半径也都小于 Bi^{3+}，

所以发生对位取代后也将造成晶格收缩。因为 Cl⁻和 S²⁻的离子半径十分接近，所以掺杂样品（130）衍射峰出现高角度偏移主要由阳离子对位取代 Bi³⁺决定。

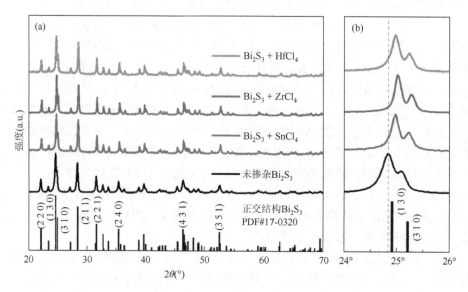

图 5.12　（a）Bi_2S_3 + 0.5 wt% XCl_4（X = Sn，Zr，Hf）样品的 XRD 图谱；
（b）24°～26°衍射峰局部放大图

5.3.2　XCl_4（X = Sn，Zr，Hf）掺杂硫化铋块体的微观结构

图 5.13 显示了四个样品的断口表面形貌的 FESEM 观察结果。如图所示，原始 Bi_2S_3 样品观察到密集的长条状晶粒层层排布的形态，晶粒大小约为 200～300 nm。随着掺杂剂 $ReCl_4$ 的加入，晶粒发生了明显的长大。0.5 wt% $SnCl_4$ 掺杂样品观察到晶粒畸变成颗粒形态，晶粒与晶粒之间较大的孔洞可能是因为处理断口样品时整个晶粒脱落留下的。0.5 wt% $ZrCl_4$ 掺杂样品可以观察到在不规则块状晶粒中存在分层的条纹，并且在多个晶粒之间的界面上存在大量的凹陷坑，坑中

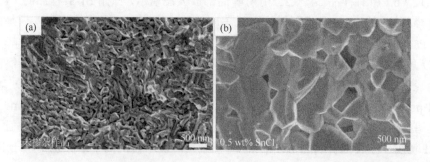

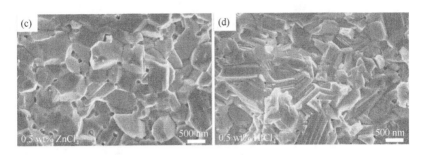

图 5.13　Bi_2S_3 + 0.5 wt% XCl_4（X = Sn，Zr，Hf）样品的断口扫描电镜图：（a）原始 Bi_2S_3；（b）$SnCl_4$ 掺杂样品；（c）$ZrCl_4$ 掺杂样品；（d）$HfCl_4$ 掺杂样品

心夹杂着 50 nm 大小的纳米相颗粒，因此判断 0.5 wt% 已经超出了 $ZrCl_4$ 在 Bi_2S_3 中的固溶极限。引入 $HfCl_4$ 后，Bi_2S_3 的晶粒尺寸明显增大，并且片层状结构增多。总体而言，加入掺杂剂引起的离子取代使得 Bi_2S_3 的晶格发生一定程度的畸变，同时引入了诸如纳米相、气孔等声子散射中心，这将对 Bi_2S_3 材料晶格热导率的降低起到积极作用。

5.3.3　XCl_4（X = Sn，Zr，Hf）掺杂硫化铋块体的电输运性能

图 5.14 显示了在 323~673 K 温度范围内，XCl_4 掺杂 Bi_2S_3 样品的电输运性能随温度变化关系图和载流子浓度与电输运性能的关系图。由图 5.14（a）可以看出，在低温区时，$SnCl_4$ 和 $HfCl_4$ 掺杂样品的电导率分别提升到了 200 S·cm^{-1} 和 175 S·cm^{-1}，随后随着温度的升高而逐渐下降，表现出重简并半导体导电特性，最终在 673 K 时分别降低至 126 S·cm^{-1} 和 75 S·cm^{-1}。这是由于 $SnCl_4$ 和 $HfCl_4$ 掺杂后 Bi_2S_3 材料的电子浓度急剧升高引起的。$ZrCl_4$ 掺杂样品的电导率在 323 K 时仅提升至 45 S·cm^{-1}，随着温度的上升该样品的电导率不断升高，最终在 523 K 时达到最大值，为 170 S·cm^{-1}。结合图 5.14（b）掺杂样品的载流子浓度和迁移率测量结果可知，这归因于 $ZrCl_4$ 掺杂后，电子迁移率大幅度下降，表现为低温时电导率较低。但温度升高引起的热激活提高了电子迁移率，表现为电导率随温度升高而逐渐增大。

室温下的霍尔测试结果如图 5.14（b），引入 XCl_4（X = Sn，Zr，Hf）掺杂剂后，硫化铋的电子浓度显著提升至 10^{19} cm^{-3}，这是由于 Cl 取代 S 位以及 Re 取代 Bi 后，引入大量的额外电子，相关的缺陷方程式如下

$$x\text{ReCl}_4 \xrightarrow{\text{Bi}_2\text{S}_3} x\text{Re}_{\text{Bi}}^{\cdot} + 4x\text{Cl}_{\text{S}}^{\cdot} + 2\text{Bi}_{\text{Bi}} + 3\text{S}_{\text{S}} + 5xe' \tag{5.14}$$

由上式可知，每有一个单位 XCl_4 成功进入 Bi_2S_3 主晶格取代对应位点，都将引入 5 个单位的额外电子。结合图 5.13 材料断口表面形貌分析，$SnCl_4$ 掺杂样品

的晶粒尺寸增大，晶界密度降低，减弱了晶界对载流子输运过程中的散射，使得该样品的载流子迁移率略有增加。

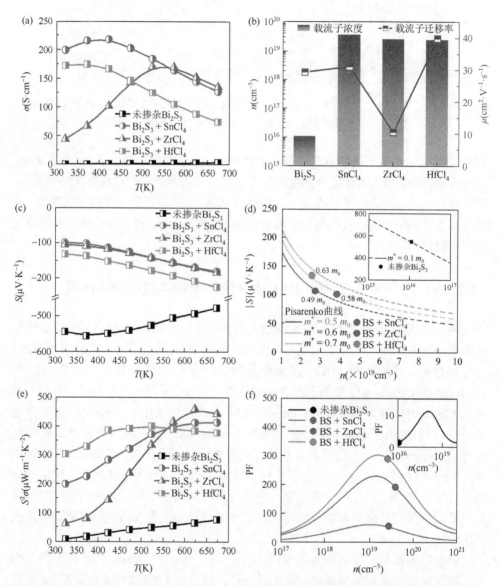

图 5.14　$Bi_2S_3 + 0.5\ wt\%\ XCl_4$（$X = Sn$，$Zr$，$Hf$）样品随温度变化的电输运性能：（a）电导率；（b）室温下载流子浓度和迁移率；（c）塞贝克系数；（d）计算掺杂样品的 Pisarenko 曲线；（e）功率因子；（f）室温下载流子浓度与功率因子的关系

由于 $ZrCl_4$ 掺杂样品的掺杂浓度已经超出了固溶极限，在 Bi_2S_3 晶粒之间析出

了大量纳米第二相并留下凹陷坑，增加了大量纳米第二相-晶粒界面，造成了载流子迁移率的恶化。而引入 HfCl₄ 后，晶粒长大成片层状堆叠在一起，提高了织构度，这种形态有利于载流子的输运，所以该掺杂样品的载流子浓度及载流子迁移率均有明显的提升。为了定量地表明载流子迁移率升高的原因，引入形变势系数的计算，形变势系数 E_{def} 的计算公式如下[12, 13]

$$\mu = \mu_0 \frac{\left(2r + \dfrac{3}{2}\right) F_{2r+\frac{1}{2}}(\eta)}{\left(r + \dfrac{3}{2}\right)^2 F_{r+\frac{1}{2}}(\eta)} \tag{5.15}$$

$$\mu_0 = \frac{e\pi h^4 C_1}{\sqrt{2}\,(k_{\text{B}}T)^{\frac{3}{2}} E_{\text{def}}^2 (m^*)^{\frac{5}{2}}} \tag{5.16}$$

$$C_1 = \rho V_1^2 \tag{5.17}$$

$$F_n(\eta) = \int_0^\infty \frac{\chi^n}{1 + \exp(\chi - \eta)} d\chi \tag{5.18}$$

其中，k_{B} 是玻尔兹曼常数，e 是电子电荷，r 是散射因子（声学声子散射情况时，$r = -0.5$），η 是约化费米能级，m^* 是有效质量，h 是约化普朗克常数，E_{def} 是形变势系数，C_1 是弹性常数，V_1 是纵波声速，ρ 是密度，χ 是约化载流子能量。计算结果如表 5.1 所示，0.5 wt% HfCl₄ 掺杂样品的形变势系数最低，约为 9.2 eV，这是载流子迁移率高的主要原因。

表 5.1　室温下电输运参数

样品	形变势系数（eV）	载流子浓度（×10¹⁹ cm⁻³）	载流子迁移率（cm²·V⁻¹·s⁻¹）	有效质量（m_0）
BS + ZrCl₄	23.3	2.73	10.68	0.49
BS + SnCl₄	10.3	3.82	31.3	0.58
BS + HfCl₄	9.2	2.56	40.1	0.63

所有样品的塞贝克系数随温度变化关系图如图 5.14（c）所示。所有样品的塞贝克系数均为负值，表明所有样品均为 n 型半导体，电子为主要载流子。原始 Bi₂S₃ 样品的室温塞贝克系数为 546 μV·K⁻¹，随着温度的上升，塞贝克系数绝对值先增加后减小，出现一个了峰值，这可能与双极扩散效应有关，这导致了高温下塞贝克系数绝对值的下降。XCl₄ 掺杂使 Bi₂S₃ 材料的温度依赖性由原始样品中的非简并行为转变为高度掺杂样品中的近似简并线性行为。影响塞贝克系数值的参数可由下式表达

$$S = \frac{8\pi^2 k_{\mathrm{B}}^2}{3eh^2} m^* T \left(\frac{\pi}{3n}\right)^{\frac{2}{3}}$$ (5.19)

由上式可知，塞贝克系数与载流子浓度成负相关关系，与有效质量 m^* 成正相关关系。由于电子浓度激增，掺杂样品的室温塞贝克系数降低至 $100\sim150~\mu\mathrm{V}\cdot\mathrm{K}^{-1}$。有效质量 m^* 利用单一抛物带模型（SPB）近似计算[12, 14]。

根据 SPB 模型画出表示载流子浓度与塞贝克系数绝对值关系的 Pisarenko 曲线图，并将计算得到的有效质量 m^* 标注，如图 5.14（d）所示。引入 $\mathrm{XCl_4}$（X = Sn，Zr，Hf）后，$\mathrm{Bi_2S_3}$ 材料的电子有效质量有明显的增大。$\mathrm{SnCl_4}$，$\mathrm{ZrCl_4}$ 和 $\mathrm{HfCl_4}$ 掺杂样品的室温电子有效质量分别为 $0.58~m_0$、$0.49~m_0$、$0.63~m_0$。所以 $0.5~\mathrm{wt\%}~\mathrm{HfCl_4}$ 掺杂样品仍然保持较高的塞贝克系数绝对值，室温下为 $133~\mu\mathrm{V}\cdot\mathrm{K}^{-1}$，升温至 $673~\mathrm{K}$ 时塞贝克系数增长至 $225~\mu\mathrm{V}\cdot\mathrm{K}^{-1}$。

根据测量的电导率和塞贝克系数计算得到的功率因子如图 5.14（e）所示。$\mathrm{XCl_4}$（X = Sn，Zr，Hf）掺杂后，由于电导率显著提升，功率因子也获得了较大的提升。$0.5~\mathrm{wt\%}~\mathrm{ZrCl_4}$ 掺杂样品在 $623~\mathrm{K}$ 时取得最高功率因子为 $462~\mu\mathrm{W}\cdot\mathrm{m}^{-1}\cdot\mathrm{K}^{-2}$。利用 SPB 模型计算了不同载流子浓度下三种掺杂样品的理论功率因子曲线，如图 5.14（f）所示。三种掺杂样品最优载流子浓度对应的最高理论功率因子随着掺杂样品的有效质量 m^* 的降低而降低。一般来说，有效质量越小，理论功率因子的最高值应该越高。然而，本研究中的理论功率因子峰值与对应掺杂样品的有效质量 m^* 成正相关关系。这是由于 E_{def} 形变势系数的增大造成的[12]。

由于 $\mathrm{XCl_4}$（X = Sn，Zr，Hf）这几种 n 型掺杂剂的引入，$\mathrm{Bi_2S_3}$ 材料在 $323\sim673~\mathrm{K}$ 之间的平均功率因子成倍增加。如图 5.15 所示，$\mathrm{ZrCl_4}$ 掺杂样品的平均功率因子提升至 $276~\mu\mathrm{W}\cdot\mathrm{m}^{-1}\cdot\mathrm{K}^{-2}$，而 $\mathrm{SnCl_4}$ 和 $\mathrm{HfCl_4}$ 掺杂样品均超过 $300~\mu\mathrm{W}\cdot\mathrm{m}^{-1}\cdot\mathrm{K}^{-2}$。

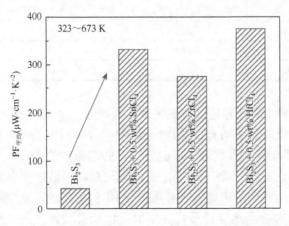

图 5.15　$\mathrm{Bi_2S_3} + 0.5~\mathrm{wt\%}~\mathrm{XCl_4}$（X = Sn，Zr，Hf）$323\sim673~\mathrm{K}$ 之间的平均功率因子

结合上文所述，协同优化的载流子浓度、有效质量和载流子迁移率大大提高了 Bi_2S_3 的电输运性能，$HfCl_4$ 掺杂样品的平均功率因子最高，为 377 $\mu W \cdot m^{-1} \cdot K^{-2}$，与原始 Bi_2S_3 样品（平均功率因子约 43 $\mu W \cdot m^{-1} \cdot K^{-2}$）相比，提高了近 780%。

0.5 wt% $HfCl_4$ 掺杂样品的理论功率因子更高，并且当前电子浓度并未达到最优载流子浓度，所以后面将通过调整 $SnCl_4$ 的掺杂浓度来进一步优化 Bi_2S_3 基热电材料的电输运性能。

5.3.4　XCl_4（X = Sn，Zr，Hf）掺杂硫化铋块体的热输运性能

图 5.16（a）显示了原始 Bi_2S_3 样品和掺杂 0.5 wt%XCl_4（X = Sn，Zr，Hf）的 Bi_2S_3 样品的热扩散系数随温度的变化关系图。由该图可知，在整个测量范围内，热扩散系数随温度的升高而降低。在较低温度下（T＜500 K），所有掺杂样品的热扩散系数均高于原始 Bi_2S_3 样品，这对降低材料的热导率是不利的。当温度上升至 500 K 以后，$HfCl_4$ 掺杂样品的热扩散系数低于原始 Bi_2S_3 样品。根据阿基米德排水法测得所有样品的实际密度与相对密度，如图 5.16（b）所示。所有掺杂样品的实际密度均低于原始 Bi_2S_3 样品，这是由于掺杂剂进入主晶格引起的晶格畸变及孔洞所致。样品的热导率由热扩散系数 D、样品密度 ρ 和热容 C_p 相乘计算得到，$\kappa = D\rho C_p$，所有样品的总热导率随温度变化的关系如图 5.16（c）所示。所有样品的热导率与温度呈现负相关关系，与热扩散系数表现出相似的变化趋势。$ZrCl_4$ 掺杂样品从 323 K 时的 1.12 $W \cdot m^{-1} \cdot K^{-1}$ 到 673 K 时的 0.75 $W \cdot m^{-1} \cdot K^{-1}$ 均保持了所有样品中最大的热导率，表明 $ZrCl_4$ 掺杂不利于优化 Bi_2S_3 材料的热导率。

对于 Bi_2S_3 体系，该材料的热导率由电子热导率和晶格热导率两部分组成，即 $\kappa = \kappa_e + \kappa_l$。使用 Wiedemann—Franz 定律获得电子热导率 κ_e，其表达式为 $\kappa_e = L\sigma T$。其中 L 为洛伦兹常数，由单一抛物线带模型将相应的塞贝克系数数值与降低的化学式的估计值拟合来获得。

如图 5.16（d）所示，由于高浓度的施主掺杂大幅度提高了电导率，从而使得电子热导率大幅度提升，并与电导率表现出相似的变化趋势。为研究掺杂对晶格热导率的影响，通过从总热导率减去电子热导率得到晶格热导率随温度变化的关系，如图 5.16（e）所示。$ZrCl_4$ 掺杂样品的晶格热导率在低温下（T＜500 K）仍然高于原始 Bi_2S_3 样品，$SnCl_4$ 和 $HfCl_4$ 掺杂样品的晶格热导率在整个测试温度范围内均低于原始 Bi_2S_3 样品，表明以上两种掺杂剂对降低 Bi_2S_3 的热导率起到积极作用。$SnCl_4$ 掺杂样品在 673 K 下获得最低晶格热导率约 0.53 $W \cdot m^{-1} \cdot K^{-1}$，但是由于引入掺杂剂减少的晶格热导率不足以抵消增加的电子热导率，从而变现为掺杂后样品的总热导率升高。

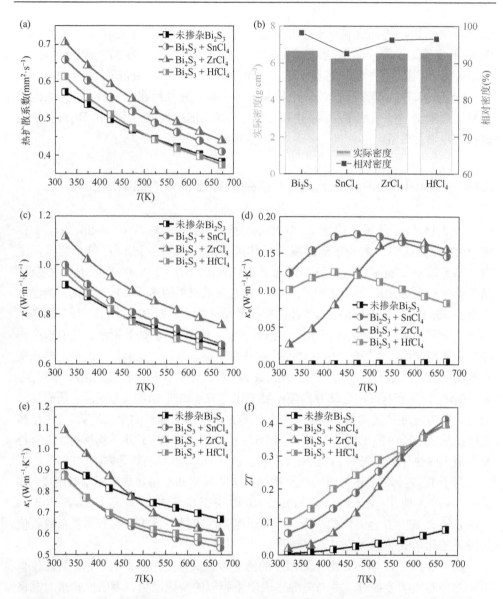

图 5.16　Bi$_2$S$_3$ + 0.5 wt% XCl$_4$（X = Sn，Zr，Hf）样品随温度变化的热输运性能：（a）热扩散
系数；（b）实际密度与相对密度；（c）总热导率；（d）电子热导率；（e）晶格热导率；
（f）ZT 值

　　无量纲品质因数 ZT 作为测试温度的函数关系如图 5.16（f）所示。所有 Bi$_2$S$_3$
样品的 ZT 值都是随着温度的升高而增加的，结合显著增强的功率因子和在高温
下较低的热导率，三种掺杂剂在 673 K 时均达到了较高的 ZT 值约 0.4，几乎是原
始 Bi$_2$S$_3$（673 K 时为 0.07）的 6 倍。图 5.17 所示为所有样品在 323～673 K 的平

均 ZT 值。如图所示，引入三种氯化物掺杂剂后，ZT 值在整个测量温度区间均得到了较大的提升，其中 0.5 wt% HfCl$_4$ 掺杂样品的平均 ZT 最高，为 0.26。同时，平均 ZT 与平均功率因子表现出相似的情况，即在热导率相差不大的情况下，功率因子对 ZT 值提高的贡献更重要。结合图 5.14（f）可知，0.5 wt% HfCl$_4$ 掺杂样品的实验功率因子距达到最高理论功率因子仍有优化空间。最简单的可以通过调整 HfCl$_4$ 掺杂浓度来调整载流子浓度进而进一步提高功率因子。

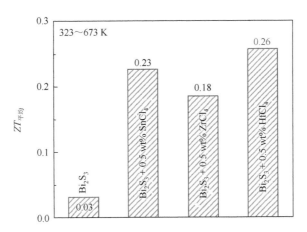

图 5.17　Bi$_2$S$_3$ + 0.5 wt%XCl$_4$（X = Sn，Zr，Hf）样品 323～673 K 之间的平均 ZT 值

5.3.5　不同浓度 HfCl$_4$ 掺杂硫化铋块体的相结构

图 5.18（a）显示了掺杂不同 x wt%HfCl$_4$（x = 0，0.25，0.5，0.75，1.0）Bi$_2$S$_3$ 块体的 XRD 图谱。结果表明，所有衍射图谱均对应于斜方晶系 Bi$_2$S$_3$，表明所有样品的主相均为 Bi$_2$S$_3$，所有样品的主要衍射峰强度没有明显差异，并未表现出择优取向，且没有观察到明显的第二相的衍射峰。衍射角度 24°～26°范围内衍射峰的放大图如图 5.18（b）所示，随着掺杂浓度的增加，（1 3 0）衍射峰逐渐向高角度偏移，这是由于 Hf^{4+} 的离子半径为 79 pm，远小于 Bi^{3+} 的离子半径 108 pm，Hf^{4+} 取代 Bi^{3+} 后，晶胞发生收缩表现为衍射峰向高角度偏移。随后使用 Jade（XRD 分析软件）计算所有样品的晶格参数，结果如图 5.18（c）所示，随着掺杂浓度的提高，a，b，c 轴的晶格长度均简短，这与主要衍射峰的变化一致。

5.3.6　不同浓度 HfCl$_4$ 掺杂硫化铋块体的微观结构

所有 SPS 烧结得到的块体样品的断口表面的 SEM 形貌如图 5.19（a）～（e）所示。原始 Bi$_2$S$_3$ 样品的晶粒尺寸在 300 nm 左右，没有明显的择优取向。在 HfCl$_4$

引入后，晶粒尺寸发生明显的增大，并生长为明显的片层状结构。随着掺杂浓度的增加，纳米尺度的气孔的含量明显增加，这将导致材料密度的降低。通过阿基米德排水法测得的所有样品的密度分别为 $6.65\ \mathrm{g\cdot cm^{-3}}$，$6.58\ \mathrm{g\cdot cm^{-3}}$，$6.57\ \mathrm{g\cdot cm^{-3}}$，$6.52\ \mathrm{g\cdot cm^{-3}}$，$6.50\ \mathrm{g\cdot cm^{-3}}$，并计算了相对密度值，结果如图 5.19（f）所示。这与扫描电镜结果一致。根据烧结理论，随着更多掺杂剂溶解在 Bi_2S_3 中，会产生更多的晶格缺陷，促进原子扩散，导致晶粒长大。

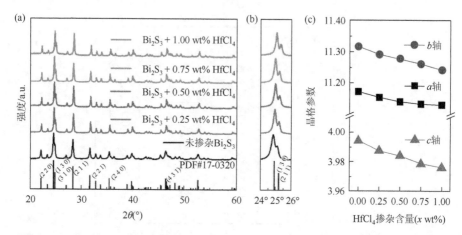

图 5.18　（a）$Bi_2S_3 + x\ \mathrm{wt\%}\ HfCl_4$（$x = 0$，0.25，0.5，0.75，1.0）样品的 XRD 图谱；
（b）24°～26°局部放大；（c）晶格参数

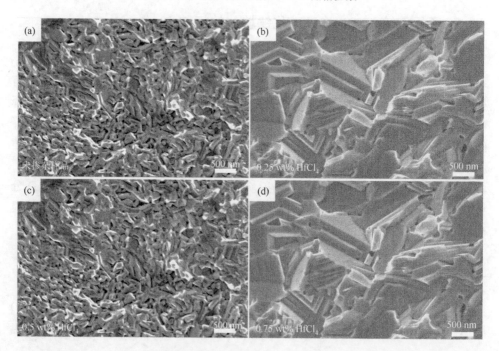

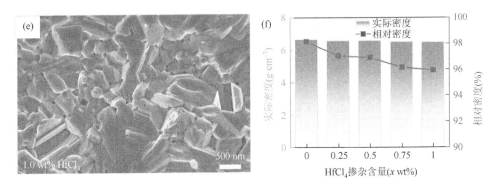

图 5.19　（a～e）$Bi_2S_3 + x$ wt% $HfCl_4$（$x = 0$, 0.25, 0.5, 0.75, 1.0）样品的断口表面扫描结果；（f）所有样品的实际密度和相对密度

图 5.20 显示了 0.75 wt%$HfCl_4$ 掺杂 Bi_2S_3 样品的 TEM 图像。观察图 5.20（a）发现存在衬度与周围基体存在明显差异的区域，并且在整个基体内均匀分布着圆形暗斑，该暗斑为离子减薄时造成的样品损伤产生了质厚衬度导致的。对基体进行 HRTEM 分析，如图 5.20（b）所示，0.35 nm 的晶面间距对应于 Bi_2S_3 的（3 1 0）晶面。且暗斑处与基体的晶格条纹一致，具有相同的晶体结构。对整个区域进行 EDS 面扫分析，发现 Bi，S，Cl 元素在整个区域均弥散分布，而 Hf 元素存在明显的富集区域。这些 Hf 富集区与周围基体之间的组成元素存在明显差异，引起质量波动，显著增强载热声子的散射，对热导率起到一定的优化作用。

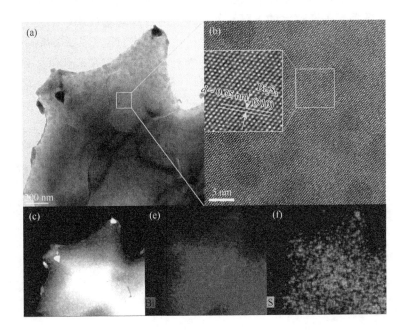

图 5.20　Bi$_2$S$_3$ + 0.75 wt% HfCl$_4$样品的 TEM 图像：（a）低分辨率透射形貌图；
（b）基体的 HRTEM 图像；（c～h）EDS 面扫结果

5.3.7　不同浓度 HfCl$_4$掺杂硫化铋块体的电输运性能

　　图 5.21 显示了 Bi$_2$S$_3$掺杂 x wt% HfCl$_4$（x = 0，0.25，0.5，0.75，1.0）块体样品的电输运特性。在图 5.21（a）中，对于 x = 0 的样品，电导率随着温度的升高而增加，表现出典型的半导体导电特性。在室温下随着掺杂浓度的增加，电导率呈现先上升后下降的趋势。电导率的计算公式为 $\sigma = ne\mu$，由该式可知，电导率与载流子浓度和载流子迁移率成正比。结合图 5.21（b）中室温下所有样品的霍尔特性测量结果可知，室温下电导率先上升后下降是由于电子迁移率不断下降导致的，而迁移率的下降则是由于掺杂原子离化提供电子之后，本身也会成为带电离子，当电子运动接近这些离化杂质时，就会受到库仑力的作用而被散射，同时由于掺杂浓度的增加，电子浓度显著提升，在载流子传输过程中载流子之间的相互散射也将导致载流子迁移率的下降，并且该散射过程随着载流子浓度的不断增加而加强。随着温度的升高，所有掺杂样品的电导率均表现出先升高后下降的变化趋势，这是由于载流子浓度与载流子迁移率对温度的响应存在竞争关系，即在低温时，热激发增加了载流子浓度使得电导率升高，在高温时加剧的晶格热振动增强了载流子散射使载流子迁移率降低并引起电导率的下降。0.75 wt%HfCl$_4$掺杂样品在 423 K 时获得最高的电导率为 253 S·cm^{-1}。

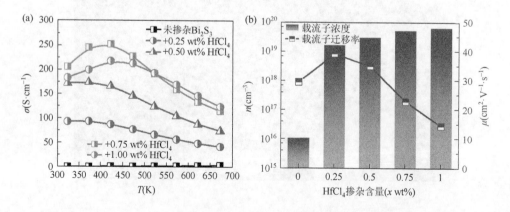

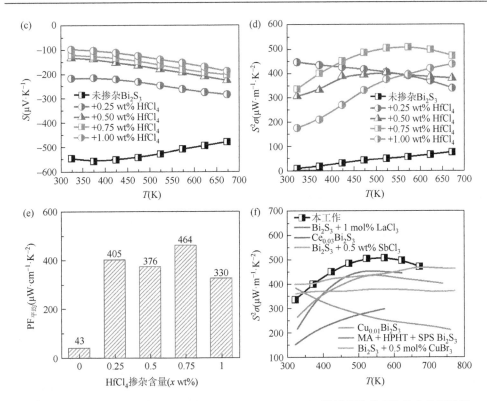

图 5.21　Bi$_2$S$_3$ + x wt% HfCl$_4$（x = 0，0.25，0.5，0.75，1.0）样品随温度变化的电输运性能：
（a）电导率；（b）室温下载流子浓度和迁移率；（c）塞贝克系数；（d）功率因子；
（e）平均功率因子；（f）与其他工作的对比[2, 7, 15-18]

掺杂 x wt% HfCl$_4$（x = 0，0.25，0.5，0.75，1.0）的 Bi$_2$S$_3$ 块体样品的塞贝克系数随温度变化关系如图 5.21（c）所示，整个测量温度范围内塞贝克系数均为负值，表明主要载流子为电子。根据 Mott 表达式[5]

$$S = \frac{\pi^2 k_B^2}{3e} T \left\{ \frac{1}{n} \frac{dn(E)}{dE} + \frac{1}{\mu} \frac{d\mu(E)}{dE} \right\}_{E=E_F} \qquad (5.20)$$

塞贝克系数与载流子浓度 n，载流子迁移率 μ 成负相关关系，与温度 T 成正相关关系，所以通常塞贝克系数的绝对值与电导率成反比，即如图 5.21（c）所示，随着掺杂浓度的增加塞贝克系数的绝对值在不断降低。

由于 0.75 wt% HfCl$_4$ 掺杂样品的电导率和塞贝克系数在整个测量范围内都保持一个较高水平，所以该样品的功率因子相比原始 Bi$_2$S$_3$ 样品也表现出显著的提升，在 573 K 时获得最高功率因子约 510 μW·m^{-1}·K^{-2}。计算了所有样品在 323～673 K 的平均功率因子如图 5.21（e）所示，所有掺杂样品的平均功率因子均得到了极大的提升，其中 0.75 wt% HfCl$_4$ 掺杂样品的平均功率因子最高，达到了 464 μW·m^{-1}·K^{-2}。

同时将该样品的功率因子与已报道的 Bi_2S_3 工作进行比较，如图 5.21（f）所示，可以看出本工作的功率因子在 323～673 K 之间仍属于较高水平。

5.3.8　不同浓度 HfCl₄ 掺杂硫化铋块体的热输运性能

$Bi_2S_3 + x$ wt% $HfCl_4$（$x = 0$，0.25，0.5，0.75，1.0）样品的热输运性能如图 5.22 所示。原始 Bi_2S_3 的总热导率较低，这是由于 Bi_2S_3 具有一种沿 C 轴生长的链状结构，原子间由弱离子键和范德瓦耳斯力键合。引入 $HfCl_4$ 后，随着掺杂浓度增加，总热导率不断增高，掺杂 1.0 wt% $HfCl_4$ 的 Bi_2S_3 样品的总热导率最高，在 323～673 K 的测量温度范围内，相较原始 Bi_2S_3 样品的总热导率提升了 10%。所有掺杂样品的总热导率均随温度的升高而降低，表明主要散射机制为声子散射。通过计算得到所有样品的电子电导率，并将其从总热导率中扣除得到晶格热导率。由图 5.22（c）可以看出掺杂样品由于电导率的显著提升，电子热导率也得到了大大地提高，其中 0.75 wt% $HfCl_4$ 掺杂样品在 423 K 时电子热导率达到了 0.19 W·m⁻¹·K⁻¹，该温度也对应了电导率最大值获取温度。尽管电子热导率相较原始样品提升了 3 个数量级，但晶格热导率仍然在总热导率的组成中占据主导部分，表明热传递主要由声子完成。如图 5.22（d）所示，$HfCl_4$ 掺杂后，Bi_2S_3 块体材料的晶格热导率得到明显降低，0.75 wt% $HfCl_4$ 掺杂样品在 673 K 时达到最低晶格热导率 0.57 W·m⁻¹·K⁻¹。通常在德拜模型下，材料的晶格热导率与声子的弛豫时间紧密关联，弛豫时间 τ 为多种散射机制共同作用的结果，可以表示为

$$\tau^{-1} = \tau_{\mathrm{B}}^{-1} + \tau_{\mathrm{D}}^{-1} + \tau_{\mathrm{S}}^{-1} + \tau_{\mathrm{U}}^{-1} \tag{5.21}$$

其中，τ_{B}、τ_{D}、τ_{S}、τ_{U} 分别为晶界散射、点缺陷散射、第二相散射和 U 过程对应的弛豫时间。以上各项散射机制针对传热声子的散射特性并不相同。例如，晶界散射能够散射低频声子，在低温下占主要作用，但在本组实验中，由于引入 $HfCl_4$ 后，晶粒尺寸变大，晶界密度减少，所以在室温时晶格热导率的降低并不明显。在基体中分布的纳米析出相和气孔及高温时发生的 U 过程散射对中频声子具有强烈的散射作用。掺杂 $HfCl_4$ 发生离子取代产生的点缺陷声子散射中心能够有效散射高频声子，主要作用于中高温区域。在以上多种散射机制的共同作用下，$HfCl_4$ 掺杂后 Bi_2S_3 块体材料的晶格热导率得到显著降低，散射机制示意图如图 5.23 所示。

结合测量的电输运性能和热导率，$Bi_2S_3 + x$ wt% $HfCl_4$（$x = 0$，0.25，0.5，0.75，1.0）样品的 ZT 值随温度的变化关系如图 5.24 所示。随着载流子浓度的增加，Bi_2S_3 块体材料的电导率得到显著提高。同时掺杂后引入的多种声子散射中心能够显著增强传热声子的散射，降低晶格热导率。因此掺杂 0.75 wt% $HfCl_4$ 的 Bi_2S_3 样品在 673 K 时获得最大 ZT 值为 0.47。计算 323～673 K 之间所有样品的平均 ZT 值，结

果如图 5.24（b）所示。0.75 wt% HfCl$_4$ 掺杂样品的平均 ZT 值达到 0.3，是原始 Bi$_2$S$_3$ 样品（平均 ZT 值为 0.03）的 10 倍。

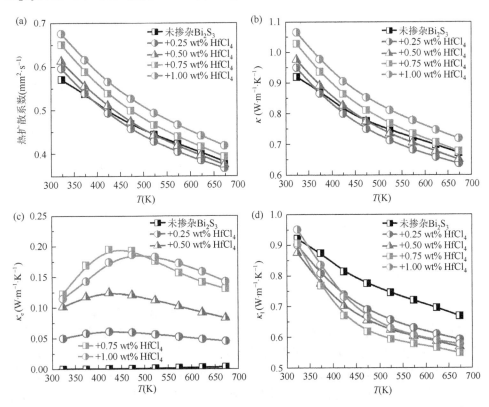

图 5.22　Bi$_2$S$_3$ + x wt% HfCl$_4$（x = 0，0.25，0.5，0.75，1.0）样品随温度变化的热输运性能：（a）热扩散系数；（b）总热导率；（c）电子热导率；（d）晶格热导率

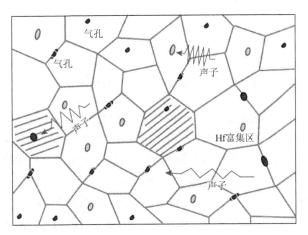

图 5.23　Bi$_2$S$_3$ 掺杂 HfCl$_4$ 样品的缺陷示意图

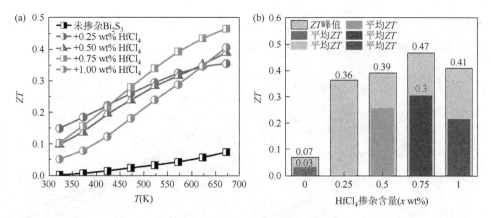

图 5.24　$Bi_2S_3 + x$ wt%$HfCl_4$（$x = 0$，0.25，0.5，0.75，1.0）样品的（a）ZT 值随温度变化关系；
（b）ZT 最大值与平均 ZT

5.4　微/纳米结构复合增强硫化铋热电性能

5.4.1　不同复合比例的硫化铋块体的相结构

　　图 5.25（a）显示了不同混合比例的 Bi_2S_3 复合样品的 XRD 图谱。所有样品都被验证为单相，与正交晶系 Bi_2S_3（PDF#17-0320）标准卡片具有较好的匹配。图 5.25（b）为放大了 24°～26°衍射角度的 XRD 图谱，如图所示，BSHS 0 样品为掺杂了 0.75 wt%$HfCl_4$ 的 Bi_2S_3 样品，由上文可知该样品的主要衍射峰相较原始 Bi_2S_3 样品向高角度偏移是由于离子半径较小的 Cl^- 和 Hf^{4+} 发生了对位取代导致晶格收缩而引起的。而 BSHS 1，BSHS 3 和 BSHS 5 样品的（１３０）衍射峰与 BSHS 0 样品相比并未发生明显的偏移，一方面是由于样品的主要成分仍为 0.75 wt% $HfCl_4$ 掺杂的 Bi_2S_3，另一方面是由于纳米棒经 HCl 处理后也发生了 Cl^- 对 S^{2-} 的取代，所以所有复合样品的主要衍射峰相较原始 Bi_2S_3 样品发生了高角度偏移。

5.4.2　不同复合比例的硫化铋块体的显微结构

　　图 5.26 显示了不同微结构/纳米棒混合比例的经 SPS 烧结后的块体断口形貌扫描电镜结果。如图 5.26（a）所示，BSHS 0 样品的晶粒尺寸约 1 μm，晶粒类层状，这是由于 $HfCl_4$ 掺杂引起的晶格畸变，且层状结构有利于载流子迁移率的提高。经过高能球磨机 30 分钟的研磨，微米级别的晶粒细化成纳米晶，并且层状结构被破坏。硫化铋纳米棒在放电等离子体烧结后棒状形貌得到保留。同时由于纳米棒之间互相堆叠产生了大量的孔隙，并且孔隙数量随着纳米棒比例的增加而增多，这是复合块体致密度下降的主要原因。

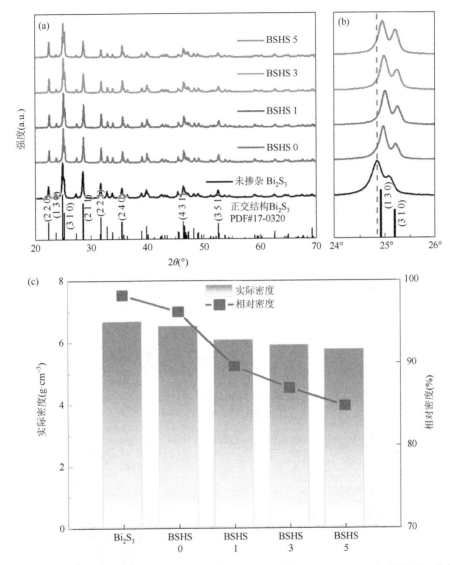

图 5.25　（a）BSHS x（x = 0，1，3，5）样品的 XRD 图谱；（b）24°～26°衍射峰局部放大；
（c）块体样品密度

　　图 5.27 显示了 BSHS 3 样品的 TEM 图像。观察图 5.27（a）为透射电镜下的样品形貌图，图中可以发现在边缘处存在衬度与周围基体存在明显差异的尺寸大约在 70 nm 的区域。插图为红色圆圈位置的电子衍射花样，经过标定可以确定（3 5 2），（5 0 1），（3 0 1）晶面衍射环。对第二相边缘的基体进行 HRTEM 分析，如图 5.27（b）所示，3.57 Å 的晶面间距对应于斜方晶系 Bi_2S_3 的（1 3 0）晶面。且暗斑处与基体的晶格条纹一致，具有相同的晶体结构。而第二相的区域由于厚度原因无法进行高分

辨分析。为了确定其成分，对图 5.27（a）整个区域进行 EDS 分析，如图 5.27（c）～（h）所示。发现 Bi，S，Cl 元素在整个区域均弥散分布，而 Hf 元素同样存在明显的富集区域（红色框），同时还发现了 Bi 和 Cl 元素相同位置的富集（蓝色框）。推测该区域存在纳米尺度的 $BiCl_3$ 和 Hf 单质析出相两种第二相。这些纳米相将显著增强载热声子的散射，对热导率起到一定的优化作用。

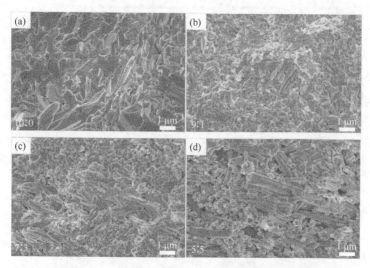

图 5.26　BSHS x（$x=0$，1，3，5）样品的断口表面扫描图像：（a）BSHS 0；（b）BSHS 1；（c）BSHS 3；（d）BSHS 5

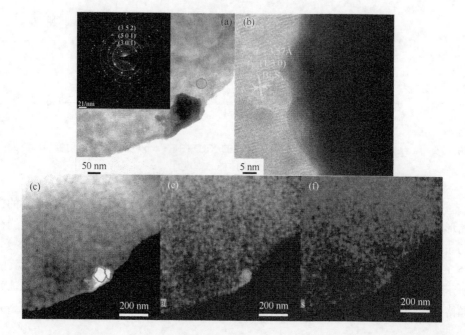

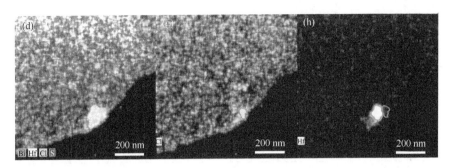

图 5.27　BSHS 3 样品微观形貌表征：（a）低分辨率透射形貌图，插图为圆圈处选区电子衍射；
（b）第二相边缘处 HRTEM 图像；（c）对应图（a）的背散射像；（d）对应图（a）的 EDS 面
扫描图谱；（e）Bi 元素分布；（f）S 元素分布；（g）Cl 元素分布；（h）Hf 元素分布

5.4.3　不同复合比例的硫化铋块体的电输运性能

图 5.28 显示了具有不同纳米棒含量的 Bi_2S_3 块体的电输运性能与温度的变化
关系。如图 5.28（a）所示，所有样品的电导率均表现出随温度升高而先增加后下
降的趋势。在室温及整个测试温度范围内，随着纳米棒复合比例的增加，电导率
出现了大幅度下降。为了研究电导率下降的原因，使用霍尔测量系统测试了所有
样品在室温下的载流子浓度和迁移率。通过电导率的计算公式 $\sigma = ne\mu$ 可知，电
导率与载流子浓度和迁移率呈正相关关系。由图 5.28（b）可知，随着纳米棒复合
比例的增加载流子浓度逐渐降低，但仍保持在 10^{19} cm^{-3}，而载流子迁移率发生了
大幅度下降，这是复合样品电导率下降的主要原因。迁移率的迅速降低归因于复
合纳米棒额外引入了大量的晶粒/纳米棒界面，显著增强了载流子在输运过程中的
散射概率。载流子的散射过程可以是由于晶格振动引起的，也可以是由于离化杂
质引起的。不同的样品在较低温度时电导率不同，这是由于在杂质激发的范围内，
载流子浓度随所含杂质情况不同而不同。在高温区域各个样品的电导率趋于一致，

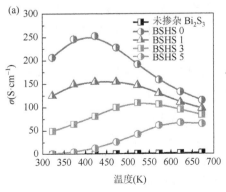

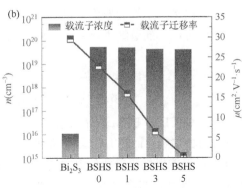

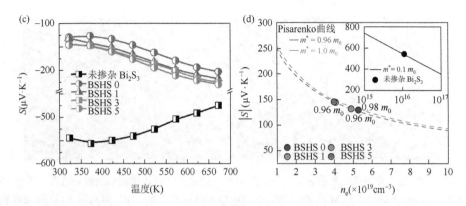

图 5.28　BSHS x（$x = 0$，1，3，5）样品随温度变化的电输运性能：（a）电导率；（b）室温下载流子浓度和迁移率；（c）塞贝克系数；（d）计算掺杂样品 Pisarenko 曲线

表明本征激发已成为主要因素，载流子浓度只取决于材料能带情况，与杂质无关。值得注意的是在中温区域，当温度升高时，电导率开始下降，这是由于在这一范围内，杂质基本上已全部电离，因而载流子浓度不再增大，而晶格散射随温度加强，使得迁移率下降，表现为电导开始下降。

图 5.28（c）所示为所有样品的塞贝克系数随温度的变化关系。如图所示，所有样品的塞贝克系数均为负值，表明所有样品均为 n 型半导体，主导电输运的载流子为电子。HfCl$_4$ 掺杂以及 HCl 处理制备的 Bi$_2$S$_{3-x}$Cl$_x$ 纳米棒使得塞贝克系数的温度依赖性由原始 Bi$_2$S$_3$ 样品中的非简并行为转变为重掺杂样品中的近似简并线性行为。由塞贝克系数的计算公式可知，塞贝克系数与载流子浓度成反比关系，与有效质量呈正比关系。随着纳米棒复合比例的增加，塞贝克系数逐渐增大，结合霍尔测试结果可知，这是由于载流子浓度降低导致的。为了判断有效质量对塞贝克系数上升的贡献，通过 SPB 模型计算了所有样品载流子浓度和塞贝克系数绝对值的关系，并依此画出 Pisarenko 曲线，如图 5.28（d）所示。BSHS 0 样品的有效质量为 0.98 m_0，复合纳米棒后，有效质量降低并保持至 0.96 m_0，并没有随纳米棒复合比例的增加而发生变化。所以塞贝克系数绝对值的增大主要来源于载流子浓度的降低。随着纳米棒复合比例的增加，载流子浓度逐渐降低，涉及以下缺陷方程式

$$x\mathrm{HfCl_4} \xrightarrow{\mathrm{Bi_2S_3}} x\mathrm{Hf_{Bi}^{\bullet}} + 4x\mathrm{Cl_S^{\bullet}} + 2\mathrm{Bi_{Bi}} + 3\mathrm{S_S} + 5xe' \quad (5.22)$$

$$\mathrm{Bi_2S_{3-x}Cl_x} \longrightarrow x\mathrm{Cl_S^{\bullet}} + 2\mathrm{Bi_{Bi}} + 3\mathrm{S_S} + xe' \quad (5.23)$$

掺杂 HfCl$_4$ 的 Bi$_2$S$_3$ 基体由熔融法制备，每有效掺杂一单位的 HfCl$_4$ 将引入 5 单位的自由电子，而经 HCl 处理实现 Cl 掺杂的 Bi$_2$S$_3$ 纳米棒每有效引入一单位的 Cl 离子，仅能提供 1 单位的自由电子，因此两种材料存在载流子浓度的差异。当 Bi$_2$S$_3$ 纳米棒复合的比例增加，相应的载流子浓度将降低。

图 5.29 是所有样品的功率因子与温度的变化关系图。在测试温度范围内，所有样品的功率因子都随着温度的上升而增加。虽然复合样品（BSHS 1，BSHS 3，BSHS 5）的功率因子由于电导率的降低而低于未复合样品（BSHS 0），但 BSHS 1 样品的功率因子在 573 K 仍达到了 510 μW·m^{-1}·K^{-2} 的最高值，这归功于在高温段，所有样品的电导率逐渐趋近，而 BSHS 1 样品的塞贝克系数得到提高。

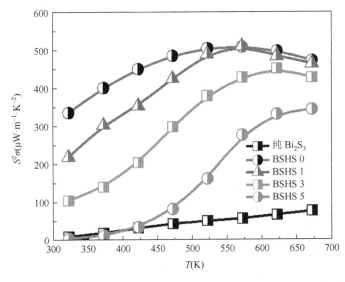

图 5.29　BSHS x（x = 0，1，3，5）样品的功率因子随温度变化关系图

5.4.4　不同复合比例的硫化铋块体的热输运性能

图 5.30 显示了所有样品的热输运特性与温度的变化关系曲线。图 5.30（a）中所有块体的热扩散系数 D 随着温度从 323 K 升高到 673 K 单调下降，其中 BSHS 5 样品的热扩散系数最低，在测量温度范围内从 0.504 mm^2·s^{-1} 降低至 0.325 mm^2·s^{-1}。随着温度的升高，所有块体样品的总热导率呈现出与热扩散系数相同的变化趋势，表明声子散射为主要的散射机制。在 323～673 K 时，原始 Bi$_2$S$_3$ 块体样品的热导率范围为 0.92～0.67 W·m^{-1}·K^{-1}。掺杂 0.75 wt% HfCl$_4$ 的 BSHS 0 样品的热导率略有上升，随着纳米棒的引入，Bi$_2$S$_3$ 块体样品的热导率大幅度下降，BSHS 5 样品得益于较低的密度，在整个测试温度范围内的热导率都是最低值，从 0.7 W·m^{-1}·K^{-1} 降低至 0.45 W·m^{-1}·K^{-1}。图 5.30（c）为所有样品的电子热导率随温度变化关系。由该图可知，所有样品的电子热导率在总热导率中占比不超过 20%，表明热传导主要依靠声子完成。为了分析晶格热导率对总热导率的影响，依据 $\kappa_1 = \kappa - \kappa_e$ 得出所有样品的晶格热导率，如图 5.30（d）所示。可以看到在扣除电

子热导率的贡献后，BSHS 0 样品的晶格热导率大幅度降低，这归因于 HfCl₄ 掺杂引入了大量的点缺陷，第二相增强了对传热声子的散射。引入纳米棒复合后，晶格热导率进一步降低，这是由于水热法制备出来的纳米棒十分蓬松，在 SPS 烧结后棒状结构得到保留，同时纳米棒之间互相堆叠搭建产生的孔隙也得到保留。基体间孔隙对晶格热导率的影响可以通过下面公式进行评估[19, 20]

$$\frac{\kappa_{lat}}{\kappa_{lat,f}} = (1-P)^{\frac{3}{2}} \tag{5.24}$$

其中，$\kappa_{lat,f}$ 代表了理想完全致密块体材料的晶格热导率，P 是孔隙率，由 100% 减去相对密度得到，计算结果如表 5.2 所列。对于 BSHS x（$x=0$，1，3，5）块体样品在 323 K 时的理想致密晶格热导率分别为 1.04 W·m⁻¹·K⁻¹，1.14 W·m⁻¹·K⁻¹，1.13 W·m⁻¹·K⁻¹，1.11 W·m⁻¹·K⁻¹，均高于实验样品的室温晶格热导率，这表明孔隙对降低晶格热导率起到了重要作用。

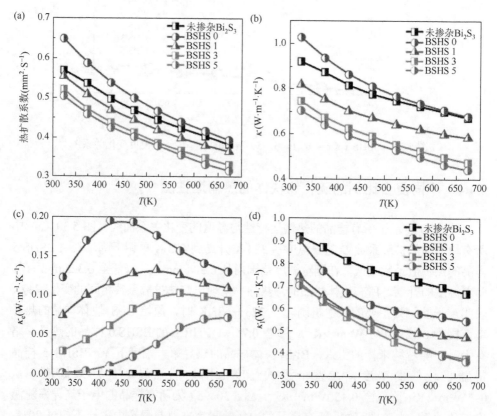

图 5.30　BSHS x（$x=0$，1，3，5）样品随温度变化的热输运性能：（a）热扩散系数；（b）总热导率；（c）电子热导率；（d）晶格热导率

表 5.2　室温下 BSHS x（$x=0$，1，3，5）块体样品的孔隙率，晶格热导率和理想致密晶格热导率

样品	BSHS 0	BSHS 1	BSHS 3	BSHS 5
孔隙率（%）	3.81	10.45	13.08	15.22
晶格热导率（$W\cdot m^{-1}\cdot K^{-1}$）	0.91	0.74	0.72	0.70
理想致密晶格热导率（$W\cdot m^{-1}\cdot K^{-1}$）	1.04	1.14	1.13	1.11

图 5.31 为所有样品的 ZT 值随温度变化的关系图。如图所示，所有样品的 ZT 值均随着温度升高而增大，结合较高的功率因子和较低的热导率，最终 BSHS 3 样品在 673 K 时 ZT 值达到最大值约 0.61，提升到原始 Bi_2S_3 样品（0.07@673 K）的 8 倍多，在 Bi_2S_3 体系中也是一个较高的值。

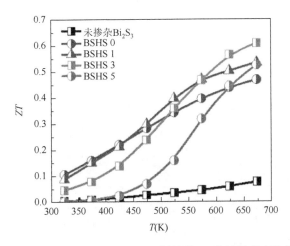

图 5.31　BSHS x（$x=0$，1，3，5）样品的 ZT 值随温度变化关系图

5.5　晶界阻隔层及调制掺杂提示 Bi_2S_3 热电性能

5.5.1　晶界阻隔层及调制掺杂 Bi_2S_3 材料的设计

本次实验中首先进行不同含量的 $CuCl_2$ 掺杂，并研究其热电性能以确定最优的掺杂含量，为后续调制掺杂确定一个最优的掺杂量。水热法则用于还原经球磨法制备好的 Bi_2S_3 粉末颗粒，在 Bi_2S_3 粉末的表面得到一层金属铋阻隔层，阻隔层的厚度可通过调节反应时间来控制。

本工作的目的是，通过结合调制掺杂与微观结构调控的优势来提高 Bi_2S_3

的热电性能。图 5.32 给出的是 Bi$_2$S$_3$ 样品的制备过程与热电性能增强的机理图。一般来说，纯的 Bi$_2$S$_3$ 样品的载流子浓度非常低但其载流子迁移率相对较高，如图 5.32（a）所示，均匀掺杂的样品载流子浓度变高，但引入较多的缺陷导致迁移率下降，如图 5.32（b）。对于调制掺杂的样品，在保证相对掺杂量与均匀掺杂的样品一致的前提下，以一定比例将掺杂的样品与纯的 Bi$_2$S$_3$ 粉末混合，如图 5.32（c），掺杂的 Bi$_2$S$_3$ 晶粒向体系提供大量的载流子,同时纯的样品提供载流子传输的通道。然而，部分掺杂的元素在烧结的过程中会穿过晶界扩散到未掺杂的部分，从而影响其迁移率。所以，通过在晶界表面引入一层金属铋阻隔层来抑制掺杂元素从掺杂部分向未掺杂部分的扩散，来进一步提高载流子迁移率，如图 5.32（d）。为了更方便地对样品进行标记，图 5.32 中的 4 个样品，即纯的 Bi$_2$S$_3$，均匀掺杂 0.5 mol% CuCl$_2$ 的样品，80 wt%掺杂 0.6 mol% CuCl$_2$ 加 20 wt%纯的硫化铋样品的混合样，和 80 wt%掺杂 0.6 mol% CuCl$_2$ 加 20 wt%纯的硫化铋经水热还原在晶界处引入阻隔层样品的混合样，分别将这四个样品记为 BS，BS-1，BS-2 和 BS-3。

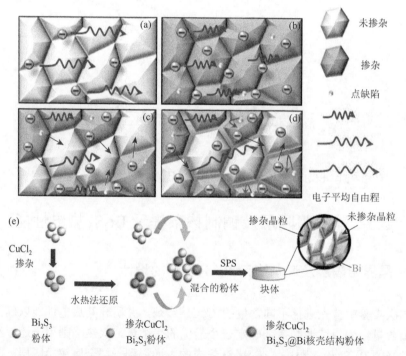

图 5.32　硫化铋样品电子与声子传输的示意图：（a）未掺杂的硫化铋 BS；（b）均匀掺杂的硫化铋 BS-1；（c）调制掺杂的硫化铋 BS-2；（d）调制掺杂与晶界工程修饰的硫化铋 BS-3；（e）制备调制掺杂与晶界工程修饰的硫化铋 BS-3 的过程

5.5.2 CuCl₂ 掺杂 Bi₂S₃ 块体的热电性能

纯的 Bi₂S₃ 材料的电导率很低,通过选取合适的掺杂元素进行掺杂能够有效提升其电输运性能。本次实验选取 CuCl₂ 为 n 型掺杂剂,并研究了掺杂不同含量的 CuCl₂ 对 Bi₂S₃ 热电性能的影响,从而选取最优掺杂量,为后续实验做铺垫。

首先研究 CuCl₂ 掺杂 Bi₂S₃ 块体的相结构。图 5.33 给出的是掺杂不同含量 CuCl₂(x mol%,$x = 0.0$,0.25,0.5,1.0)的 Bi₂S₃ 块体的室温 X 射线衍射谱。所有的衍射峰都与正交结构的 Bi₂S₃ 吻合的很好,在仪器极限检测范围内没有发现明显的第二相析出。Cl 元素对 S 元素的取代将引入更多的自由电子,提高体系载流子浓度来优化其电导率。

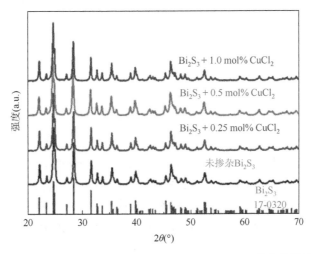

图 5.33 掺杂不同含量 CuCl₂($x$mol%,$x = 0$,0.25,0.5,1.0)的硫化铋的 X 射线衍射谱

5.5.2.1 CuCl₂ 掺杂 Bi₂S₃ 块体的显微结构

掺杂不同含量 CuCl₂($x$mol%,$x = 0.0$,0.25,0.5,1.0)的 Bi₂S₃ 块体的断面形貌如图 5.34 所示。纯的 Bi₂S₃ 的晶粒尺寸在 200~500 nm 之间,掺杂 0.25 mol% CuCl₂ 后晶粒尺寸没有明显的变化。当掺杂量达到 0.5 mol% 后,晶粒尺寸出现了一定程度的减小,平均晶粒尺寸在 300 nm 左右。随掺杂量进一步增加,晶粒尺寸再次减小。晶粒尺寸的减小是因为掺杂产生了少量的第二相,第二相存在于晶界处起到钉扎晶界的作用,从而抑制了晶粒的生长。另外掺杂后可观察到很多纳米孔洞的出现,产生的纳米孔也起到抑制晶粒生长的作用,同时对增强声子散射、降低热导率有很重要的作用。

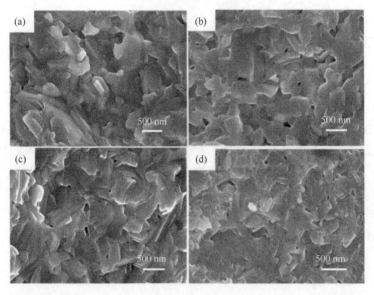

图 5.34　掺杂 $x$mol% CuCl$_2$ 的硫化铋的断面扫描电镜图：（a）$x = 0.0$，（b）$x = 0.25$，
（c）$x = 0.5$，（d）$x = 1.0$

5.5.2.2　CuCl$_2$ 掺杂 Bi$_2$S$_3$ 块体的热电性能

图 5.35（a）给出的是掺杂不同含量的 CuCl$_2$（x mol%，$x = 0.0$，0.25，0.5，1.0）的 Bi$_2$S$_3$ 块体的电导率随温度的变化关系。掺杂后，样品的电导率都随温度的升高而增大，表明了 Bi$_2$S$_3$ 材料典型的导电特性为半导体特性。纯的 Bi$_2$S$_3$ 最大电导率为 5 S·cm^{-1}，低的电导率限制了其在热电材料领域的应用。CuCl$_2$ 掺杂后，样品电导率有了明显提升，并随掺杂量的增加不断提高。当掺杂量为 1.0 mol%时，电导率在 673 K 时达到了最大值 31 S·cm^{-1}。电导率的提升主要集中在高温区，室温电导率的变化并不明显，表明载流子主要来自于温度变化的热激发作用，CuCl$_2$ 掺杂后热激发效果增强，载流子浓度增加，因此高温区电导率显著提升。塞贝克系数与载流子浓度呈反相关，所以电导率提升以后，Bi$_2$S$_3$ 的塞贝克系数绝对值开始有了明显的下降，如图 5.35（b）所示。纯的 Bi$_2$S$_3$ 由于电导率很低，载流子浓度一般在 10^{16} cm^{-3} 左右，所以塞贝克系数的绝对值较大，数值一般在 500 μV·K^{-1} 左右。掺杂后塞贝克系数的绝对值随掺杂量的增加开始下降，在测试温度范围内，塞贝克系数的绝对值降到 200～300 μV·K^{-1} 的范围。对于一些常见的高性能的热电材料，塞贝克系数在 200 μV·K^{-1} 以上，说明 Bi$_2$S$_3$ 的电导率仍有较大的提升空间。通过电导率与塞贝克系数计算得到 Bi$_2$S$_3$ 的功率因子。如图 5.35（c）所示，功率因子一般随着掺杂量的增加而增大，掺杂 0.5 mol%CuCl$_2$ 的硫化铋样品在

673 K 时达到最大功率因子 235 μW·m⁻¹·K⁻²。当 CuCl₂ 掺杂量达到 1.0 mol%时功率因子下降到 220 μW·m⁻¹·K⁻²，功率因子下降主要是因为进一步掺杂后，电导率提高不多的情况下塞贝克系数下降所导致。

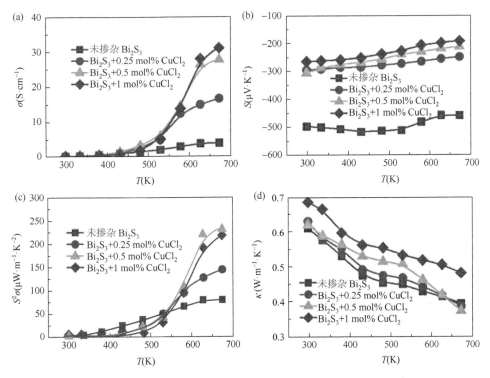

图 5.35　掺杂不同含量 CuCl₂（x mol%，x = 0.0，0.25，0.5，1.0）的硫化铋块体样品的
（a）电导率，（b）塞贝克系数，（c）功率因子，（d）热导率与温度的关系

　　纯的 Bi₂S₃ 及 CuCl₂ 掺杂后 Bi₂S₃ 的热导率的变化如图 5.35（d）所示。所有样品的热导率都在 0.7 W·m⁻¹·K⁻¹ 以下，表明了 Bi₂S₃ 固有的低的热导率，也同时说明了 Bi₂S₃ 的电导率较低，导致电子热导率较低。所有样品的热导率随温度升高逐渐下降，表明声子散射是主要的散射机制。纯的 Bi₂S₃ 的热导率室温时是 0.61 W·m⁻¹·K⁻¹，高温时降到了 0.39 W·m⁻¹·K⁻¹。掺杂后热导率有了一定的升高，但变化差值在 0.1 W·m⁻¹·K⁻¹ 范围内，主要来自于电子热导率的变化。结合电输运性质与热导率的变化，通过计算最终得到硫化铋的热电优值 ZT 与温度的变化关系图。如图 5.36 所示，ZT 值随着温度的升高而增大，纯的 Bi₂S₃ 的 ZT 值在 673 K 时是 0.13，当掺杂量达到 0.5 mol%时 ZT 达到最大值 0.38，进一步掺杂后 ZT 值开始下降。降低的 ZT 是因为功率因子的下降与热导率的上升所导致。在整个测试温度范围内，性能的提升主要集中在高温区，掺杂后室温段性能的变

化甚至还要低于纯样，这主要是因为室温段电导率过低，电输运性能无法得到有效优化。

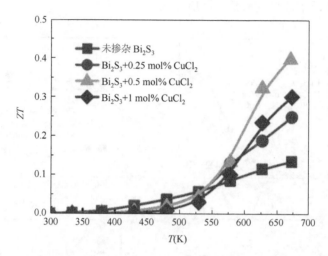

图 5.36　掺杂不同含量 CuCl$_2$（x = 0.0，0.25，0.5，1.0）的硫化铋块体样品的热电优值 ZT 与温度的关系

5.5.3　Bi$_2$S$_3$ 块体引入阻隔层的热电性能

从上一小节的研究结果可以看出，纯的 Bi$_2$S$_3$ 的电导率非常低，尤其是室温电导率，无限接近于 0 S·cm^{-1}。即使掺杂后电导率在高温阶段有了明显的提升，室温部分的电导率仍然保持在一个极低的水平，导致 Bi$_2$S$_3$ 的室温 ZT 值，以及整个测试范围内的平均 ZT 值也同样较低。为了提高 Bi$_2$S$_3$ 在测试温度范围内的热电性能，本小节利用水热法对球磨的 Bi$_2$S$_3$ 粉体进行还原，从而在晶界处引入一层金属 Bi 阻隔层，以此来提升 Bi$_2$S$_3$ 的电输运性质。由于不同反应条件下所得到的阻隔层厚度不同，对 Bi$_2$S$_3$ 热电性能的提升程度也不同，本工作固定反应温度为 180℃，水合肼用量为 10 mL，NaOH 0.2 g，然后研究不同还原时间对 Bi$_2$S$_3$ 热电性能的影响，从而确定要达到最佳阻隔层厚度所需的反应时间。

5.5.3.1　Bi$_2$S$_3$ 块体引入阻隔层的相结构

图 5.37 给出的是纯的 Bi$_2$S$_3$ 与还原不同时间的 Bi$_2$S$_3$ 粉末与 SPS 烧结后块体的 X 射线衍射图谱。所有样品的衍射峰主峰都与正交结构的 Bi$_2$S$_3$（PDF#17-0320）吻合得很好，经还原处理的样品能够检测到金属 Bi（PDF#85-1329）的峰，除了 Bi 峰外，没有其他明显的第二相出现。粉末衍射峰半高宽较大，烧结后半高宽变

窄了，说明晶粒在烧结的过程中长大了。粉末经过还原后，XRD 中已经能够检测到金属 Bi 的峰，峰的强度随着还原时间的增加而增强，说明金属 Bi 层的厚度在增加。烧结后块体样品中仍然可以检测到 Bi 的峰强，说明烧结后晶界处金属 Bi 阻隔层成功保留在了块体 Bi_2S_3 中。

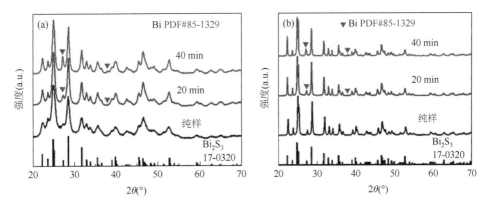

图 5.37　纯的硫化铋和 180℃下还原不同时间（20 min 和 40 min）的硫化铋（a）粉末；
（b）块体的 X 射线衍射谱

5.5.3.2　Bi_2S_3 块体引入阻隔层的微观结构

Bi_2S_3 样品的断面形貌如图 5.38 所示。随着还原时间的增加，Bi_2S_3 块体材料断面中的气孔数量在增加，同时气孔尺寸也在逐渐增大。这是因为烧结的温度是 673 K，而金属 Bi 的熔点是 544.5 K，所以在 SPS 烧结的过程中，晶界处部分金属 Bi 融化后挥发产生了大量的孔隙。由于大量孔隙的产生，起到钉扎晶界的作用，所以晶粒尺寸也在逐渐减小。增加的晶界密度与产生的气孔都将增强声子散射，能有效降低 Bi_2S_3 材料的热导率。图 5.38（d）给出的是对应 Bi_2S_3 材料的实际密度与相对密度的变化情况。如图，材料的实际密度与相对密度都随还原时间的增加而下降，下降的主要原因是晶界处 Bi 挥发产生大量气孔。

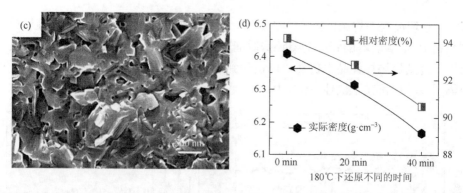

图 5.38 纯的硫化铋（a）和 180℃下还原不同时间的硫化铋块体的断面扫描电镜图（b）20 min 和（c）40 min；（d）所有样品的实际密度与相对密度

5.5.3.3 Bi₂S₃ 块体引入阻隔层的热电性能

纯的 Bi_2S_3 与还原不同时间的 Bi_2S_3 样品的电导率如图 5.39（a）所示。纯的 Bi_2S_3 的电导率最大值不超过 5 S·cm⁻¹，还原后电导率都有了一定的提升。经过 20 min 还原的样品的电导率提升不是很大，推测可能得到的阻隔层太薄，加上在 SPS 烧结的过程有损耗，最终 Bi_2S_3 的电导没有太大的提升。当还原时间延长到 40 min 后，从 XRD 中已经可以观察到明显的 Bi 峰，而 Bi_2S_3 的电导率也出现了极大的提升，从室温区纯样的 0.13 S·cm⁻¹ 直接提升到了 15 S·cm⁻¹，提升了两个数量级。除了室温区外，在整个测试温度范围内，电导率都出现了很大程度的提升，在 523 K 时达到最大电导率 18 S·cm⁻¹；523 K 后电导率开始出现下降的趋势，推测是由温度太高晶格开始软化导致。电导率的显著提升主要来自于载流子浓度与迁移率的提升，但载流子浓度的提升也会导致塞贝克系数绝对值的下降。如图 5.39（b）所示，随着电导率的提升，塞贝克系数绝对值开始下降，并从纯样的 500 μV·K⁻¹ 下

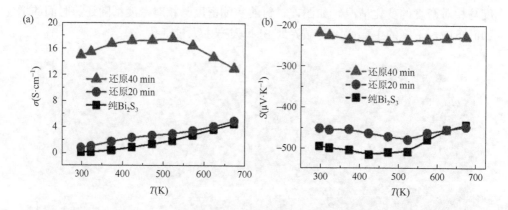

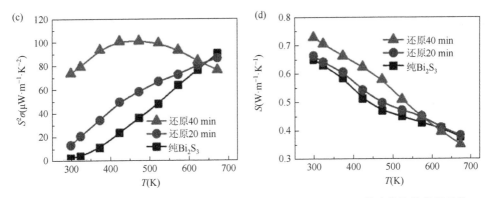

图 5.39　纯的硫化铋和 180℃下还原不同时间（20 min 和 40 min）的硫化铋块体样品的
（a）电导率，（b）塞贝克系数，（c）功率因子，（d）热导率与温度的关系

降到 200 μV·K^{-1} 左右。负的塞贝克系数的数值也表明硫化铋的 n 型导电特性。纯的 Bi_2S_3 塞贝克系数绝对值在 523 K 时有一个峰值，这是由于双极扩散所导致的塞贝克系数下降。所有还原后的样品都存在一个峰值，说明还原后不能有效抑制双极扩散的影响。最终所有 Bi_2S_3 样品的功率因子随温度的变化如图 5.39（c）所示。纯的 Bi_2S_3 的室温功率因子只有 3 μW·m^{-1}·K^{-2}，随温度上升功率因子增大，高温时达到了 90 μW·m^{-1}·K^{-2}。还原 20 min 后的室温功率因子提高到了 13 μW·m^{-1}·K^{-2}，还原 40 min 的样品进一步提高到了 74 μW·m^{-1}·K^{-2}。在整个测试温度范围内，Bi_2S_3 样品功率因子的极大提高主要来自于电导率的显著提升，同时说明通过水热还原获得的金属 Bi 阻隔层能有效提升 Bi_2S_3 材料的电输运性能。

　　图 5.39（d）给出的是所有 Bi_2S_3 样品的热导率随温度的变化关系图。如图所示，还原后的 Bi_2S_3 样品的热导率都有了一定的提升，主要来自于电导率提高所带来的电子热导率的提升。在测试温度范围内，热导率都随着温度的升高而呈下降的趋势，表明声子散射是主要的散射机制。最大热导率低于 0.75 W·m^{-1}·K^{-1}，说明 Bi_2S_3 是一种固有的低热导的半导体材料。还原 40 min 的样品的热导率在高温时明显下降是由于晶格软化，声子散射增强所致。最终结合显著提升的电传输性能与相对低的热导率，还原后的 Bi_2S_3 的热电优值 ZT 值有了显著的提升，尤其在室温区域。纯样的 ZT 值室温时为 0.002，还原以后提高到 0.009，并进一步提高到 0.03。热电优值的提高表明，利用还原法得到阻隔层能够有效提升 Bi_2S_3 的电输运性能进而优化 Bi_2S_3 的热电性能（图 5.40）。

5.5.4　晶界阻隔层结合调制掺杂优化 Bi_2S_3 热电性能

　　以上研究表明，$CuCl_2$ 作为一种 n 型掺杂剂，在一定范围内能够有效提高 Bi_2S_3

的载流子浓度，从而提高其电导率来进一步优化其热电性能。遗憾的是其性能的提升主要集中在高温阶段，也就是主要来自载流子的热激发作用，室温性能仍有较大的优化空间。而对于未掺杂的样品来说，通过水热法在其晶界处引入一层合适厚度的金属铋，能够有效提升 Bi_2S_3 在整个温度范围内的电导率，室温电导率的提升尤为明显。将两种制备方法结合起来，优势互补，有望进一步提升 Bi_2S_3 在整个温度范围内的热电性能 [注：BS（Bi_2S_3），BS-1（均匀掺杂 0.5 mol% $CuCl_2$ 的 Bi_2S_3），BS-2（20%未掺杂的 Bi_2S_3 + 80%掺杂 0.6 mol% $CuCl_2$ 的 Bi_2S_3），BS-3（BS-2 的粉末经 20 min 还原处理）]。

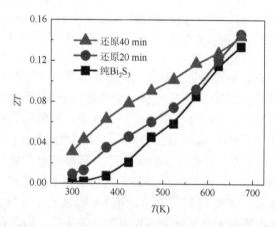

图 5.40　纯的硫化铋和 180℃ 下还原不同时间（20 min 和 40 min）的硫化铋块体样品的热电优值 ZT 与温度的关系

5.5.4.1　晶界阻隔层结合调制掺杂 Bi_2S_3 块体的相结构

利用 X 射线衍射仪对制备得到的 Bi_2S_3 粉末与经放电等离子体致密化的块体进行相结构的分析。图 5.41（a）给出的是所有粉末样品的 X 射线衍射图谱。值得一提的是，为了达到和均匀掺杂 0.5 mol% $CuCl_2$ 相同程度的掺杂量，对于调制掺杂的样品，掺杂部分占 80%，所以掺杂部分的 $CuCl_2$ 的量为 0.6 mol%。如图所示，XRD 证明了 Bi_2S_3 是正交结构，在 *Pbnm* 空间群，且所有样品的主相都与 Bi_2S_3 的标准 PDF 卡片（17-0320）吻合很好。未经水合肼处理过的样品中没有检测到明显的第二相，经水合肼还原处理的粉末中检测出了金属 Bi 的峰，表明水合肼能将 Bi_2S_3 表面还原为金属 Bi。

图 5.41（b）是（0 2 3）衍射峰的放大图，图中可看出凡是经 $CuCl_2$ 掺杂的样品，在 28.7° 左右的衍射峰都向高角度发生了偏移，说明 Bi_2S_3 的晶格发生了畸变，这是因为 Cl 离子取代了 S 离子，由于 Cl 的离子半径为 0.181 nm，小于 S 离子的

0.184 nm 而产生的晶格收缩。SPS 烧结后所有块体样品的 XRD 衍射峰变窄并且更加尖锐，表明烧结过程中 Bi_2S_3 晶粒长大了，结晶性变得更好。另外在 BS-3 样品中没有检测到明显的金属 Bi 峰，这主要是因为本身粉末中 Bi 的含量就很低，如图 5.41 (a) 所示，在烧结的过程中部分 Bi 发生了挥发，因为金属 Bi 的熔点在 544.5 K，而烧结温度是 673 K[21]。

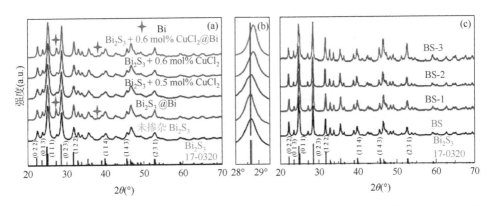

图 5.41　（a）所有硫化铋样品的 X 射线衍射图谱；（b）放大的（0 2 3）衍射峰；（c）所有烧结的硫化铋块体的 X 射线衍射图

5.5.4.2　晶界阻隔层结合调制掺杂 Bi_2S_3 块体的断面结构

图 5.42 给出的是所有 Bi_2S_3 块体样品（BS，BS-1，BS-2，和 BS-3）的新鲜断面的场发射扫描电子显微镜图。所有 Bi_2S_3 块体样品中都能观察到层状结构。纯样的平均晶粒尺寸在 500 nm 以下，没有观察到明显的第二相存在。经 $CuCl_2$ 掺杂后，样品的平均晶粒尺寸降到了纯样的一半以下，降低的晶粒尺寸主要是因为掺杂引入的外来原子抑制了基底原子的扩散造成的。此外，在 BS-2 和 BS-3 样品中仍然存在一些较大的晶粒，如图 5.42（c）和（d）所示，主要来自于那 20%未掺杂的 Bi_2S_3 晶粒生长产生的。

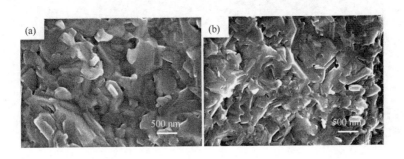

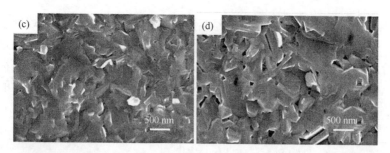

图 5.42　硫化铋块体样品的断面扫描电镜图（a）BS；（b）BS-1；（c）BS-2；（d）BS-3

硫化铋块体样品（BS，BS-1，BS-2，和 BS-3）的相对密度分别是 94.2%，95.9%，96.8% 和 92.4%，从扫描电镜图中也可看出，BS-3 样品中存在大量的气孔，这是其具有较低相对密度的原因。而气孔是由于烧结过程中金属 Bi 的挥发产生的。不同尺寸的气孔在降低 Bi_2S_3 晶格热导率方面具有较大的贡献[22]。

5.5.4.3　晶界阻隔层结合调制掺杂 Bi_2S_3 块体的显微结构

为了进一步研究 Bi_2S_3 块体材料的显微结构，对 BS-3 块体进行透射电子显微分析。图 5.43（a）和（b）是 BS-3 硫化铋样品的明场像低倍透射电镜图。

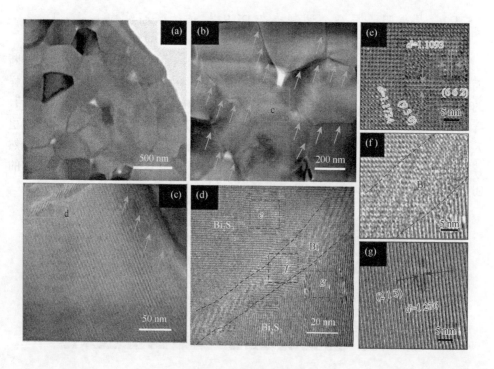

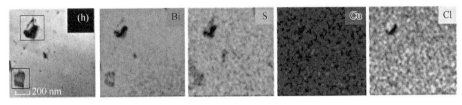

图 5.43　（a～b）BS-3 硫化铋样品的明场像低倍透射电镜图［（b）和（c）中箭头指示的是晶界处的金属 Bi］；（c）取自（b）中 c 处的放大图，（d）取自（c）中 d 的放大图；（e～g）取自（d）的高倍透射电镜图；（h）BS-3 硫化铋块体的能谱图

从图中可以观察出，Bi_2S_3 的平均晶粒尺寸在 500 nm 以下，同时存在很多的气孔。在晶界处也可以观察到金属 Bi 的存在，如图 5.43（c）所示。Bi_2S_3 的高倍透射电镜图表明 Bi_2S_3 具有较好的结晶性，图 5.43（e）和（g）中的面间距分别是 1.109 nm，1.173 nm 和 1.276 nm，分别对应于 Bi_2S_3 的（6 6 2），（9 3 0）和（2 1 3）晶面。从图 5.43（f）中可以看出，晶界处的金属 Bi 的厚度在 15 nm 左右，这层薄薄的阻隔层不仅能够为载流子提供高速传输的通道，抑制掺杂元素的扩散，更能提供丰富的相界面，增加声子散射来降低热导率。接着对 BS-3 样品进行能谱测试，分析元素的分布情况。在暗场相图中可以观察到两块黑色的区域，红色方框标注的区域主要是气孔，能有效散射声子；而黑色方框部分是由 Cu 和 Cl 元素构成，为了分析 Cu 元素在材料中的价态，对样品进行 X 射线光电子谱的测试。

5.5.4.4　晶界阻隔层结合调制掺杂 Bi_2S_3 块体的 XPS

BS-3 样品的化学结合价态通过 X 射线光电子能谱（XPS）进行表征，如图 5.44 所示。在样品表面检测到了 Bi，S，Cu 和 Cl 元素。通过之前的研究[23]结合本实验得到的研究结果，样品中主要的元素 Bi 与 S 元素的化合价分别是 +3 与–2 价，符合 Bi_2S_3 中组成元素的价态。在158.6 eV 与 163.9 eV 处检测到两个峰，分别对应于 Bi $4f_{7/2}$ 与 Bi $4f_{5/2}$ 轨道。另外，在 161.4 eV 与 162.5 eV 处存在的两个小峰，分别对应于 S $2p_{3/2}$ 与 S $2p_{1/2}$ 轨道[24-26]。同时在 441.2 eV 处检测到的峰对应的是 Bi $4d_{5/2}$ 轨道，说明样品中存在单质金属 Bi。此外，Cu 2p 轨道的光谱表明 Cu 存在两个化学价态，Cu^+（932.1 eV 对应 Cu $2p_{3/2}$ 轨道，952.1 eV 对应 Cu $2p_{1/2}$）和 Cu^{2+}（Cu $2p_{3/2}$ 对应 934.5 eV，Cu $2p_{1/2}$ 对应 954.3 eV）。在 199.5 eV 处对应于 Cl $2p_{3/2}$ 轨道，201.2 eV 处对应于 Cl $2p_{1/2}$ 轨道，表明 Cl 的成功掺杂。而 Cu^{2+} 的 XPS 谱并不明显。因此，样品表面 Cu^{2+} 存在与否还不够确定。结合 XRD、TEM 和 XPS 分析，证明该析出物为 CuCl。基于上面的分析，$CuCl_2$ 的优化过程如图 5.44（e）所示。Cl 进入 S 位，因为它的原子半径相似，并产生一个电子，提高了电导率。此外，CuCl 作为第二相，增强了声子的散射，导致相对较低的热导率[25, 26]。

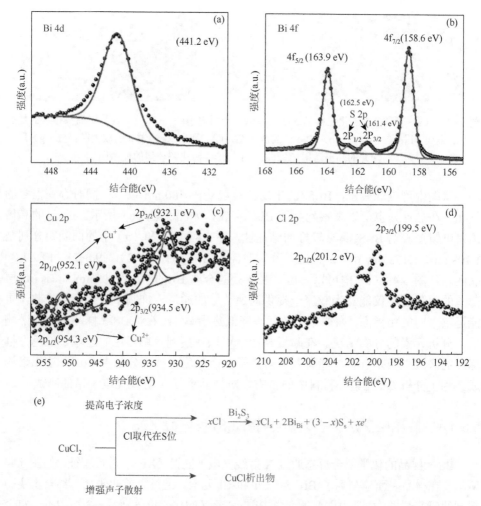

图 5.44　BS-3 样品的 XPS 图谱。(a) Bi 4d；(b) Bi 4f 和 S 2p；(c) Cu 2p；(d) Cl 2p；
(e) $CuCl_2$ 增强 Bi_2S_3 热电性能的过程

5.5.4.5　晶界阻隔层结合调制掺杂 Bi_2S_3 块体的电传输性能

图 5.45 给出的是所有 Bi_2S_3 样品（BS，BS-1，BS-2，和 BS-3）的电传输性能与温度的变化图。所有样品的电导率在 $298\sim673\ K$ 的测试温度范围内随温度的升高而增大，如图 5.45 (a) 所示，表明了 Bi_2S_3 典型的半导体导电行为。纯的 Bi_2S_3 在 673 K 时电导率只有 $3\sim4\ S\cdot cm^{-1}$，低的电导率使得 Bi_2S_3 距离成为高性能的热电材料还有较远的距离。均匀掺杂 $CuCl_2$ 的 Bi_2S_3 样品（BS-1）在 673 K 时电导率最大为 $29\ S\cdot cm^{-1}$，并在调制掺杂后（BS-2）电导率达到了 $35\ S\cdot cm^{-1}$。结果说明调制掺杂相比均匀掺杂能够更有效地提升 Bi_2S_3 的电导率。然后在 BS-2 样品的基

础上通过晶界工程修饰能极大提高 Bi_2S_3 的电导率（BS-3），尤其是室温部分的电导率。从图 5.45（a）中的插图可以看出所有 Bi_2S_3 样品的室温电导率的变化。除 BS-3 样品外，所有样品的室温电导率都很低，在 0.13 S·cm^{-1} 左右，经晶界工程修饰后，Bi_2S_3 的室温电导率有了三个数量级的提升，达到了 34 S·cm^{-1}，并在 573 K 时达到了最大值 51 S·cm^{-1}，接着在 673 K 时又下降到了 44 S·cm^{-1}。BS-3 样品在测试温度范围内电导率的最小值高于其他三个样品的最大值，说明晶界工程核壳异质结构在电导率的提升方面贡献很大。由材料电导率计算公式可知，掺杂后样品的载流子浓度和迁移率发生变化，从而导致电导率提高。经霍尔测试后，得到的霍尔系数为负值，说明 Bi_2S_3 是 n 型半导体材料。图 5.45（b）给出的是所有 Bi_2S_3 样品的室温载流子浓度与迁移率的变化关系。从图中可以看出，纯的 Bi_2S_3 的载流子浓度与迁移率分别是 2.3×10^{16} cm^{-3} 和 29.6 cm^2·V^{-1}·s^{-1}。要获得最优的热电性能，载流子浓度一般要达到 10^{19} cm^{-3}，可见 Bi_2S_3 低的电导率是因为其载流子浓度与迁移率过低，无法得到较高的电传输性能。$CuCl_2$ 掺杂后的样品在室温时的载流子浓度仍然很低，与未掺杂的样品保持在同一个数量级。经晶界工程修饰后，BS-3 样品的室温载流子浓度上升到了 5.2×10^{18} cm^{-3}，与其

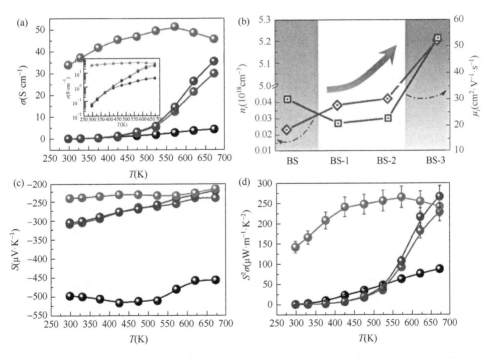

图 5.45　硫化铋样品（BS，BS-1，BS-2，BS-3）的电传输性能与温度的关系。（a）电导率；（b）载流子浓度与迁移率；（c）OP 塞贝克系数；（d）功率因子

●-BS-3；●-BS-2；●-BS-1；●-BS

他样品相比上升了两个数量级，同时载流子浓度也上升到了 52.7 cm²·V⁻¹·s⁻¹，表明了晶界处的金属 Bi 能够有效抑制掺杂元素的扩散并为电子提供高速传输的通道，从而极大地提高 Bi_2S_3 的电导率。

图 5.45（c）给出的是所有样品的塞贝克系数与温度的关系。所有 Bi_2S_3 样品的塞贝克系数的数值都是负值，与霍尔测试结果一致，表明 Bi_2S_3 是 n 型半导体，电子是主要的载流子。纯的 Bi_2S_3 的塞贝克系数绝对值非常大，一般都在 500 μV·K⁻¹ 左右。本实验中纯的 Bi_2S_3 的塞贝克系数绝对值从室温到 523 K 逐渐增大，523 K 达到最大值 514 μV·K⁻¹，接着在 673 K 时下降到 456 μV·K⁻¹。523 K 时拐点的出现是由双极效应引起的。掺杂以后由于载流子浓度的变化，塞贝克系数绝对值开始降低，从室温时纯样的 498 μV·K⁻¹ 降低到了调制掺杂样品 BS-3 的 239 μV·K⁻¹。根据 Mott 关系，样品塞贝克系数的绝对值与载流子浓度与迁移率有关[27]。

$$S = \frac{\pi^2 k_B^2}{3e} T \left\{ \frac{1}{n} \frac{dn(E)}{dE} + \frac{1}{\mu} \frac{d\mu(E)}{dE} \right\}_{E=E_F} \tag{5.25}$$

其中，k_B、$n(E)$、$\mu(E)$ 和 T 分别是玻尔兹曼常数，载流子浓度，载流子迁移率与绝对温度。

经 $CuCl_2$ 调制掺杂与晶界工程修饰以后（BS-3），塞贝克系数的绝对值有了明显的下降，这主要来自于同时提高的载流子浓度与迁移率，如图 5.45（c）所示。尽管调控优化后塞贝克系数绝对值在下降，但仍然保持在一个相对大的数值 200 μV·K⁻¹ 左右，这是由于载流子有效质量的变化。所有 Bi_2S_3 样品（BS，BS-1，BS-2，BS-3）的室温电性能如表 5.3 所示。BS-3 样品的载流子浓度有了两个数量级的显著提升，塞贝克系数绝对值仍能保持一个较大的数值，这主要得益于有效质量的增大。图 5.45（d）给出的是所有硫化铋样品的功率因子与温度的变化关系。所有曲线的趋势与电导率的变化趋势相似，表明电导率在增强功率因子方面发挥着重要的作用。BS-3 样品的功率因子在室温时达到了 142 μW·m⁻¹·K⁻²，并且在 573 K 时进一步增加到了 266 μW·m⁻¹·K⁻²，接着开始下降，673 K 时降到了 242 μW·m⁻¹·K⁻²。BS-3 样品高温段功率因子的下降是因为金属 Bi 的熔点不高，晶界软化使得电导率下降，进而造成功率因子下降。

表5.3　所有 Bi_2S_3 样品（BS，BS-1，BS-2，BS-3）室温时的电性能

	载流子浓度 （$\times 10^{18}$ cm⁻³）	载流子迁移率 （cm²·V⁻¹·s⁻¹）	电导率 （S·cm⁻¹）	塞贝克系数 （μV·K⁻¹）	载流子有效质量 （m_e）
BS	0.023	29.6	0.05	−498	0.13
BS-1	0.038	20.4	0.06	−306	0.04
BS-2	0.042	22.3	0.07	−302	0.04
BS-3	5.2	52.7	33.7	−237	0.61

注：表里 m_e 与 m_0 意义相同。这里区分了多子为电子，故写成 m_e。余表类同。

5.5.4.6　晶界阻隔层结合调制掺杂 Bi_2S_3 块体的热传输性能

图 5.46 给出的是纯的 Bi_2S_3 和 $CuCl_2$ 掺杂的 Bi_2S_3（BS-1，BS-2，BS-3）的热传输性能与温度变化的关系图。如图所示，所有 Bi_2S_3 样品的热扩散系数都在 $0.5~mm^2 \cdot s^{-1}$ 以下，并且热扩散系数随温度的上升而逐步下降。图 5.46（b）中，样品的热导率随温度的上升开始呈下降趋势，表明声子散射在整个散射过程中占主要部分。另外，总热导率（κ）一般包括电子热导率（κ_l）与晶格热导率（κ_e）两部分。对于 Bi_2S_3 材料来说，电子热导率只占总热导的一小部分，晶格热传输占绝大部分，晶格热导率可通过将电子热导率从总热导率中减去得到，即 $\kappa_l = \kappa - \kappa_e$。由 Wiedemann-Franz 定律可知，电子热导率 $\kappa_e = LT\sigma$，其中 L 是洛伦兹常数。基于单抛带的理论假设，L 可通过 $L = 1.5 + \exp(-S/116)$ 进行计算[28]。最终得到的 L，κ_e 和 κ_l 如图 5.46（c）与（d）所示。L 与 S 具有相似的变化趋势。κ_l 随温度的上升而逐渐下降，这是由于声子散射在热传输过程中是主要的散射机制。在整个

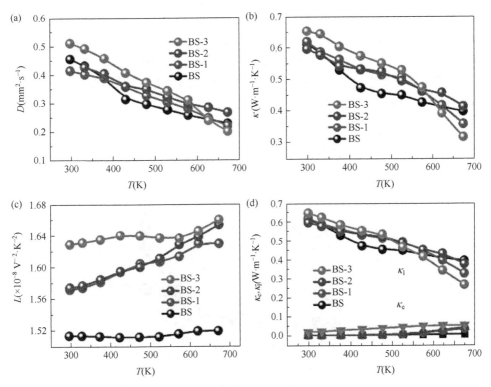

图 5.46　硫化铋样品（BS，BS-1，BS-2，BS-3）的热传输性能与温度的关系：（a）热扩散系数；（b）总热导率；（c）洛伦兹常数；（d）晶格热导率与电子热导率

测试温度范围内，κ_1 与温度呈反比，因为随温度的增加，声子数增加，声子碰撞的概率增大，声子平均自由程和弛豫时间减小，散射增强，热导降低。BS-3 样品在 673 K 时晶格热导率为 0.27 W·m^{-1}·K^{-1}，低的热导率来自于晶界，第二相析出，点缺陷与气孔等缺陷对声子的散射作用[22, 29]。与其他样品相比，BS-3 样品低的热导率主要是来自于强的多级声子散射作用。同时 κ_e 的最大值接近 0.05 W·m^{-1}·K^{-1}，较低的 κ_e 表明材料的 σ 过低，Bi$_2$S$_3$ 材料的热输运主要以晶格热振动为主。

5.5.4.7　晶界阻隔层结合调制掺杂 Bi$_2$S$_3$ 块体的 ZT

　　结合显著提升的功率因子与高温时降低的热导率，最终的 Bi$_2$S$_3$ 样品的热电优值得到了较大的提升。图 5.47 给出的是所有样品（BS，BS-1，BS-2，BS-3）的热电优值 ZT 与温度的变化关系图。纯的 Bi$_2$S$_3$ 样品的 ZT 值较低，CuCl$_2$ 均匀掺杂后（BS-1），673 K 时 ZT 从纯样的 0.12 上升到了 0.37，说明 CuCl$_2$ 是一种比较有效的 n 型掺杂剂。经调制掺杂与晶界工程修饰后，热电优值在 673 K 时上升到了最大值 0.54，是纯的 Bi$_2$S$_3$ 的近 5 倍。同时室温 ZT 值从纯样的 0.002 提升到 BS-3 样品的 0.06，ZT 值在整个低温阶段都有明显的上升。图 5.47 左上角的插图给出的是所有样品在测试温度范围内的平均 ZT 值。纯的 Bi$_2$S$_3$ 的平均 ZT 为 0.06，其他样品的平均 ZT 分别为 0.09，0.12 和 0.27。可以看出，BS-3 样品的 ZT 峰值和平均 ZT 都有了很大提升，说明结合调制掺杂与晶界工程能有效提高 Bi$_2$S$_3$ 材料的电传输性能，进而提升其热电性能。

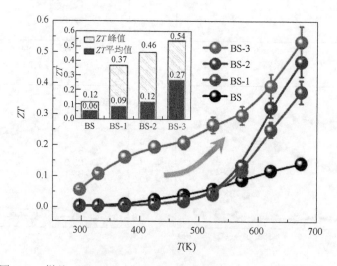

图 5.47　样品（BS，BS-1，BS-2，BS-3）的热电优值与温度的关系
（内插图是 ZT 峰值与平均 ZT 值）

5.6　载流子调制与多相纳米析出物协同优化 Bi_2S_3 热电性能

5.6.1　$PbBr_2$ 掺杂 Bi_2S_3 块体的相结构

XRD 图谱（图 5.48）证实了 Bi_2S_3 在 *Pbnm* 空间群中的正交结构，所有样品的衍射峰与标准 PDF 卡片 17-0320 都能很好吻合。在 XRD 的检测范围内未观察到明显的杂质相。考虑到 Pb^{2+}（0.119 nm）和 Br^-（0.196 nm）的离子半径均分别大于 Bi^{3+}（0.103 nm）和 S^{2-}（0.184 nm），当 x 增加到 1.5 时，晶格参数和晶胞体积都增大，说明在熔融反应过程中离子之间产生了取代，并且 $PbBr_2$ 在 Bi_2S_3 中的固溶极限约为 1.5%。

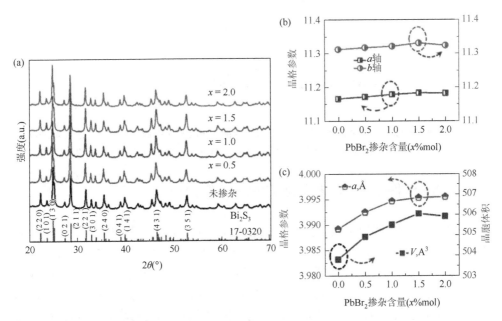

图 5.48　（a）掺杂 x mol%（$x = 0$、0.5、1.0、1.5、2.0）$PbBr_2$ 的 Bi_2S_3 的 XRD 谱图，（b，c）计算的晶格参数和晶胞体积随 $PbBr_2$ 含量变化的关系

5.6.2　$PbBr_2$ 掺杂 Bi_2S_3 块体的显微结构

图 5.49 给出的是 $Bi_2S_3 + x$ mol% $PbBr_2$ 块体样品的新鲜断裂表面和微观结构。在所有 Bi_2S_3 样品中均能观察到层状结构，经 $PbBr_2$ 掺杂后，样品的结晶性显著提升，并且相对密度都超过了 98%。当 $PbBr_2$ 掺杂到 Bi_2S_3 晶格中时，元素取代引起

晶格畸变,从而提高了烧结活性,促进了原子的扩散,提高了 Bi_2S_3 材料的结晶度和相对密度[30-32]。因此,掺杂 $PbBr_2$ 后,增强的电导率提高了粉末在 SPS 过程中的烧结活性,从而获得更高的密度。从图中可以看出,纯样的结晶性不够高,晶界不是很明显,经掺杂后可以看出明显的晶界,且晶粒尺寸随着掺杂量的增加而增大,同时气孔也可以看出明显的下降。

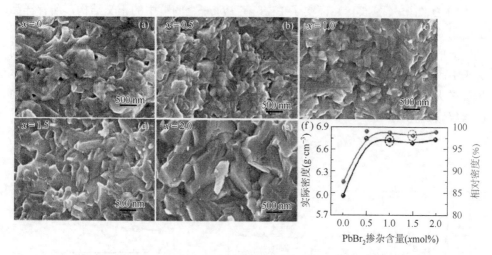

图 5.49　（a~e）Bi_2S_3 掺杂 x mol%$PbBr_2$ 的断裂表面的 FESEM 图像,（f）块体的实际密度和相对密度。（a）$x = 0$,（b）$x = 0.5$,（c）$x = 1.0$,（d）$x = 1.5$,（e）$x = 2.0$

5.6.3　$PbBr_2$ 掺杂 Bi_2S_3 块体的 EPMA 显微分析

采用电子探针显微分析技术来观察块体样品中各元素的分布情况。如图 5.50 给出的是掺杂 1.5 mol% $PbBr_2$ 的 Bi_2S_3 块体的 BSE-SEM 图和对应的 Bi,S,Pb 和 Br 元素的元素分布图。如图所示,Bi 元素分布较均匀,S 元素除了少部分区域有缺失外,分布也比较均匀,证明了基体材料是 Bi_2S_3 相。Br 元素出现了局部富集部分,Pb 元素相对 Br 来说分布比较均匀,但也有明显的富集部分。值得注意的是,Bi 在元素周期表中是 83 号元素,而 Pb 是 82 号元素,相近的原子序数使得 EPMA 的 mapping 图中很难将 Pb 在 Bi_2S_3 基体中的分布明显地区分出来。

5.6.4　$PbBr_2$ 掺杂 Bi_2S_3 块体的热电性能

为了分析掺杂 x mol% $PbBr_2$（$x = 0$, 0.5, 1.0, 1.5, 2.0）样品主要的热电输运性能,对 σ, S, σS^2 和 κ 进行了表征,如图 5.51 所示。掺杂 $PbBr_2$ 后,材料的 σ 显著提高,且随温度升高而增加。这是因为掺杂后载流子浓度的增加,同时提高

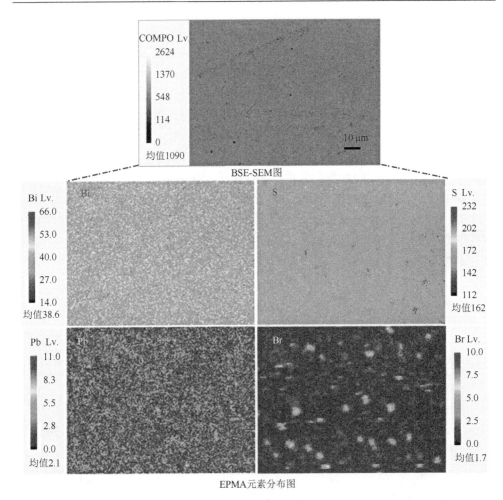

图 5.50　掺杂 1.5 mol%PbBr$_2$ 的 Bi$_2$S$_3$ 样品的 BSE-SEM 图和 EPMA 元素分布图

的结晶性、密度与长大的晶粒降低了载流子的散射，从而导致电导率的提升。在测试温度范围内，所有样品的电导率都有一个拐点。一般来说，在电导率的变化中，载流子的热激发和杂质的电离是并存的。拐点出现前，电导率随温度升高而上升，表明载流子热激发作用对电导率贡献较大。拐点后，高温段电导率随温度升高而下降，主要来自于电声散射，导致载流子迁移率下降。掺杂后引入了额外的杂质，增强了杂质的电离性，从而电导率有了明显提升。同时掺杂样品电导率的峰值随着掺杂含量的增加而向低温方向移动，这是由于杂质离子电离后产生额外的载流子，导致电声散射增强。此外，PbBr$_2$ 在 Bi$_2$S$_3$ 中的溶解度极限约为 1.5%，当 PbBr$_2$ 掺杂量达到 2%时，额外的 PbBr$_2$ 作为烧结助剂，促进晶粒生长。如图 5.49 所示，长大的晶粒降低了晶界密度，减弱了晶界对电子的散射，因此，室温段电导率出现上升。掺杂 2 mol% PbBr$_2$ 的 Bi$_2$S$_3$ 在 408 K 时 σ 值为 207 S·cm^{-1}。σ 的增加与载流子浓度（n）和载流子迁移率（μ）直接相关。利用霍尔测量仪对室温下的霍尔参数进行表征，结果如表 5.4 所示。纯的 Bi$_2$S$_3$ 在室温下的 n 为 6.1×10^{18} cm^{-3}，而掺杂 2 mol% PbBr$_2$ 的 Bi$_2$S$_3$ 样品的 n 为 5.7×10^{19} cm^{-3}。在所有掺杂的样品中，由于晶界密度降低，μ 的变化可以忽略不计，这可以抵消点缺陷引起的载流子散射。由于掺杂 PbBr$_2$ 后样品密度显著提高，掺杂样品的 μ 值也略高于未掺杂样品的 μ 值。纯样品和所有掺杂样品的 S 随温度变化的函数见图 5.51（b）所示。负的 S 值表明 Bi$_2$S$_3$ 为典型的 n 型半导体行为，电子在传输过程中占主导地位。S 的绝对值随 PbBr$_2$ 掺杂量的增加而降低，从室温时纯的 Bi$_2$S$_3$ 样品的 348 μV·K^{-1} 降到掺杂 2 mol% PbBr$_2$ 的 Bi$_2$S$_3$ 的 118 μV·K^{-1}。基于 mott 方程[33]分析，降低的 S 来自于 n 的增加。此外，较大的 S 值也与态密度（DOS）有效质量有关，有效质量的变化可通过下面的公式进行分析[34, 35]。

$$S = \frac{k_{\mathrm{B}}}{e}\left(\frac{2F_2(\eta)}{F_0(\eta)}\eta\right) \tag{5.26}$$

$$F_n(\eta) = \int_0^\infty \frac{\chi^n}{1+e^{(\chi-\eta)}}\mathrm{d}\chi \tag{5.27}$$

$$r_{\mathrm{H}} = \frac{3F_{1/2}(\eta)F_{-1/2}(\eta)}{4F_0(\eta)^2} \tag{5.28}$$

$$m_{\mathrm{d}}^* = \frac{h^2}{2k_{\mathrm{B}}T}\left(\frac{nr_{\mathrm{H}}}{4\pi F_{1/2}(\eta)}\right)^{2/3} \tag{5.29}$$

其中，$F_n(\eta)$ 是第 n 级费米积分，η 是降低的化学势，可以通过 $\eta = \dfrac{E_F}{k_{\mathrm{B}}T}$ 计算，r_{H} 是霍尔因子，h 是普朗克常量，m_{d}^* 是费米能级的态密度有效质量。计算的结果如表 5.4 所示。纯的 Bi$_2$S$_3$ 和所有掺杂 PbBr$_2$ 的 Bi$_2$S$_3$ 样品的 m^* 和 S 值相对较大，推测是由于 PbBr$_2$ 掺杂后费米能级进入导带而引起的。

表 5.4　掺杂 x mol%PbBr$_2$（$x = 0$，0.5，1.0，1.5，2.0）Bi$_2$S$_3$ 样品的电和热输运性能

样品	电导率 （S·cm^{-1}）	载流子浓度 （×10^{19} cm^{-3}）	载流子迁移率 （cm^2·V^{-1}·s^{-1}）	塞贝克系数 （μV·K^{-1}）	实际有 效质量 （m_0）	总热导率 （W·m^{-1}·K^{-1}）	晶格热导率 （W·m^{-1}·K^{-1}）
$x = 0$	13.7	0.61	13.4	−360.6	1.8	0.656	0.649
$x = 0.5$	59.7	2.7	14.3	−210.7	1.45	0.953	0.923
$x = 1.0$	82.3	3.5	13.9	−204.2	1.62	0.874	0.834
$x = 1.5$	110.6	4.8	14.6	−161.3	1.34	0.793	0.735
$x = 2.0$	162.5	5.7	15.5	−142.8	1.27	0.814	0.721

　　所有 Bi$_2$S$_3$ 块体样品的功率因子（PF = $S^2\sigma$）与温度的关系图如图 5.51（c）所示。PF 随掺杂量的增加而增加，主要因为 σ 和 S 的优化。图 5.51（d）给出了本工作制备的 Bi$_2$S$_3$ 材料与其他具有优异热电性能的 Bi$_2$S$_3$ 材料体系的对比。对于掺杂 1.5 mol% PbBr$_2$ 的 Bi$_2$S$_3$ 样品，582 K 时最高功率因子为 690 μW·m^{-1}·K^{-2}。在已经报道的功率因子中，这也是目前比较高的 PF 值，包括利用 1/3 Se 合金化 S 位置[36]（少量的 Cu 掺杂的情况下），Se-Cl 共掺[37] 和 1.0 mol% BiI$_3$ 掺杂[38] 的 Bi$_2$S$_3$ 样品。

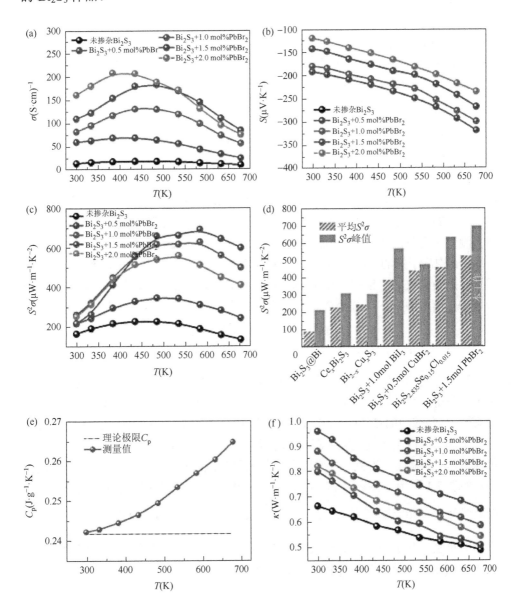

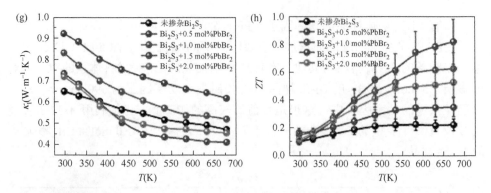

图 5.51　掺杂 $x\,\mathrm{mol}\%$（$x = 0$，0.5，1.0，1.5，2.0）$PbBr_2$ 的 Bi_2S_3 样品的（a）电导率，
（b）塞贝克系数，（c）功率因子，（e）理论极限 C_p 和测得的 C_p，（f）总热导率，
（g）晶格热导率，（h）热电优值 ZT 与温度的关系图；（d）本工作与其他 Bi_2S_3 体系
的功率因子与平均功率因子的对比

　　图 5.51（e～h）给出的是掺杂 $x\,\mathrm{mol}\%PbBr_2$（$x = 0$，0.5，1.0，1.5，2.0）的 Bi_2S_3 样品的热输运性能和 ZT 与温度的关系图。纯的 Bi_2S_3 样品和掺杂 $PbBr_2$ 的 Bi_2S_3 样品均表现出较低的总热导率。Bi_2S_3 的本征 κ 较低，这是由于 Bi_2S_3 链状结构之间的键合强度较弱，声子传输较慢，同时 Bi_2S_3 的相对分子质量较大，Bi 孤对电子对的存在使其晶格的非简谐振动较强，声子散射较强，导致了较低的 κ。在整个测试温度范围内，所有样品的 κ 随温度的升高而下降。所有掺杂 $PbBr_2$ 的 Bi_2S_3 样品的 κ 均高于纯的 Bi_2S_3，这是由于掺杂后样品的密度和电子热导率（κ_e）出现了显著提高导致的。根据 Wiedemann-Franz 定律，即 $\kappa_e = L\sigma T$[35]，可以在单抛物带（SPB）模型假设下通过拟合 S 来估计减小的化学势 η 而得到公式（5.30）[28, 39, 40]

$$L = \left(\frac{k_B}{e}\right)^2\left[\frac{3F_1(\eta)}{F_0(\eta)} - \left(\frac{2F_1(\eta)}{F_0(\eta)}\right)^2\right] \qquad (5.30)$$

　　测试得到的热容（C_p）与通过 Dulong-Petit 定律计算的极限 C_p 如图 5.51（e）所示。值得注意的是 C_p 是特定材料的固有参数，掺杂和制备方法对 C_p 的影响微乎其微。本书使用的 C_p 由热分析仪（STA）测量，其值范围为 $0.241\sim0.264\,\mathrm{J\cdot g^{-1}\cdot K^{-1}}$。在整个测试温度范围内，实验得到的 C_p 要高于计算得到的极限值。晶格热导率（κ_l）可通过从 κ 中减去 κ_e 得到，并且随温度的变化如图 5.51（g）所示。所有样品的室温 κ_l 如表 5.4 所示。未掺杂样品的 κ_l 要比掺杂样品的低，这是因为纯样具有非常低的质量密度（相对密度为 84%）。通过公式 $\kappa_l = \kappa_{l,F}\left(1 - \frac{4}{3}P\right)$ 分析了气孔在降低 κ_l 方面的贡献，其中 $\kappa_{l,F}$ 是完全致密材料的晶格热导率，P 是气孔率。所得结果如表 5.4 所示，结果表明纯样较低的 κ_l 是因为其密度较低，同时也证明了气孔在降

低 κ_l 方面具有重要的作用。样品的晶格热导率随 PbBr$_2$ 掺杂量的增加出现明显的下降，室温时掺杂 0.5 mol% PbBr$_2$ 样品的 κ_l 为 0.923 W·m^{-1}·K^{-1}，PbBr$_2$ 掺杂量达到 2.0 mol% 后降到了 0.721 W·m^{-1}·K^{-1}。显著降低的 κ_l 来自于点缺陷、位错、晶格畸变和多相纳米析出物与基底之间增加的界面对声子的散射，最低晶格热导率为 0.42 W·m^{-1}·K^{-1}。图 5.51（h）给出的是 ZT 与温度的关系图。如图所示，PbBr$_2$ 掺杂后样品的 ZT 值有了明显的提升。由于显著提升的 σS^2 结合 Bi$_2$S$_3$ 较低的电导率，掺杂 1.5 mol% PbBr$_2$ 的 Bi$_2$S$_3$ 样品在 673 K 时最大 ZT 值为 0.8。

5.6.5　PbBr$_2$ 掺杂 Bi$_2$S$_3$ 块体的微观结构

为了分析 PbBr$_2$ 掺杂的 Bi$_2$S$_3$ 样品优异热电性能的来源，对样品进行高分辨 TEM（HRTEM）、EDS 和 EELS 测试，并详细分析了掺杂 1.5 mol% PbBr$_2$ 样品的 Bi$_2$S$_3$ 的结构和化学成分。TEM 样品采用标准 FIB 工作站制备。图 5.52 给出了 1.5 mol% PbBr$_2$ 掺杂 Bi$_2$S$_3$ 样品后的具有代表性的 STEM-HAADF 图像。可以看出样品有很多可识别的具有清晰对比度的较小的晶粒存在，并且在图 5.52（b）中可以看出明显的晶界。值得注意的是，从图中可以观察到三种不同衬度的区域，白色条状（WS）析出物具有比较亮的对比度，灰色点状（GD）析出物呈灰色的对比度，气孔呈深色对比。图 5.52（c）中间曲线来自于 WS 区域具有代表性的能量损失光谱 EELS，如图 5.52（b）1 号箭头所示，相比于正常的区域（即 5.52（b）中 2 号箭头所示），S 信号较弱，说明 Bi$_2$S$_3$ 在该区域存在 S 缺失。进一步的 EDS 图谱结果（图 5.53）显示 WS 区域 S 信号相对较弱，而 Br 信号相对较高。很明显，WS 析出物为 S 缺乏、富 Br 的 Bi$_2$S$_3$ 相，可标记为 Bi$_2$(S$_{1-x}$Br$_x$)$_3$ 析出相。图 5.52（d）表明析出物 Bi$_2$(S$_{1-x}$Br$_x$)$_3$ 为具有与 Bi$_2$S$_3$ 相同晶体结构的白色条状形貌。图 5.52（e）给出析出相 HRTEM 图，反映了 Bi$_2$(S$_{1-x}$Br$_x$)$_3$ 相沿 [1 0 1] 轴的晶体结构。在 Bi$_2$(S$_{1-x}$Br$_x$)$_3$ 析出相中，由于硫空位和 Br 掺杂效应，会引起晶格应变。采用几何相分析（GPA）对图 5.52（e）中的原子图像进行分析，Bi$_2$S$_3$ 基底内的条状 Bi$_2$(S$_{1-x}$Br$_x$)$_3$ 析出相内及其周围存在应力分布，可以通过 GPA 来计算图 5.52（e）并绘制如图 5.52（f~g）。如图所示，沿 x 轴有明显的应变，这可能是由于 Br 原子的掺杂效应（S 和 Br 的离子半径分别是 0.184 nm 和 0.196 nm）。相比之下，y 轴应变图显示 Bi$_2$(S$_{1-x}$Br$_x$)$_3$ 析出相具有与 Bi$_2$S$_3$ 基体相同的晶格间距。

同时对灰色点状部分的结构和化学成分也进行了系统的研究。GD 析出相的化学分析（从图 5.52（b）中 3 号箭头标记的区域得到）表明 Bi 的信号相对较弱，与正常区域的信号相比，S 的水平大致相同，如图 5.52（c）所示。富 Pb 的 Bi$_2$S$_3$ 相可认为是 (Bi$_{1-y}$Pb$_y$)$_2$S$_3$ 相。图 5.52（h）表明了 (Bi$_{1-y}$Pb$_y$)$_2$S$_3$ 相在基体中密集分布。

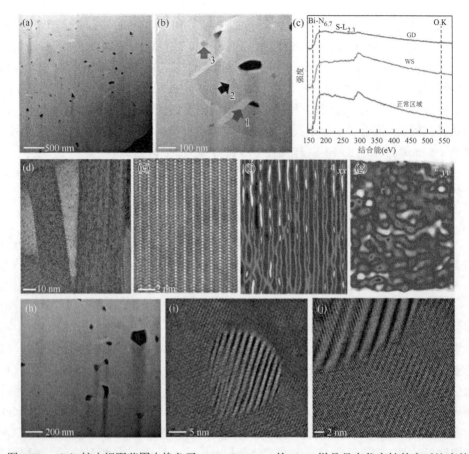

图 5.52　（a）较大视野范围内掺杂了 1.5 mol%PbBr$_2$ 的 Bi$_2$S$_3$ 样品具有代表性的高对比度的 STEM-HAADF 图像；（b）白色条纹状析出相和灰色点状析出相位置的 STEM-HAADF 图；（c）从相应区域采集到的白色条纹状析出相、灰色点状析出相和正态区电子能量损失谱（如图 b 中箭头所示）；（d）单个白色条纹沉淀物的代表性 TEM 图像；（e）来自于图（d）中红色方框中的 HRTEM 图像；（f～g）用单轴应变分量 xx 和 yy 对（d）中白色条状析出相进行几何相分析（GPA）；（h）灰色点状沉淀分布的低倍透射电镜图像；（i～j）高分辨率的 TEM 图像显示了析出相的条纹和晶界

(Bi$_{1-y}$Pb$_y$)$_2$S$_3$ 析出相具有典型的晶格条纹分布 [图 5.52（i）]，并且其周围具有 Moiré 结构，表明了由于 Pb 掺杂(Bi$_{1-y}$Pb$_y$)$_2$S$_3$ 而存在应力的变化，由于 Bi 和 Pb 的离子半径分别是 0.103 nm 和 0.119 nm，从(Bi$_{1-y}$Pb$_y$)$_2$S$_3$ 析出相与 Bi$_2$S$_3$ 基体的界面 [图 5.52（j）] 处可以观察到明显的晶格失配现象，这与傅里叶转移（FFT）得到的结果吻合的很好。从掺杂 PbBr$_2$ 后 Bi$_2$S$_3$ 的微观结构变化来看，Pb 和 Br 在 Bi$_2$S$_3$ 晶格中共掺杂会引起强烈的声子散射，有利于得到较低的晶格热导率。同时 Bi$_2$(S$_{1-x}$Br$_x$)$_3$ 和(Bi$_{1-y}$Pb$_y$)$_2$S$_3$ 析出相与基体、气孔和基体之间增加的界面也会

增强声子散射，最终掺杂 1.5 mol% PbBr$_2$ 的 Bi$_2$S$_3$ 样品得到较低的晶格热导率 0.35 W·m^{-1}·K^{-1}。

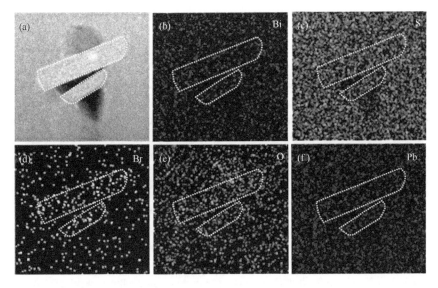

图 5.53　白色条状沉淀物的元素（Bi，S，Br，O 和 Pb）分布图

参 考 文 献

[1]　Wang Z Y，Guo J，Feng J，et al. Effects of NbCl$_5$-doping on the thermoelectric properties of polycrystalline Bi$_2$S$_3$ [J]. Journal of Solid State Chemistry，2021，297：122043.

[2]　Wu Y，Lou Q，Qiu Y，et al. Highly enhanced thermoelectric properties of nanostructured Bi$_2$S$_3$ bulk materials via carrier modification and multi-scale phonon scattering [J]. Inorganic Chemistry Frontiers，2019，6（6）：1374-1381.

[3]　Han D，Du M H，Dai C M，et al. Influence of defects and dopants on the photovoltaic performance of Bi$_2$S$_3$: First-principles insights [J]. Journal of Materials Chemistry A，2017，5（13）：6200-6210.

[4]　Ge Z H，Zhang Y X，Song D S，et al. Excellent *ZT* achieved in Cu$_{1.8}$S thermoelectric alloys through introducing rare-earth trichlorides [J]. Journal of Materials Chemistry A，2018，6（29）：14440-14448.

[5]　Guo J，Zhang Y X，Wang Z Y，et al. High thermoelectric properties realized in earth-abundant Bi$_2$S$_3$ bulk via carrier modulation and multi-nano-precipitates synergy [J]. Nano Energy，2020，78：105227.

[6]　Ruan M，Li F，Chen Y X，et al. Te-free compound Bi$_2$SeS$_2$ as a promising mid-temperature thermoelectric material [J]. Journal of Alloys and Compounds，2020，849.

[7]　Liu Z H，Pei Y L，Geng H Y，et al. Enhanced thermoelectric performance of Bi$_2$S$_3$ by synergistical action of bromine substitution and copper nanoparticles [J]. Nano Energy，2015，13：554-562.

[8]　Zhu J，Zhang X，Guo M，et al. Restructured single parabolic band model for quick analysis in thermoelectricity [J]. Npj Computational Materials，2021，7（1）：116.

[9]　Pei Y，Lalonde A D，Wang H，et al. Low effective mass leading to high thermoelectric performance [J]. Energy &

Environmental Science，2012，5（7）：7963-7969.

[10]　Yan Y，Wu H，Wang G，et al. High thermoelectric performance balanced by electrical and thermal transport in tetrahedrites $Cu_{12+x}Sb_4S_{12}Se$ [J]. Energy Storage Materials，2018，13：127-133.

[11]　Kim H S，Gibbs Z M，Tang Y L，et al. Characterization of Lorenz number with Seebeck coefficient measurement [J]. APL Materials，2015，3（4）.

[12]　Chen J，Yuan H，Zhu Y K，et al. Ternary $Ag_2Se_{1-x}Te_x$: A near-room-temperature thermoelectric material with a potentially high figure of merit [J]. Inorganic Chemistry，2021，60.

[13]　Wang S，Wang D，Su L，et al. Realizing synergistic optimization of thermoelectric properties in n-type $BiSbSe_3$ polycrystals via co-doping zirconium and halogen [J]. Materials Today Physics，2022，22：100608.

[14]　Ming H，Zhu G，Zhu C，et al. Boosting thermoelectric performance of Cu_2SnSe_3 via comprehensive band structure regulation and intensified phonon scattering by multidimensional defects [J]. ACS Nano，2021，15（6）：10532-10541.

[15]　Pei J，Zhang L J，Zhang B P，et al. Enhancing the thermoelectric performance of $Ce_xBi_2S_3$ by optimizing the carrier concentration combined with band engineering [J]. Journal of Materials Chemistry C，2017，5（47）：12492-12499.

[16]　Ge Z H，Zhang B P，Liu Y，et al. Nanostructured $Bi_{2-x}Cu_xS_3$ bulk materials with enhanced thermoelectric performance [J]. Physical Chemistry Chemical Physics，2012，14（13）：4475-4481.

[17]　Ji W，Shi X L，Liu W，et al. Boosting the thermoelectric performance of n-type Bi_2S_3 by hierarchical structure manipulation and carrier density optimization [J]. Nano Energy，2021，87：106171.

[18]　Yang J，Yu L X，Wang T T，et al. Thermoelectric properties of n-type $Cu_xBi_2S_3$ materials fabricated by plasma activated sintering [J]. Journal of Alloys and Compounds，2019，780：35-40.

[19]　Guo J，Ge Z H，Qian F，et al. Achieving high thermoelectric properties of Bi_2S_3 via $InCl_3$ doping [J]. Journal of Materials Science，2020，55（1）：263-273.

[20]　Wan C L，Pan W，Xu Q，et al. Effect of point defects on the thermal transport properties of $(La_xGd_{1-x})_2Zr_2O_7$: Experiment and theoretical model [J]. Physical Review B，2006，74（14）.

[21]　Ge Z H，Qin P，He D，et al. Highly enhanced thermoelectric properties of Bi/Bi_2S_3 nanocomposites [J]. ACS Applied Materials and Interfaces，2017，9（5）：4828-4834.

[22]　Shi X，Wu A，Liu W，et al. Polycrystalline SnSe with extraordinary thermoelectric property via nanoporous design [J]. ACS Nano，2018，12（11）：11417-11425.

[23]　Guo J，Ge Z，Hu M，et al. Facile synthesis of $NaBiS_2$ nanoribbons as a promising visible light-driven photocatalyst [J]. Physica Status Solidi-Rapid Research Letters，2018，12（9）：1800135.

[24]　Du X，Cai F，Wang X. Enhanced thermoelectric performance of chloride doped bismuth sulfide prepared by mechanical alloying and spark plasma sintering [J]. Journal of Alloys and Compounds，2014，587：6-9.

[25]　Zhang F，Chen C，Yao H，et al. High-performance n-type Mg_3Sb_2 towards thermoelectric application near room temperature [J]. Advanced Functional Materials，2019，30（5）：1906143.

[26]　Zhang R Z，Chen K，Du B，et al. Screening for Cu-S based thermoelectric materials using crystal structure features [J]. Journal of Materials Chemistry A，2017，5（10）：5013-5019.

[27]　Jabar B，Qin X，Mansoor A，et al. Enhanced power factor and thermoelectric performance for n-type $Bi_2Te_{2.7}Se_{0.3}$ based composites incorporated with 3D topological insulator nanoinclusions [J]. Nano Energy，2021，80：105512.

[28]　Kim H S，Gibbs Z M，Tang Y，et al. Characterization of loren number with Seebeck coefficient measurement [J]. APL Materials，2015，3（4）：041506.

[29]　Xu B，Feng T，Agne M T，et al. Highly porous thermoelectric nanocomposites with low thermal conductivity and

high figure of merit from large-scale solution-synthesized $Bi_2Te_{2.5}Se_{0.5}$ hollow nanostructures [J]. Angewandte Chemie International Ed in English，2017，56（13）：3546-3551.

[30]　Liu R，Lan J L，Tan X，et al. Carrier concentration optimization for thermoelectric performance enhancement in n-type Bi_2O_2Se [J]. Journal of the European Ceramic Society，2018，38（7）：2472-2476.

[31]　Güney H，İskenderoğlu D. The effect of Ag dopant on MgO nanocrystallites grown by SILAR method [J]. Materials Science in Semiconductor Processing，2018，84：151-156.

[32]　Xue Y，Wang X. The effects of Ag doping on crystalline structure and photocatalytic properties of $BiVO_4$ [J]. International Journal of Hydrogen Energy，2015，40（17）：5878-5888.

[33]　Heremans J P，Jovovic V，Toberer E S，et al. Enhancement of thermoelectric efficiency in PbTe by distortion of the electronic density of states [J]. science，2008，321（5888）：554-557.

[34]　Shi X，Wu A，Feng T，et al. High thermoelectric performance in p-type polycrystalline Cd-doped SnSe achieved by a combination of cation vacancies and localized lattice engineering [J]. Advanced Energy Materials，2019，9（11）：1803242.

[35]　Guo J，Ge Z H，Qian F，et al. Achieving high thermoelectric properties of Bi_2S_3 via $InCl_3$ doping [J]. Journal of Materials Science，2019，55（1）：263-273.

[36]　Liu W，Lukas K C，Mcenaney K，et al. Studies on the Bi_2Te_3–Bi_2Se_3–Bi_2S_3 system for mid-temperature thermoelectric energy conversion [J]. Energy Environ Sci，2013，6（2）：552-560.

[37]　Chen Y，Wang D，Zhou Y，et al. Enhancing the thermoelectric performance of Bi_2S_3: A promising earth-abundant thermoelectric material [J]. Frontiers in Physics，2019，14（1）：1-12.

[38]　Yang J，Liu G，Yan J，et al. Enhanced the thermoelectric properties of n-type Bi_2S_3 polycrystalline by iodine doping [J]. Journal of Alloys and Compounds，2017，728：351-356.

[39]　Zhao L D，Lo S H，He J，et al. High performance thermoelectrics from earth-abundant materials：Enhanced figure of merit in PbS by second phase nanostructures [J]. Journal of the American Chemical Society，2011，133（50）：20476-20487.

[40]　Qian X，Wu H，Wang D，et al. Synergistically optimizing interdependent thermoelectric parameters of n-type PbSe through alloying CdSe [J]. Energy Environ Sci，2019，12（6）：1969-1978.

第6章 硫化铋基热电材料的液相法制备及性能

6.1 溶液法卤族酸掺杂提升 Bi₂S₃ 热电性能

6.1.1 硫化铋块体不同压力方向的相结构与热电传输性能

在 SPS 工作压力的作用下，为了避免 Bi₂S₃ 纳米材料因织构引起的各向异性对其热电性能的影响[1]，分别沿垂直于压力与平行于压力的方向对 Bi₂S₃ 样品进行了相关的性能测试，如图 6.1（a）分别沿垂直与平行于压力的方向对 Bi₂S₃ 块体进行 XRD 表征。结果表明，平行于压力方向的 XRD 图谱与标准 PDF 卡片的衍射峰位置与峰强基本一致，而垂直于压力方向的 XRD 图谱中（１０１）与（０２０）的峰的强度非常弱，（２４０）的峰强比较大，表明样品沿垂直于压力的方向存在较强的各向异性。接着表征 Bi₂S₃ 样品沿不同方向的热电性能。如图所示，不同

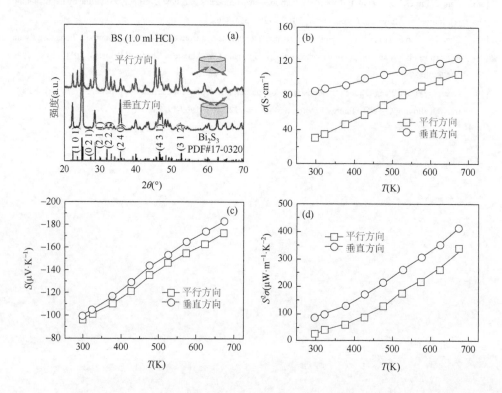

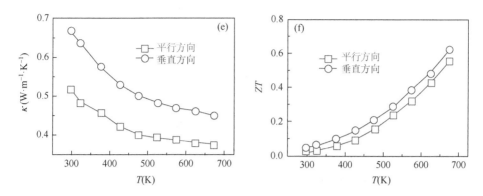

图 6.1　硫化铋分别沿平行与垂直于压力方向的（a）相结构，（b）电导率，（c）塞贝克系数，
（d）功率因子，（e）热导率，（f）ZT 与温度的关系

方向的电导率均随温度的升高而上升，表明了一种典型的热激发半导体行为。沿垂直于压力方向的电导率从室温时 $85 \, \text{S·cm}^{-1}$ 上升到了 673 K 时的 $124 \, \text{S·cm}^{-1}$。其中室温电导率是平行方向的近 3 倍。相比于电导率的变化，塞贝克系数的变化没有那么大，沿垂直于压力方向的塞贝克系数稍高于平行方向。最终得到的功率因子都随温度的升高而上升，沿垂直于压力方向的功率因子从室温时的 $85 \, \mu\text{W·m}^{-1}\text{·K}^{-2}$ 上升到了 673 K 时的 $413 \, \mu\text{W·m}^{-1}\text{·K}^{-2}$，相比之下，比平行方向的功率因子高出 25%。

　　图 6.1（e）给出的是两个方向的热导率，垂直方向的热导率比平行方向要高 30%。结合电传输性能与热导率，最终得到的热电优值 ZT 值，沿垂直于压力方向在 673 K 时达到 0.62，比平行方向高 12%。考虑到各向异性的存在以及它对硫化铋热电性能的影响，之后的研究中将垂直于压力方向作为热电性能研究的主要方向。

6.1.2　卤族酸掺杂硫化铋粉末的显微结构

6.1.2.1　卤族酸掺杂 Bi_2S_3 粉末的相结构

　　图 6.2 给出的是水热法制备 Bi_2S_3 时加入不同卤族酸后得到的 Bi_2S_3 粉末的 XRD。从图中可以看出，除了加入 1.0 mL HBr 与 HI 的样品外，其他样品所有的衍射峰都与 Bi_2S_3 的正交结构吻合（PDF# 89-8964），没有明显的第二相的峰出现，表明得到了纯的 Bi_2S_3 粉末。根据标准 PDF 卡片 70-0202 和 73-1157，加入 1.0 mL HBr 与 HI 的样品都得到了另外一种铋基单相半导体材料，分别是六方结构的 $Bi_{0.33}(Bi_6S_9)Br$ 相和六方结构的 $[Bi(Bi_2S_3)_9I_3]_{0.667}$ 相。

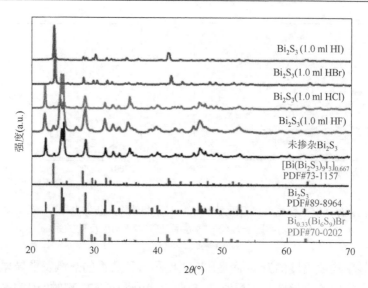

图 6.2　纯的硫化铋和加入 1 mL 卤族酸（HF，HCl，HBr，HI）的硫化铋的 X 射线衍射图谱

6.1.2.2　卤族酸掺杂 Bi_2S_3 粉末的微观形貌

图 6.3 给出的是纯的 Bi_2S_3 和加入 1.0 mL 卤族酸（HF，HCl，HBr，HI）经水热制备的粉末的扫描电镜图。如图所示，纯的 Bi_2S_3 是一种由很多弯曲的片组成的棒状形貌，尺寸较大，直径从 400～800 nm 不等，长度在几个微米左右。加入 HF 后除了出现了少量的棒状外，总体的形貌与纯的一样，没有明显的变化，尺寸比

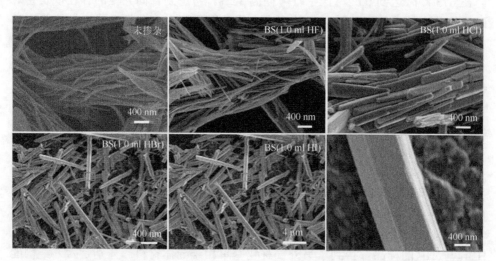

图 6.3　纯的硫化铋和加入 1 mL 卤族酸（HF，HCl，HBr，HI）的粉末样品的微观形貌图

纯的 Bi_2S_3 要小。加入 HCl 后形貌开始转变为棒状，加入 HBr 后得到的是 $Bi_{0.33}(Bi_6S_9)Br$ 相，它是一种针状形貌，不同的针状相互交叉在一起形成一种栅栏状。加入 HI 后得到的是棒状形貌的$[Bi(Bi_2S_3)_9I_3]_{0.667}$，可以很明显看出其六方结构的特征。六方相$[Bi(Bi_2S_3)_9I_3]_{0.667}$ 的尺寸也比较大，直径从 300~900 nm 不等，长度达到约 10~16 μm。

6.1.3　卤族酸掺杂硫化铋块体的显微结构

得到的粉末经放电等离子体烧结后得到相应的块体样品，图 6.4（a）给出的是烧结后块体样品的 X 射线衍射图谱。如图所示，不加卤族酸的样品，以及加入 HF 和 HCl 的样品都显示的是 Bi_2S_3 的相，没有检测到第二相的出现。而加入 HBr 的样品除了主相仍然是 $Bi_{0.33}(Bi_6S_9)Br$ 外，同时也检测到了 Bi_2S_3 的相，如图小三角所示，表明 $Bi_{0.33}(Bi_6S_9)Br$ 的热稳定性较差，烧结的过程中发生部分分解。相比之下，加入 HI 的样品则较为稳定，烧结后的 XRD 仍然是六方结构的 $[Bi(Bi_2S_3)_9I_3]_{0.667}$ 相，没有其他杂相出现。基于上面的结果推测，加入卤族酸后在保温的过程中生成了一种 $Bi_xS_yQ_z$（F，Cl，Br，I）铋基中间相半导体，但由于中间相半导体的热稳定性从 F 到 I 逐渐增强，所以加入 HF 与 HI 酸的样品得到的是 Bi_2S_3 的相，而加入 HBr 后得到的粉末是 $Bi_{0.33}(Bi_6S_9)Br$ 相，经 SPS 烧结后开始向 Bi_2S_3 分解。而加入 HI 酸后得到的中间相最为稳定，所以无论是粉末还是 SPS 烧结后的块体都显示的是六方结构的$[Bi(Bi_2S_3)_9I_3]_{0.667}$ 相。所以，在水热法制备样品的过程中，只要有适宜的温度并且有充足的保温时间，最终都会得到纯的 Bi_2S_3 粉末样品。但不同卤素进入 Bi_2S_3 晶格的能力不同，所以最终得到的 Bi_2S_3 的掺杂

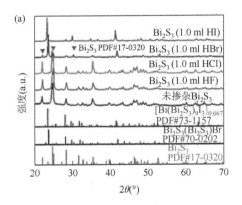
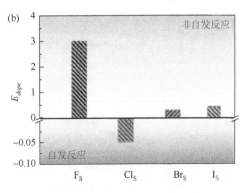

图 6.4　（a）纯的硫化铋和加入 1.0 mL 卤族酸（HF，HCl，HBr，HI）的块体样品的 X 射线衍射谱；（b）计算的 F_S，Cl_S，Br_S，和 I_S 的缺陷形成能

程度也不同。这里采用密度泛函理论第一性原理计算来分析不同卤素取代 S 位置时的缺陷形成能。如图 6.4（b）所示，所有缺陷中，Cl 取代 S 具有最低的形成能 -0.05 eV，负的缺陷形成能表明反应能够自发进行，Cl 元素要优于 F、Br、I 来取代 S 的位置，形成均匀的大面积 Cl 取代层，引入自由电子提升 Bi_2S_3 的电导率。而 F 取代 S 形成 $F_S^{\cdot}$ 缺陷时所需的能量最大，为 2.9 eV，表明 F 很难进入 Bi_2S_3 晶格中，难以产生 $F_S^{\cdot}$ 缺陷。同时 Br 与 I 元素的缺陷形成能也较小，说明他们取代 S 的能力比 Cl 要弱一些，但比 F 强很多[2]。

6.1.4　卤族酸掺杂 Bi_2S_3 块体的热电传输性能

图 6.5 是纯的 Bi_2S_3 和加入 1.0 mL 卤族酸（HF，HCl，HBr，HI）的块体样品的电与热输运性能与温度的关系。如图 6.5（a）所示，所有样品的电导率沿高温方向的斜率都为正，表明了 Bi_2S_3 的半导体导电特性。$[Bi(Bi_2S_3)_9I_3]_{0.667}$ 相的电导率较低，最大值在 673 K 时仅有 1 S·cm^{-1}，而加入 HF 和 HBr 的样品的电导率非常接近，只比纯的 Bi_2S_3 样品稍微大一点。而经 HCl 处理的 Bi_2S_3 样品的电导率得到了显著

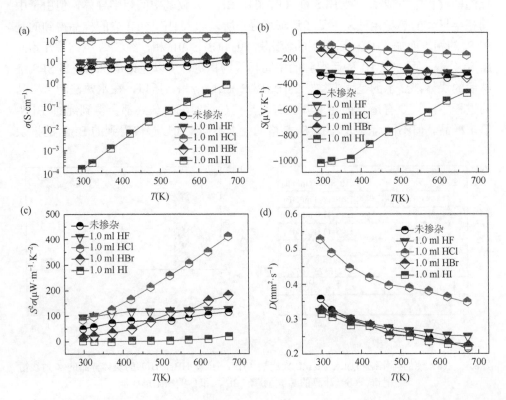

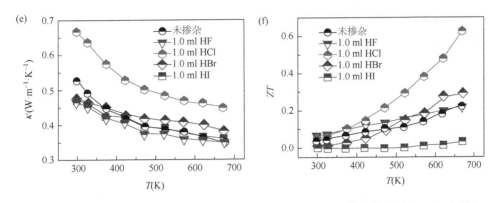

图 6.5 纯的硫化铋和加入 1.0 mL 卤族酸（HF，HCl，HBr，HI）的块体样品的（a）电导率，（b）塞贝克系数，（c）功率因子，（d）热扩散系数，（e）热导率，（f）ZT 与温度的关系

的提升，从室温时纯样的 4 S·cm^{-1} 上升到了 85 S·cm^{-1}，并且进一步增加到了 673 K 时的 124 S·cm^{-1}，相比纯的 Bi_2S_3 样品，电导率提升了一个数量级。显著优化的电导率也表明 Cl 相比于其他卤素来说，对提升 Bi_2S_3 的电导率要更加有效。

图 6.5（b）给出的是所有样品的塞贝克系数与温度的关系。由于塞贝克系数与载流子浓度呈反相关，所以[$Bi(Bi_3)_9I_3$]$_{0.667}$ 样具有较大的塞贝克系数的绝对值，室温时超过 1000 μV·K^{-1}，而加入 HCl 的样品由于电导率的显著提升，塞贝克系数绝对值较低，室温时塞贝克系数只有 100 μV·K^{-1} 左右，673 K 时也低于 200 μV·K^{-1}。结合电导率与塞贝克系数，图 6.5（c）给出了所有样品的功率因子与温度的变化图。[$Bi(Bi_2S_3)_9I_3$]$_{0.667}$ 样由于电导率比较低，最终的功率因子在 673 K 时只有 20 μW·m^{-1}·K^{-2}，加 HF 的 Bi_2S_3 在整个测试温度范围内的功率因子都在 100 μW·m^{-1}·K^{-2} 左右，而 $Bi_{0.33}(Bi_6S_9)Br$ 与 Bi_2S_3 两相混合的样品在 673 K 时最大功率因子为 180 μW·m^{-1}·K^{-2}。经 HCl 处理的样品，由于电导率的显著提升，功率因子室温时达到 85 μW·m^{-1}·K^{-2}，并随温度增加到了 413 μW·m^{-1}·K^{-2}。

图 6.5（e）是纯的 Bi_2S_3 和卤族酸处理过的样品的热导率与温度的变化图。如图所示，所有样品的热导率随温度的上升呈下降趋势，表明声子散射占主要的散射机制。除了 HCl 处理的样品外，其他样品的总热导率非常接近，基本在 0.5 W·m^{-1}·K^{-1} 以下，低的热导率一方面是因为样品的本征晶格热导率比较低，另一方面是因为样品的电导率较低。HCl 处理的样品由于电导率的显著提升而得到比较大的电子热导率，使得总热导率比较高，总热导率随温度从室温到 673 K 时从 0.67 W·m^{-1}·K^{-1} 降低到 0.45 W·m^{-1}·K^{-1}。最终 HCl 处理的 Bi_2S_3 在 673 K 时 ZT 达到了 0.62，表明 HCl 相比于其他卤族酸在提升 Bi_2S_3 的电导率方面更加有效。考虑到所合成的样品粉末具有的不同形貌，在 SPS 的压力作用下具有一定的取向性，因此所有样品的性能均沿垂直于压力方向测试。

6.1.5　水热 Cl 掺杂的硫化铋的微观结构

6.1.5.1　水热 Cl 掺杂的 Bi$_2$S$_3$ 块体相结构和光学带隙

基于以上的结果与分析，证明了 HCl 可以显著提升 Bi$_2$S$_3$ 块体的电传输性能，尤其沿垂直于压力方向。因此接下来研究不同含量 HCl 对 Bi$_2$S$_3$ 热电性能的影响。图 6.6（a）给出的是烧结得到的经 HCl 处理的 Bi$_2$S$_3$ 块体（x mL HCl，其中 $x = 0.0$，0.5，1.0，2.0）沿垂直于压力方向的 X 射线衍射图谱（XRD）。所有的衍射峰都与 Bi$_2$S$_3$ 的正交结构吻合的很好，在 X 射线衍射仪的检测极限内没有观察到明显的第二相。另外，在所有样品的图谱中（1 0 1）和（0 2 0）的衍射峰的强度非常微弱，表明 Bi$_2$S$_3$ 晶体存在一定的取向性。图 6.6（b）给出了基于 XRD 数据精修得到的晶格参数与晶胞体积的变化。晶格参数 a 和 b 刚开始随盐酸含量的增加而降低，当 HCl 的量达到 2.0 mL 时又开始增加。HCl 含量为 1.0 mL 时 Bi$_2$S$_3$ 的晶胞体积是最小的，为 503.7 Å^3，减小的晶胞体积说明 Bi$_2$S$_3$ 晶格发生了收缩。晶格的收缩主

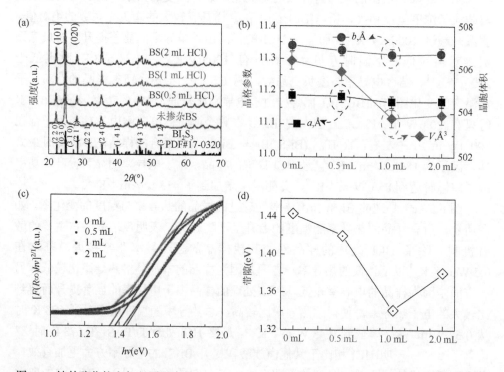

图 6.6　纯的硫化铋和加入不同含量 HCl（0.5 mL，1.0 mL，2.0 mL）的块体样品的（a）XRD 图谱；（b）晶格参数与晶胞体积；（c）电子吸收谱；（d）带隙值

要是离子取代造成的，在水热反应过程中，盐酸中的 Cl^{-1} 离子取代了 S^{-2} 离子的位置，由于 Cl^{-1} 的离子半径为 1.81 Å，小于 S^{-2} 的 1.84 Å，所以当 Cl^{-1} 取代 S^{-2} 时硫化铋的晶格会发生一定程度的收缩。

图 6.6（c）给出的是 Bi_2S_3 块体（x mL HCl，其中 x = 0.0，0.5，1.0，2.0）的电子吸收谱。Bi_2S_3 的光学带隙可利用 Kubelka–Munk 理论评估得到。如图 6.6（d）所示，开始的时候，所有样品的电子吸收边随盐酸含量的增加均向能量较低的方向移动，当含量达到 2.0 mL 时，又开始向能量较高的方向移动。最终得到的样品的带隙分别是 1.40 eV，1.38 eV，1.26 eV，和 1.29 eV。Cl 元素的引入降低材料的光学带隙，有利于更多电子进入导带成为自由电子参与输运。根据晶格参数和光学带隙的变化情况来看，Cl 元素已经成功引入到 Bi_2S_3 的晶格当中，并且 x = 1.0 时达到了其固溶极限值。

6.1.5.2　水热 Cl 掺杂的 Bi_2S_3 块体的微观结构与 EPMA

图 6.7 是水热合成的加入不同含量 HCl 的硫化铋粉末的微观形貌图。如图所示，纯的硫化铋是由很多弯曲的片状组成长棒，长度都在 10 μm 以上，直径从 500 nm 到 2 μm 不等。

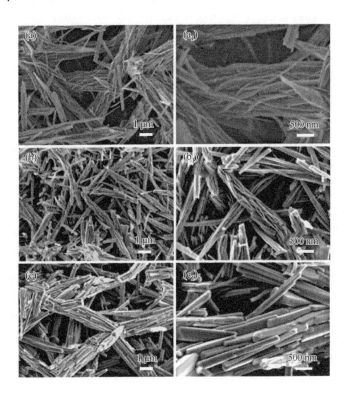

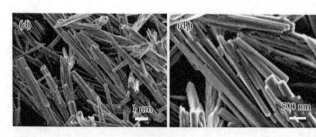

图 6.7　水热合成的硫化铋粉末的场发射扫描电子显微镜图。（a）0.0 mL HCl；（b）0.5 mL HCl；
　　　（c）1.0 mL HCl；（d）2.0 mL HCl。放大的硫化铋粉末的场发射扫描电子显微镜图
　　　（a_1）0.0 mL HCl；（b_1）0.5 mL HCl；（c_1）1.0 mL HCl；（d_1）2.0 mL HCl

　　大量片状结构的存在将提供丰富的散射界面，有利于降低材料的晶格热导率。加入 0.5 mL HCl 后，首先晶粒的尺寸发生了改变，长度降到了 6 μm 左右，直径在 400 nm 左右。另外，棒上的片状结构虽有所保留，但明显数量在减少。加入 1.0 mL HCl 后，片状结构完全消失，开始向光滑的棒状转变，转变的方式为劈裂转变，由较大的棒状劈裂为尺寸小一些的棒状 Bi_2S_3。当 HCl 的量达到 2.0 mL，粉末的形貌已经完全转变为长度 6 μm、直径 200 nm 左右的棒状。

　　将适量的粉末经放电等离子体烧结后得到 Bi_2S_3 块体材料，为了观察烧结后 Bi_2S_3 晶粒的变化，图 6.8 给出了 Bi_2S_3 块体材料的断面形貌。如图所示，纯的 Bi_2S_3 晶粒尺寸较小，推测是因为粉末中的片状结构引起的，高密度的晶界将为声子散射提供丰富的散射中心。随着 HCl 含量的增加，晶粒尺寸开始长大，当 HCl 含量达到 1.0 mL 以后，烧结后的晶粒尺寸没有再出现明显的变化。为了进一步分析样品中元素种类与成分的变化，对样品表面抛光并进行 EPMA 的测试。

　　图 6.9 是加入 0.5 mL 的样品在整个测试波段的点扫描定性分析图。如图所示，在整个测试波段范围内，除去为了避免电子富集对成像造成干扰而在材料表面喷的碳之外，只检测到了 Bi、S、Cl 三种元素。另外，主要元素的衍射峰只在 0.35～0.75 nm 这个波段范围内出现，为了分析随加入 HCl 含量的变化样品中元素的变化，图 6.8（e）给出了所有样品在 0.35～0.75 nm 这个波段的峰值的变化。从图中可以看出，纯的 Bi_2S_3 中没有明显 Cl 的峰出现，加入 HCl 后开始检测到 Cl 的峰值，并且 Cl 的峰值随 HCl 含量的增加而增强。为了准确分析样品中各元素的含量，样品表明随机选取了三个点进行定量分析，定量分析的结果如表 6.1 所示，加入不同 HCl 含量的样品（x mL HCl，其中 x = 0.0，0.5，1.0，2.0）的 Bi/S/Cl 的比例分别为 2：3，2：2.96：0.04，2：2.90：0.10 和 2：2.85：0.15。定量分析的结果也表明，随着加入 HCl 含量的增加，样品中 Cl 的含量在上升，推测增加的 Cl 将取代硫的位置来提升 Bi_2S_3 的电导率。图 6.8（f）给出的是加入 0.5 mL HCl 的 Bi_2S_3 样品的 EPMA 面扫描图。如图，Bi，S 和 Cl 三个元素在整个测试范围内

分布的都很均匀，没有明显的第二相富集，结合晶格常数与带隙的变化，表明 Cl 元素均匀地掺入到了 Bi_2S_3 晶格当中。

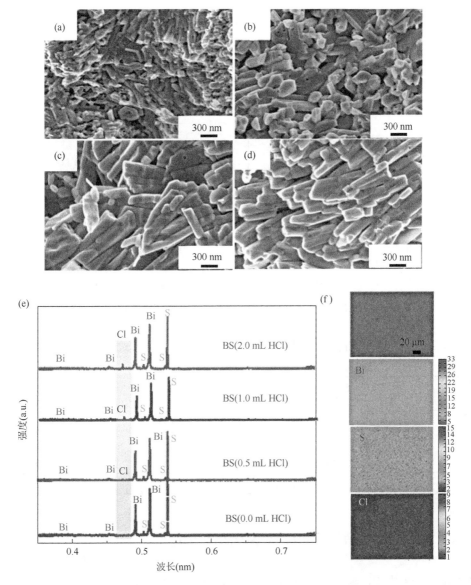

图 6.8　所有硫化铋样品的断面扫描电镜图：（a）Bi_2S_3（0.0 mL HCl）；（b）Bi_2S_3（0.5 mL HCl）；（c）Bi_2S_3（1.0 mL HCl）；（d）Bi_2S_3（2.0 mL HCl）。（e）Bi_2S_3（x mL HCl，其中 x = 0.0，0.5，1.0，2.0）样品在 0.35～0.75 nm 波段范围内的 EPMA 点扫图；（f）Bi_2S_3（0.5 mL HCl）样品的 EPMA 元素分布图

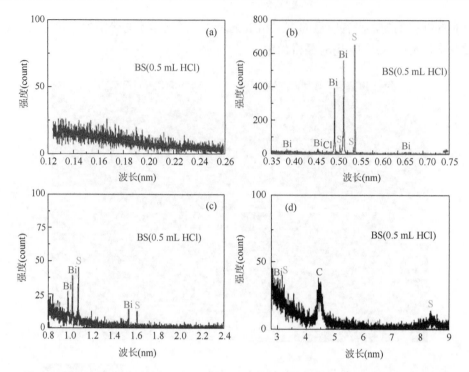

图 6.9　经抛光的 Bi_2S_3（0.5 mL HCl）样品在整个测试波段范围内的 EPMA 点扫描图

表 6.1　通过 EPMA 得到的硫化铋块体样品（x mL HCl，其中 x = 0.0，0.5，1.0，2.0）的组成成分和室温电传输性能的对比

HCl（ml）	组成成分	电导率 （$S \cdot cm^{-1}$）	塞贝克系数 （$\mu \cdot V \cdot K^{-1}$）	载流子浓度 （$10^{19}\ cm^{-3}$）	载流子迁移率 （$cm^2 \cdot V^{-1} \cdot s^{-1}$）	载流子有效 质量（m_e）
0.0	Bi_2S_3	4.35	−340.326	0.045	38	0.27
0.5	$Bi_2S_{2.96}Cl_{0.04}$	63.1	−164.321	1.15	46	0.55
1.0	$Bi_2S_{2.90}Cl_{0.10}$	84.86	−99.632	1.59	29	0.35
2.0	$Bi_2S_{2.85}Cl_{0.15}$	78.35	−83.932	1.85	14	0.32

6.1.6　水热 Cl 掺杂的硫化铋块体的热电性能

6.1.6.1　水热 Cl 掺杂的 Bi_2S_3 块体的电输运性能与电子结构

　　Bi_2S_3 块体样品（x mL HCl，其中 x = 0.0，0.5，1.0，2.0）的电输运性能如图 6.10 所示。图 6.10（a）给出的是所有 Bi_2S_3 样品的电导率与温度的变化关系。在测试温度范围内，Bi_2S_3 的电导率随温度的上升而增大，表明了 Bi_2S_3 典型的

载流子热激发半导体导电特性。纯的 Bi_2S_3 较低的电导率的数值，与已经报道的 Bi_2S_3 电导率的数值接近。另外，样品的电导率随加入 HCl 含量的增加而增大，其中，加入 2.0 mL HCl 的样品在 673 K 时电导率达到最大值 142 $S·cm^{-1}$。值得一提的是，加入 2.0 mL HCl 样品的电导率与加入 1.0 mL HCl 样品的电导率很接近，再一次表明 $x = 1.0$ 是 Cl 元素的固溶极限。电导率与载流子浓度和载流子迁移率呈正相关。室温载流子浓度和迁移率通过霍尔测试系统进行测试来进一步分析电导率的变化。如图 6.10（b）所示，室温载流子浓度从纯 Bi_2S_3 样品的 $4.5×10^{17}$ cm^{-3} 增加到了 $1.85×10^{19}$ cm^{-3}（2.0 mL HCl 的样品），增加了 2 个数量级，载流子浓度的增加来自于 Cl 对 S 的取代，产生更多的自由电子。纯样的迁移率为 38 $cm^2·V^{-1}·s^{-1}$，当加入 0.5 mL HCl 后，Bi_2S_3 样品的迁移率上升到 46 $cm^2·V^{-1}·s^{-1}$，这主要是因为晶粒发生了生长，晶界密度下降，晶界对载流子的散射减弱所导致的。但随掺杂程度的增加，迁移率开始下降，对于加入 2.0 mL HCl 的 Bi_2S_3 样品来说，迁移率一直下降到 14 $cm^2·V^{-1}·s^{-1}$，这主要是由于掺杂产生的点缺陷对载流子散射增强了。

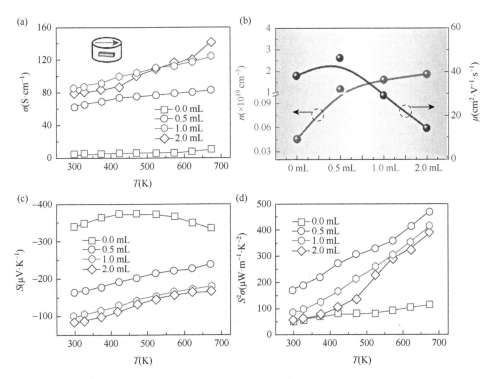

图 6.10 硫化铋块体样品（x mL HCl，其中 $x = 0.0$，0.5，1.0，2.0）的（a）电导率，（b）载流子浓度与迁移率，（c）塞贝克系数，（d）功率因子与温度的关系

图 6.10（c）是 Bi_2S_3 块体样品（x mL HCl，其中 $x = 0.0$，0.5，1.0，2.0）的塞贝克系数与温度变化图。所有的塞贝克系数都为负值，表明了 Bi_2S_3 的 n 型半导体特性。塞贝克系数随着加入 HCl 含量的增加而下降，这主要是由于 HCl 中的 Cl 取代 S 的位置导致载流子浓度上升。一般来说，对于金属和简并半导体，塞贝克系数与 n 呈反相关[3]，尽管样品经 HCl 处理后，n 有了显著的提升，塞贝克系数仍然保持一个较大的值，这主要与有效质量的变化有关。通过下式计算得到的 m^* 与 Cl 掺杂后费米能级进入到导带有关，增加的 m^* 使得塞贝克系数保持一个较大值。

$$S = \pm \frac{k_B}{e} \left(\frac{2F_1(\xi)}{F_0(\xi)} - \xi \right) \tag{6.1}$$

$$F_n(\xi) = \int_0^\infty \frac{\chi^n}{1 + e^{\chi - \xi}} \mathrm{d}\chi \tag{6.2}$$

$$m^* = \frac{h^2}{2k_BT} \left(\frac{n}{4\pi F_{1/2}(\xi)} \right)^{2/3} \tag{6.3}$$

其中，$F_n(\xi)$ 是第 n 费米积分，ξ 是降低的费米能，可通过 $\xi = \frac{E_F}{k_BT}$ 进行定义。

图 6.10（d）是所有 Bi_2S_3 样品（x mL HCl，其中 $x = 0.0$，0.5，1.0，2.0）的功率因子与温度的关系图。在测试温度范围内，所有样品的功率因子都随着温度的上升而增加。功率因子在加入 0.5 mL HCl 的 Bi_2S_3 样品中获得最大值，室温功率因子为 172 $\mu W \cdot m^{-1} \cdot K^{-2}$，在 673 K 的时候最大功率因子为 470 $\mu W \cdot m^{-1} \cdot K^{-2}$，这主要是得益于显著提升的电导率与相对大的塞贝克系数。当 HCl 的量超过 0.5 mL 后，功率因子开始随加入 HCl 含量的增加而下降，这是由电导率继续上升、载流子浓度的急剧增加而使塞贝克系数开始显著下降而导致。

采用密度泛函理论第一性原理计算来研究 Cl 掺杂对 Bi_2S_3 电子结构的影响。图 6.11（a）和（b）是硫化铋经 Cl 掺杂前和掺杂后计算得到的电子结构和态密度。考虑到 $x = 0.04$ 时 Cl 掺杂水平较低，但其对 Bi_2S_3 电子结构的影响是显著的，同时 $Bi_2S_{2.96}Cl_{0.04}$ 样品所需构建的超胞太大了，计算资源有限，很难用第一性原理计算。因此，本书选取 $Bi_2S_{2.75}Cl_{0.25}$ 作为计算对象，定性预测了 Cl 掺杂对该体系的影响。图 6.11（a）是纯 Bi_2S_3 的电子结构和态密度。Bi_2S_3 是一种间接带隙半导体，因为导带极小值出现在布里渊带的 Y 点和Γ点之间，价带极大值出现在布里渊带的 Z 点附近。计算得到纯的 Bi_2S_3 的带隙为 1.37 eV，与图 6.6（c）所示的实验结果相当，也与报道的带隙数值一致[4]。对于 $Bi_2S_{2.75}Cl_{0.25}$ 样品，费米能级移到了导带，使得 $Bi_2S_{2.75}Cl_{0.25}$ 成为简并半导体，自由电子浓度显著增加，这是导致功率因子显著增强的原因。此外，从相应的态密度中可以看出，相邻的施主的 Bi 和 S 的

d 轨道均和 Cl 有一定的轨道杂化，在费米能级附近产生杂质态，有利于杂质电离并引入更多的电子，提高了 Bi_2S_3 的功率因子。如图 6.11（c）所示，为 Cl 掺杂平面的差分电荷密度，红色表示电子的最大局域性，蓝色表示电子的最大离域性。从图中可以看出，在 Cl 原子附近，电子呈现离域性。进一步进行 bader 电荷分析，在等价位点，Bi 原子向 Cl 原子转移了 0.638|e| 的电荷，这一数值小于 Bi 向 S 原子的电荷转移量（0.803|e|），且 Cl 的 bader 体积大于 S 的 bader 体积。以上结果表明，Cl 掺杂后形成了有效的离域电子导电网络，有效提高了 Bi_2S_3 材料的导电性。

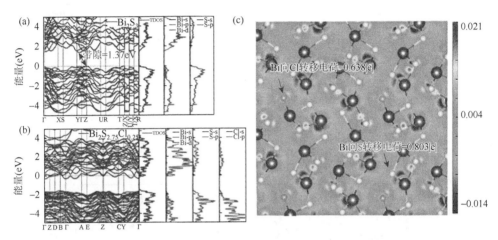

图 6.11　计算的（a）纯的硫化铋和（b）$Bi_2S_{2.75}Cl_{0.25}$ 的电子结构与态密度；
（c）计算的 $Bi_2S_{2.75}Cl_{0.25}$ 的差分电荷密度

6.1.6.2　水热 Cl 掺杂的 Bi_2S_3 块体的热输运性能与 ZT 值

所有 Bi_2S_3 块体样品（x mL HCl，其中 $x = 0.0$，0.5，1.0，2.0）的热传输性能与最终的 ZT 跟温度的关系如图 6.12 所示。在测量温度范围内，所有 Bi_2S_3 样品的热扩散系数均较低，在 $0.2 \sim 0.5$ $mm^2 \cdot s^{-1}$ 之间。如图 6.12（b），纯的 Bi_2S_3 样品在673 K 时热导率低至 0.348 $W \cdot m^{-1} \cdot K^{-1}$，这与基体中的孔隙和高密度晶界有关。总热导率在测试温度范围内随温度的升高而逐渐下降，表明了强的声子散射机制。值得一提的是，所有经 HCl 处理的样品的热导率都很低，而且非常接近。这主要由于块体材料的多孔结构和高密度的晶界的存在，可从对应的扫描电镜图片中看出。总热导率随 HCl 含量的增加有一定程度的上升，这是因为随 HCl 含量增加，粉末样品形貌发生变化，导致烧结后块体样品中气孔减少，同时，实现 Cl 掺杂后电导率提升引起电子热导率增加。

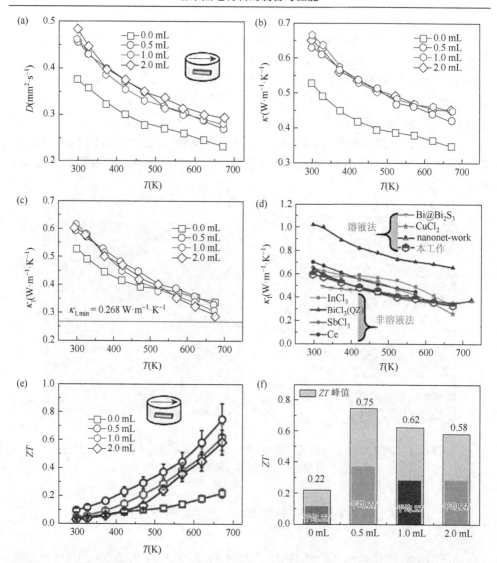

图 6.12 硫化铋块体样品（x mL HCl，其中 $x = 0.0$，0.5，1.0，2.0）的（a）热扩散系数，（b）总的热导率，（c）晶格热导率，（e）ZT 与温度的关系；（d）通过溶液法（BiCl$_3$（QZ）[5]，SbCl$_3$[6]，InCl$_3$[7]，Ce[4]）与非溶液法（CuCl$_2$[8]，Bi@Bi$_2$S$_3$[9]，nanonet-work[10]）制备的硫化铋以及本工作中的 Bi$_2$S$_3$（0.5 mL HCl）的晶格热导率与温度的关系；（f）ZT 峰值和平均 ZT 与温度的关系

基于 Wiedemann-Franz 定律，电子热导率可通过 $\kappa_e = L\sigma T$ 计算得到，其中 L 是洛伦兹常数，通过拟合实测的塞贝克系数根据单抛物带（SPB）模型的假设得到。

将电子热导率从总热导率中减去以后可得到 Bi$_2$S$_3$ 块体材料的晶格热导率。在 298～520 K 这个温度范围内，纯 Bi$_2$S$_3$ 的晶格热导率要比其他 HCl 处理的硫化铋样品的晶格热导率要低，这主要是因为高密度的晶界对低频声子的散射作用要更强。细化的纳米晶在图 6.8 中可以看出。到高温的时候，HCl 处理的样品的晶格热导率要比纯的 Bi_2S_3 样品的低，并随 HCl 含量的增加而下降。降低的晶格热导率主要来源于点缺陷和声子-声子散射（U 过程）。Bi_2S_3（2.0 mL HCl）的样品具有最低的晶格热导率 0.28 $W \cdot m^{-1} \cdot K^{-1}$，这么低的数值已经很接近通过 Cahill 模型计算得到的理论极限热导率 0.268 $W \cdot m^{-1} \cdot K^{-1}$。

$$\kappa_{l,min} = \frac{\pi}{4} k_B V^{-\frac{2}{3}} v_a \tag{6.4}$$

其中 V 是晶胞体积，v_a 是平均声速。图 6.12（d）给出的是由非溶液法（$BiCl_3$（QZ）[5]，$SbCl_3$[6]，$InCl_3$[7]，Ce[4]），溶液法（$CuCl_2$[8]，$Bi@Bi_2S_3$[9]，nanonet-work[10]）制备的硫化铋以及本工作中的 Bi_2S_3（0.5 mL HCl）的晶格热导率与温度的关系图。很明显加入 0.5 mL HCl 的 Bi_2S_3 的晶格热导率比其他很多元素掺杂的 Bi_2S_3 体系都要低，这主要与其特殊的形貌与微观结构有关，并且可以和 $SbCl_3$ 掺杂的体系进行比较。

通过超声反射法测试研究 Bi_2S_3 块体样品（x mL HCl，其中 $x = 0.0$，0.5，1.0，2.0）的室温弹性性质，来分析低的晶格热导率的原因。材料的晶格热导率可通过公式（6.5）和（6.6）来进行计算评估。

$$\kappa_l = A \frac{M_a \theta_D \delta^3}{\gamma^2 N^{\frac{2}{3}} T} \tag{6.5}$$

$$\kappa_l \propto \frac{\rho^{1/6} E^{1/2}}{(M/n)^{2/3}} \tag{6.6}$$

其中，A 是一个物理参数（$A \approx 3.1 \times 10^6$，如果热导率的单位是 $W \cdot m^{-1} \cdot K^{-1}$，$M_a$ 的单位是 amu，而 δ 的单位是埃）。M_a 是晶体中的平均原子质量，δ^3 是平均原子体积，N 是晶胞中的原子数，M 是分子中原子的质量，n 是分子中的原子数。可以看出，较大的格林奈森参数（γ）、较小的德拜温度（θ_D）和杨氏模量（E）是得到较低晶格热导率的必要条件。平均声速（v_a）、E、泊松比（v_p）可通过下面的公式计算

$$v_a = \left[\frac{1}{3} \left(\frac{1}{v_l^3} + \frac{2}{v_t^3} \right) \right]^{-1/3} \tag{6.7}$$

$$E = \frac{\rho v_t^2 \left(3v_l^2 - 4v_t^2 \right)}{\left(v_l^2 - v_t^2 \right)} \tag{6.8}$$

$$\gamma = \frac{3}{2} \left(\frac{1 + v_p}{2 - 3v_p} \right) \tag{6.9}$$

$$v_p = \frac{1 - 2\left(v_t / v_l\right)^2}{2 - 2\left(v_t / v_l\right)^2} \tag{6.10}$$

$$\theta_D = \frac{h}{k_B} \left[\frac{3N}{4\pi V}\right]^{1/3} v_a \tag{6.11}$$

其中,v_t 为横向声速,v_l 为纵向声速,h 为普朗克常数,k_B 为玻尔兹曼常数。通过超声反射法来测试横波与纵波声速,接着利用公式(6.7)~(6.11)来计算相关的参数。相关的计算结果如表 6.2 所示。纯的 Bi_2S_3 的弹性性质要低于其他的样品,这与测试得到的晶格热导率一致。另外,θ_D 与 E 随加入 HCl 的量的增加而逐渐下降,同时 γ 增大。

表 6.2 硫化铋块体样品(x mL HCl,其中 $x = 0.0$,0.5,1.0,2.0)的室温弹性性质与气孔率的对比

BS(x ml HCl)	气孔率(%)	横波声速(ms^{-1})	纵波声速(ms^{-1})	平均声速(ms^{-1})	杨氏模量(GPa)	泊松比	德拜温度(K)	格林奈森常数
0.0	16.9	1402	2409	1555	27.6	0.24	158	1.47
0.5	13.8	1478	2608	1643	32.4	0.26	167	1.56
1.0	11.1	1456	2608	1620	32.6	0.27	165	1.62
2.0	14.9	1431	2616	1595	30.5	0.28	162	1.69

图 6.12(e)给出的是 Bi_2S_3 块体样品(x mL HCl,其中 $x = 0.0$,0.5,1.0,2.0)的 ZT 与温度的变化关系,适量的 Cl 掺杂能够显著优化 Bi_2S_3 材料的热电优值。对于加入 0.5 mL HCl 的 Bi_2S_3 样品在 673 K 的时候得到最大 ZT,接近 0.8。这个值在目前的 Bi_2S_3 体系当中也是比较高的[5-7, 9-14]。图 6.12(f)给出的是 Bi_2S_3 块体样品(x mL HCl,其中 $x = 0.0$,0.5,1.0,2.0)的 ZT 峰值与平均 ZT。加入 HCl 以后都有了显著的提升,最终加入 0.5 mL HCl 的 Bi_2S_3 样品在 298~673 K 温度范围内获得了 0.37 的平均 ZT。

6.1.7 水热 Cl 掺杂的硫化铋块体的显微结构

为了探索烧结的 Bi_2S_3 块体的显微结构对其热电性能的影响,对加入 0.5 mL HCl 的 Bi_2S_3 样品的显微结构进行细致的透射电镜分析。图 6.13(a)是 0.5 mL HCl 的 Bi_2S_3 样品的低倍扫描透射电镜高角度环形暗场像(STEM-HAADF),从图中可以观察到直径大约在 270 nm 的棒状形貌,表明在 SPS 烧结的过程中棒状形貌成功保存了下来,纳米晶界将增强低频声子散射,有利于降低材料的晶格热导率。此外,在棒状形貌的表面也观察到一些 5~50 nm 左右的黑色点状区域 [如(a)

中圆圈所示]。接着对样品进行能谱检测来分析元素的种类与分布。如图 6.13（g）
与 6.13（c）所示，Bi、S、Cl 分布较为均匀，与 EPMA 结果一致，另外能谱图也
检测到了 Bi 与 S 的峰，Cl 的峰较弱，推测可能是含量较低，所以在透射电镜的检
测极限内，Cl 的峰强不明显。图 6.13（c）是 6.13（b）的局部放大图，从图中可以
看出存在较暗不均匀的区域，表明存在局部应力的变化，把这种区域命名为区域-1，
白色点状是在制样过程中造成的污染，其他没有黑点的区域命名为区域-2。

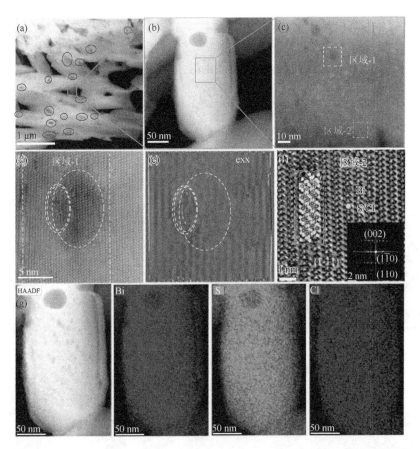

图 6.13　加入 0.5 mL HCl 的 Bi$_2$S$_3$ 样品的透射电镜图。（a）低倍扫描透射电镜高角度环形暗场
像（STEM-HAADF）；（b）来自于（a）方块处的放大的 STEM-HAADF；（c）来自于（b）方
框处的放大的 STEM-HAADF 图，能清楚观察到不均匀的衬度差。区域-1 取自包含不均匀应力
的部分（黄色方框所示），区域-2 取自不含位错的均匀部分（橘黄色方框所示）；（d）区域-1 的
高倍 STEM HAADF 图；（e）是图（d）的应力应变图，显示的是位错周围的应力分布情况；
（f）沿[110]轴模拟原子结构视图的区域-2 的高倍 STEM HAADF 图，粉色点表示 Bi 原子，
黄色点表示 S 和 Cl 原子，及其对应的沿[110]方向的 SAED（扫描封底二维码见彩图）；
（g）EDS 能谱图

　　图 6.13（d）与（f）分别是区域-1 与区域-2 的高倍 STEM-HAADF 图。对于区域-1，在白色圆圈内可以观察到多余的半原子面，说明存在位错缺陷。接着选取局部高倍透射电镜图进行反傅里叶转换，如图 6.14（b）所示，观察到了大量的位错，这表明 Bi_2S_3 晶粒中存在丰富的位错核心，能够有效散射声子，降低晶格热导率。经过几何相分析，从 HR-STEM-HAADF 图像中能够直接反映出位错核心附近的应变分布。图 6.13（e）是图（d）对应的应力应变图。从应变图中观察到两个特征：第一，原本排列规则的原子列在较暗区域变得不再规则（突出显示在大圆圈中），这可能是由于 Cl 对 S 的取代产生的点缺陷 $Cl_S^{\cdot}$ 造成的局部元素的变化或应力的变化[15]；第二，在应变图中观察到明显的亮度对比，表明在位错核附近有高密度的应变。Cl 取代 S 产生更多的自由电子，使导电性提高。同时，缺陷

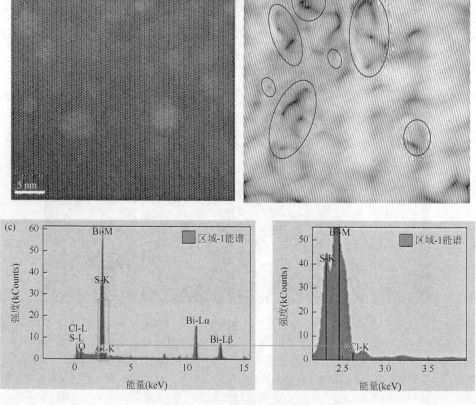

图 6.14　（a）加入 0.5 mL HCl 的 Bi_2S_3 样品的高倍 STEM HAADF 图；（b）为（a）图的反傅里叶转换图；（c）EDS 能谱图

提供了强的声子散射中心，降低声子的平均自由程[16]，因此，进行 Cl 掺杂的样品的晶格热导率较低。图 6.13 (f) 给出的是加入 0.5 mL HCl 的 Bi_2S_3 的 HR-STEM-HAADF（区域-2）图像及其结构模型，Bi 原子为粉色，S/Cl 原子为黄色。该区域晶格显示均匀，未见明显缺陷。对应的沿[110]晶向的电子衍射花样表明了 Bi_2S_3 的正交结构。电子衍射花样中没有斑点的劈裂和多余斑点的出现，表明 Bi_2S_3 样品是单相。结合扫描电镜与透射电镜的结果，在 Bi_2S_3 中观察到了大量的纳米孔、晶界和丰富的位错缺陷，这些缺陷都将提供丰富的声子散射中心，有利于降低 Bi_2S_3 材料的晶格热导率。

图 6.15 (a) 是本研究工作中的 Bi_2S_3 的 ZT 在 298~673 K 的温度范围内与先前已经报道过的硫化铋 ZT 差异的对较[5-7, 11, 13]。在 298~673 K 的温度范围内，该方法合成的 Bi_2S_3 比其他溶液法合成的 Bi_2S_3 体系的 ZT 要高，并且可以与很多其他方法制备的 Bi_2S_3 的热电性能进行比较。一般来说，通过溶液法制备的热电材料的热电性能要比非溶液法低，这一方面是因为反应过程中残留的有机溶剂没法完全去除，另一方面是因为自然生长情况下产生的阴离子空位较少。从图 6.15 (b) 可得出，本工作中 Bi_2S_3 材料较高的热电性能来自于样品功率因子的大幅度提升，同时具有较低的热导率。样品存在丰富的气孔、高密度的晶界以及大量点缺陷，使得 Bi_2S_3 具有低的热导率。同时，由于 Cl 掺杂使得载流子浓度大幅度增加，而导致电导率显著提升。另外，有效质量增大，塞贝克系数相对较大，从而得到较大的功率因子。得益于功率因子的提高与热导率的降低，从而 Bi_2S_3 热电性能得到显著提升。结果表明，在水热反应中，适宜的条件下，HCl 是一种高效的 n 型掺杂剂，能够有效提升 Bi_2S_3 的电热输运性能。因此，推测其在水热法制备优化其他热电材料的过程中也能产生显著的效果。

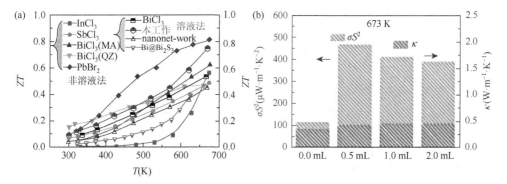

图 6.15 （a）本工作与其他二元硫化铋在 298~673 K 范围内的 ZT 的对比；（b）Bi_2S_3 块体样品（x mL HCl，其中 x = 0.0，0.5，1.0，2.0）在 673 K 时的功率因子与总热导率

6.1.8　水热 Cl 掺杂的硫化铋块体制备器件的热电转换效率

考虑到 Bi_2S_3 中得到的高的 ZT 和平均 ZT,基于实验制备得到的 n 型 $Bi_2S_{2.96}Cl_{0.04}$ 与具有优异热电性能的 p 型 $Pb_{0.965}Na_{0.02}Mn_{0.005}Cd_{0.01}Te$,成功组装了由两对 n-p 结组成的小型热电器件,器件尺寸为 10 mm×10 mm×8 mm,器件组成如图 6.16(a)所示。

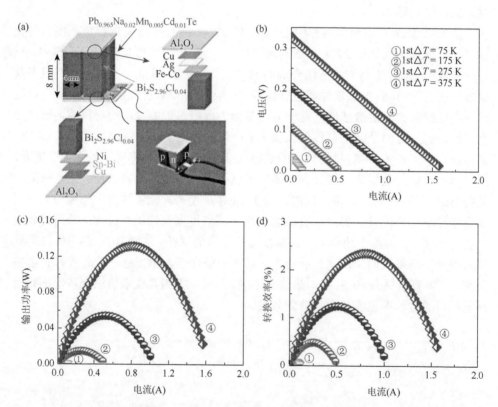

图 6.16　(a)热电发电器件的设计图及实物图;在不同热端温度下热电发电器件的(b)电压,(c)输出功率,(d)转换效率与电流的关系

采用 SPS 烧结工艺将 $Co_{0.8}Fe_{0.2}$ 合金和 Ni 黏结在材料上,分别作为热电器件的热端和冷端的阻挡层。$Co_{0.8}Fe_{0.2}$ 合金的厚度约为 100 μm,在 $Co_{0.8}Fe_{0.2}$ 合金的外部黏结 250 μm 厚的银箔作为电极。将 $Co_{0.8}Fe_{0.2}$ 合金和银箔黏结在材料上,SPS 烧结得到烧结体后,再通过金刚石线将直径为 20 mm 的烧结体切成 4 mm×4 mm×6.8 mm 的热电小腿柱。接着用两个直接黏结的铜氧化铝陶瓷焊接,组装成两对尺寸为 10 mm×10 mm×8 mm 的 n-p 结小型热电模块。低温端焊料为 $Sn_{64}Bi_{35}Ag$ 合金,高

温端焊料为 $Sn_{32}Bi_{17}Ag_{51}$ 合金。热电转换效率测试过程真空度控制在 10^{-5} mbar。

图 6.16（b）～（d）给出的是通过改变不同温差下电流所得到的电压、输出功率、转换效率与电流的关系。实验测试温差分别设为 75 K，175 K，275 K 和 375 K，冷端温度保持在室温 298 K。输出功率的数值开始随温差的增大而增大，当外部负载的电阻与器件模块的内阻相匹配时输出功率达到最优的峰值。如图 6.16 所示，随着温差的增大，内阻保持在一个相对稳定的数值，同时输出功率与转换效率增大了。当温差达到 375 K，电流是 0.82 A 时，输出功率达到峰值 0.13 W，此时内阻是 209 mΩ。相同条件下热电转换效率可以达到 2.3%，这是在 Bi_2S_3 体系中关于热电转换效率的首次报道。与之前报道的由 n 型 PbS 和 p 型 PbTe 制备的器件相比[17]，低的转换效率来自于 Bi_2S_3 与 PbTe 之间较大的内阻。考虑到 Bi_2S_3 的组成元素具有低毒、低成本与环境友好的特点，$Bi_2S_{2.96}Cl_{0.04}$ 样品在热电领域具有一定的应用前景。

6.2　溶液法 Se-Cl 共掺优化 Bi_2S_3 热电性能

6.2.1　Se-Cl 共掺 Bi_2S_3 粉体和块体的相结构

图 6.17（a）给出的是所有 $Bi_2S_{3-x}Se_xCl$（x = 0.0，0.3，0.5，0.7，1.0）粉末样品的 XRD 图谱。样品主要的衍射峰与硫化铋 *Pbnm* 空间群的正交结构相吻合（标准 PDF 卡片号 17-0320），主相为 Bi_2S_3 相。当加入的 x 的量超过 0.5 时开始出现第二相。根据标准 PDF 卡片 72-2115 分析，第二相为 BiSeCl 相，第二相衍射峰的强度随 Se 含量的增加而增强。图 6.17（b）给出的 28°～30°放大的 XRD 图谱。如图，未加入 Se 的样品（2 1 1）衍射峰相对标准卡片向高角度偏移，这是由于 Cl（0.181 nm）对 S（0.184 nm）的取代导致 Bi_2S_3 的晶格收缩。

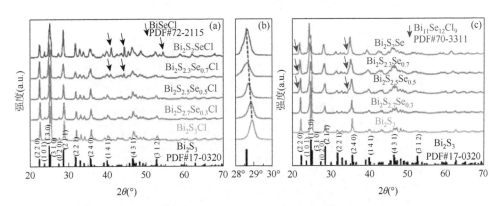

图 6.17　$Bi_2S_{3-x}Se_xCl$（x = 0.0，0.3，0.5，0.7，1.0）样品的 XRD 图谱：（a）粉末，（b）28°～30°放大的 XRD 图谱，（c）块体

加入 Se 源后，衍射峰向低角度偏移，由于 Se（0.198 nm）占据了 S 的位置而引起 Bi_2S_3 晶格膨胀。图 6.17（c）给出的是 Bi_2S_3 块体样品的 XRD 图谱。样品的主相仍然是 Bi_2S_3 正交相。当 x 的量超过 0.3 时，能观察到第二相的衍射峰，根据衍射峰的位置与标准 PDF 卡片 70-3311 的对比，第二相为 $Bi_{11}Se_{12}Cl_9$ 相。在烧结过程中，元素发生扩散，析出相由 BiSeCl 转变为 $Bi_{11}Se_{12}Cl_9$。（１０１）与（０２０）衍射峰很弱，表明块体中存在织构，为了避免出现测试误差，所有样品的热电性能均沿垂直于压力方向测试。

6.2.2　Se-Cl 共掺 Bi_2S_3 粉末和块体的微观结构

$Bi_2S_{3-x}Se_xCl$（$x=0.0$，0.3，0.5，0.7，1.0）粉末样品的形貌如图 6.18（a）～（e）所示。所有粉末均呈现典型的棒状形貌，且随着 Se 掺杂量的增加，形貌未见明显变化。$Bi_2S_{2.5}Se_{0.5}Cl$ 粉体的 TEM 图也呈现明显的棒状形貌（图 6.19），晶格条纹的面间距为 0.483 nm，对应的傅里叶图表明样品具有 Bi_2S_3 正交结构。为了分析粉末中元素的分布，对粉末样品进行 EDS mapping 检测。结果表明，样品中 Bi、S、Se 和 Cl 元素分布均匀，说明 Se 和 Cl 成功进入 Bi_2S_3 晶格。

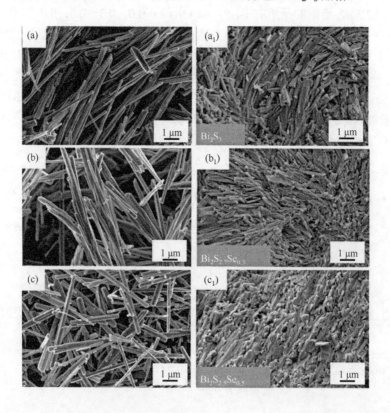

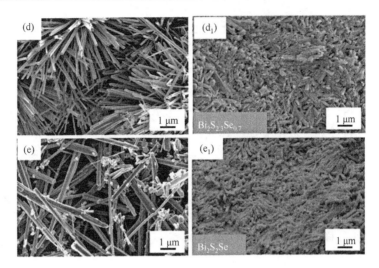

图 6.18　$Bi_2S_{3-x}Se_xCl$（$x = 0.0$，0.3，0.5，0.7，1.0）样品的扫描电镜图。（a～e）粉末（x 掺杂量依次递增），（a_1～e_1）块体（x 掺杂量依次递增）

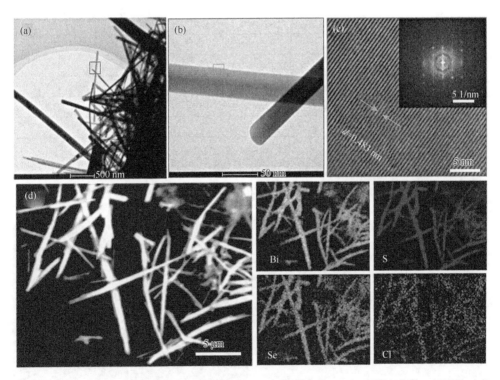

图 6.19　$Bi_2S_{2.5}Se_{0.5}Cl$ 粉体的透射电镜图：（a，b）低放大倍数，（c）高放大倍数，插图是对应的 FFT 图，（d）粉末样品的 EDS mapping 图

采用 EPMA 统计分析并确定所合成的 Se 掺杂 Bi_2S_3 样品的实际组成成分，结果如表 6.3 所示。值得注意的是，所有样品中都有 Cl 的存在，Cl 来源于所用的 $BiCl_3$ 原料，Cl 的存在有利于 Bi_2S_3 电导率的提高。根据 EPMA 定量分析的结果，与无 Se 样品相比，Se 的引入在一定程度上增加了 Cl 的固溶度。图 6.18（a_1）～（e_1）给出 $Bi_2S_{3-x}Se_xCl$（$x = 0.0$，0.3，0.5，0.7，1.0）块体样品的新鲜断面形貌。在引入 Se 元素并经过放电等离子体烧结后，棒状形貌成功保留在基体中，晶粒尺寸无明显变化。从断裂试样的 SEM 图像来看，各向异性对输运性能有很大的影响。考虑到所制备样品具有一定的织构，所有样品的热电性能均沿垂直于压力方向进行测试。$Bi_2S_{3-x}Se_xCl$（$x = 0.0$，0.3，0.5，0.7，1.0）样品的密度分别为 6.191 $g·cm^{-3}$、6.197 $g·cm^{-3}$、6.362 $g·cm^{-3}$、6.235 $g·cm^{-3}$、6.251 $g·cm^{-3}$，样品的相对密度均大于 90%。$Bi_2S_{2.4}Se_{0.42}Cl_{0.18}$ 样品抛光后进行 SEM-EDS 测试，观察断面组成元素的分布。

表 6.3　通过 EPMA 得到的 $Bi_2S_{3-x}Se_xCl$（$x = 0.0$，0.3，0.5，0.7，1.0）块体样品的实际成分与室温电输运性能的对比

样品	组成成分	电导率（$S·cm^{-1}$）	塞贝克系数（$\mu V·K^{-1}$）	载流子浓度（10^{19} cm^{-3}）	载流子迁移率（$cm^2·V^{-1}·s^{-1}$）
Bi_2S_3	$Bi_2S_{2.91}Cl_{0.09}$	119	−113	2.17	36.3
$Bi_2S_{2.7}Se_{0.3}$	$Bi_2S_{2.52}Se_{0.29}Cl_{0.19}$	251	−103	4.54	32.8
$Bi_2S_{2.5}Se_{0.5}$	$Bi_2S_{2.4}Se_{0.4}Cl_{0.20}$	482	−89	9.51	28.8
$Bi_2S_{2.3}Se_{0.7}$	$Bi_2S_{2.3}Se_{0.5}Cl_{0.20}$	356	−84	9.26	23.7
Bi_2S_2Se	$Bi_2S_{2.1}Se_{0.71}Cl_{0.19}$	201	−93	9.43	16.7

如图 6.20 所示，在断面中观察到暗色区域，元素 mapping 图表明 Bi 与 Se 元素在测试断面均匀分布，暗色区域存在 Cl 富集 S 缺失的情况，结合 $Bi_2S_{2.4}Se_{0.42}Cl_{0.18}$

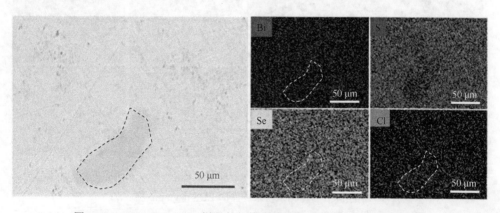

图 6.20　$Bi_2S_{2.4}Se_{0.42}Cl_{0.18}$ 样品的扫描电镜图和对应的 EDS mapping 图

样品实验所测 XRD，确定所观察到的析出相为 $Bi_{11}Se_{12}Cl_9$。增加的第二相界面将作为强的声子散射源，有利于样品热导率的下降[18]。

6.2.3　Se-Cl 共掺 Bi_2S_3 块体的 XPS

采用 X 射线光电子能谱（XPS）研究了 $Bi_2S_{2.4}Se_{0.42}Cl_{0.18}$ 样品组成元素的化学价态。所有元素均在样品表面进行测定。图 6.21 为样品的 XPS 的全谱扫描图，图中表明样品中存在 Bi 4f，S 2s，Se 3d 和 Cl 2p 能态。

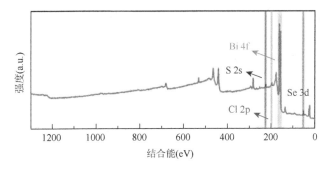

图 6.21　$Bi_2S_{2.4}Se_{0.42}Cl_{0.18}$ 样品的 XPS 全谱扫描图

图 6.22（a）～（d）分别给出了 Bi 4f、S 2s、Se 3d 和 Cl 2p 的高分辨率 XPS 光谱扫描图。如图 6.22（a）和（b）所示，$Bi\ 4f_{7/2}$、$Bi\ 4f_{5/2}$ 和 S 2s 的峰值几乎为单线态。除了 S 2p 的两个小峰，没有发现其他的结合能峰。根据实测的结合能和之前的研究，Bi 和 S 的价态分别为 +3 和 –2。对于 Se 元素，图 6.22（c）中 Se 3d 轨道对应的强结合能为 53.8 eV，表明 Se 为 –2 价。如图 6.22（d）所示，对于 Cl 元素，在 197.9 eV 和 199.5 eV 处有两个峰，分别对应于 $Cl\ 2p_{3/2}$ 和 $Cl\ 2p_{1/2}$ 轨道，表明 Bi_2S_3 基材料中 Cl 的化学价态为 –1，同时也证明了 Se 与 Cl 元素成功实现元素掺杂。

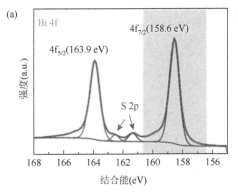
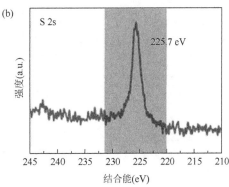

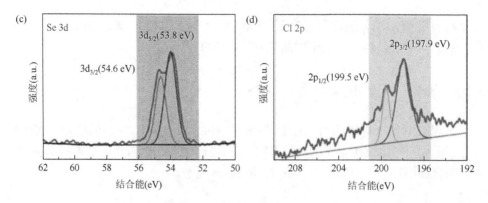

图 6.22　相关元素放大的 XPS 图（a）Bi 4f，（b）S 2s，（c）Se 3d 和（d）Cl 2p

6.2.4　Se-Cl 共掺 Bi₂S₃ 块体的电输运性能

图 6.23 给出了 $Bi_2S_{3-x}Se_xCl$（$x = 0.0$，0.3，0.5，0.7，1.0）块体样品的电输运性能。图 6.23（a）描述了所有块体的电导率随温度的函数关系。所有样品的电导

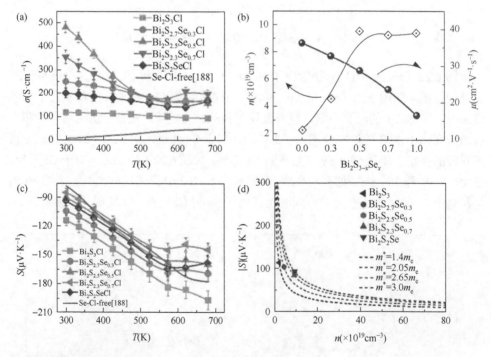

图 6.23　$Bi_2S_{3-x}Se_xCl$（$x = 0.0$，0.3，0.5，0.7，1.0）样品的（a）电导率 σ，（c）塞贝克系数 S
与温度的关系；（b）载流子浓度和迁移率随 Se 掺杂量的变化，（d）塞贝克系数的
绝对值与载流子浓度的关系

率随温度的升高而降低，这与经典的金属导电特性一致。引入 Se 后，样品的室温电导率得到显著提高，无 Se 样品的室温电导率为 120 S·cm^{-1}，Se 的量提高到 0.5 时样品的电导率提升到 483 S·cm^{-1}。根据公式 $\sigma = ne\mu$，样品电导率的提升来自于载流子浓度和迁移率的变化。图 6.23（b）给出了室温载流子浓度和迁移率与 Se 掺杂含量的关系。样品的载流子浓度随 Se 含量的增加而增加，Se 的量从 0 增加到 0.5 时，载流子浓度从 2.17×10^{19} cm^{-3} 上升到 9.51×10^{19} cm^{-3}，然后保持相对稳定。载流子浓度保持相对稳定，表明 Se 元素达到 Bi$_2$S$_3$ 的固溶极限。而样品的载流子迁移率随 Se 含量的增加而下降，Se 的量从 0 增加到 1.0 的过程中，电子迁移率从 36.3 cm^2·V^{-1}·s^{-1} 下降到 16.7 cm^2·V^{-1}·s^{-1}。显著提升的电导率主要来自于载流子浓度的提高，而载流子浓度的优化来自于两方面：①Cl 对 S 的取代引入自由电子；②Se 占据 S 的位置，由于 Se（2.55）的电负性小于 S（2.58），束缚电子能力减弱，更多电子参与输运。当 x 超过 0.5 时，电导率的降低是由于第二相析出物增加的界面增强了电子散射导致载流子迁移率的降低。

Bi$_2$S$_{3-x}$Se$_x$Cl 块体的塞贝克系数与温度的函数关系如图 6.23（c）所示。所有样品的塞贝克系数均为负值，符合 Bi$_2$S$_3$ 基材料的 n 型导电特性。当引入的 Se 的含量从 0 增加到 0.7 时，样品的室温塞贝克系数的绝对值从 114 μV·K^{-1} 下降到 84 μV·K^{-1}，并随温度上升，673 K 时达到 151 μV·K^{-1}。在 573 K 时，所有掺杂样品的塞贝克系数均出现峰值，这可能与双极扩散效应有关，导致 573 K 后塞贝克系数绝对值下降。通常，塞贝克系数与载流子浓度的关系可以在单抛物带的基础上建立。Pisarenko 曲线和获得的载流子有效质量如图 6.23（d）所示。Se 的引入导致载流子有效质量的提升，载流子有效质量为 3.0 m_e 时，塞贝克系数较大。得益于显著增加的电导率和相对较大的塞贝克系数，功率因子（PF）在整个测量温度范围内具有很大的提升。特别在室温阶段，$x = 0.5$ 时，样品的 PF 达到

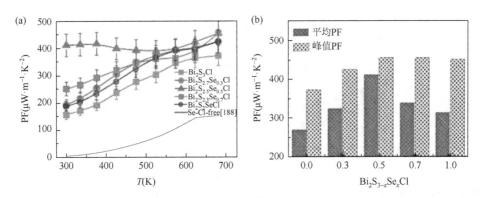

图 6.24　Bi$_2$S$_{3-x}$Se$_x$Cl（$x = 0.0$，0.3，0.5，0.7，1.0）样品的（a）功率因子 σS^2 与温度的关系；（b）样品的功率因子的平均值与峰值

412 μW·m^{-1}·K^{-2}，并且 679 K 时上升到 456 μW·m^{-1}·K^{-2}。图 6.24（b）给出了 Bi$_2$S$_{3-x}$Se$_x$-Cl（$x=0.0$，0.3，0.5，0.7，1.0）样品在 300～673 K 测试范围内 PF 的峰值和平均 PF。当 Se 的量超过 0.5 时，PF 峰值基本不变，在测试温度范围内，$x=0.5$ 时平均 PF 为 411 μW·m^{-1}·K^{-2}。

6.2.5　Se-Cl 共掺 Bi$_2$S$_3$ 块体的热输运性能

图 6.25 给出了 Bi$_2$S$_{3-x}$Se$_x$Cl（$x=0.0$，0.3，0.5，0.7，1.0）块体样品的热输运性能随温度的变化关系。图 6.25（a）为总热导率（κ）作为温度的函数。在整个测量温度范围内，κ 的值均小于 0.75 W·m^{-1}·K^{-1}，表明 Bi$_2$S$_3$ 是一种本征低热导的材料。在测量温度范围内，κ 随温度升高而减小，表示声子散射在热输运的过程中占主要贡献。κ 包括电子与声子的贡献，电子热导率（κ_e）和晶格热导率（κ_l）分别由 Wiedemann-Franz 定律 $\kappa_e=L\sigma T$ 和 $\kappa_l=\kappa-\kappa_e$ 进行计算，其中 L 是洛伦兹常数，可基于单抛带模型假设来拟合评估降低的费米能级得到。

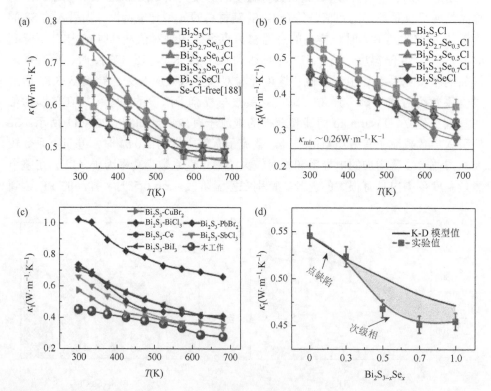

图 6.25　Bi$_2$S$_{3-x}$Se$_x$Cl（$x=0.0$，0.3，0.5，0.7，1.0）样品的热输运性能与温度的关系：（a）总热导率 κ，（b）晶格热导率 κ_l，（c）本工作以及与 CuBr$_2$，BiCl$_3$，Ce，PbBr$_2$，BiI$_3$，SbCl$_3$ 掺杂的 Bi$_2$S$_3$ 晶格热导率与温度的关系；（d）基于 K-D 模型计算的 κ_l 与测试得到的 κ_l 随 Se 掺杂量的变化的对比

图 6.25（b）绘制了所有样本的 κ_l 随温度变化的曲线，其中所有样品 κ_l 的值都比较低。室温时，不含 Se 的 Bi_2S_3 的 κ_l 从 0.545 $W \cdot m^{-1} \cdot K^{-1}$ 下降到 $Bi_2S_{2.3}Se_{0.7}Cl$ 样品的 0.451 $W \cdot m^{-1} \cdot K^{-1}$，673 K 时从 0.366 $W \cdot m^{-1} \cdot K^{-1}$ 进一步下降到 0.285 $W \cdot m^{-1} \cdot K^{-1}$，与经 Cahill[54] 模型计算得出的理论最小 κ_l（0.26 $W \cdot m^{-1} \cdot K^{-1}$）相当。

$$\kappa_{\min} = \frac{\pi}{4} k_B V^{-\frac{2}{3}} v_a \tag{6.12}$$

X-掺杂的（X = $BiCl_3$[19]，$CuBr_2$[20]，$PbBr_2$[14]，Ce[4]，$SbCl_3$[6] 和 BiI_3[21]）Bi_2S_3 体系的 κ_l 与本工作得到的 κ_l 对比如图 6.25（c）所示。Se 掺杂的 Bi_2S_3 样品的 κ_l 低于其他 X 掺杂 Bi_2S_3 体系，表明样品中可能存在强的声子散射源。

为了对制备的 Bi_2S_3 样品的低热导率进行分析，考虑到点缺陷散射对固溶体体系中 κ_l 降低的贡献，本章采用 Klemens-Drabble（K-D）理论计算获取 κ_l 的理论值。元素替换在点缺陷位置附近产生质量波动和晶格应变。含有缺陷样品的 κ_l 与纯样的 κ_l 的比值可以表示为[22-24]

$$\frac{\kappa_{l,d}}{\kappa_{l,p}} = \frac{\tan^{-1}(u)}{u} \tag{6.13}$$

其中，u 参数可以表示为

$$u = \left(\frac{\pi^2 \theta_D \Omega}{h v_a^2} k_p \Gamma \right)^{1/2} \tag{6.14}$$

其中，Ω 和 Γ 分别是每个原子的平均体积和缺陷尺度参数。德拜温度（θ_D）和平均声子速度（v_a）可通过前面的公式计算得到，相关参数如表 6.4 所示。一般情况下，缺陷尺度参数与点缺陷声子散射强度有关，取决于质量场波动（Γ_M）和应变场波动（Γ_S）。值得注意的是，它们对声子散射的贡献是累加的，缺陷尺度参数可以描述为 $\Gamma = \Gamma_M + \Gamma_S$。对于二元化合物 A_xB_y 体系

表 6.4　$Bi_2S_{3-x}Se_xCl$（$x = 0.0$，0.3，0.5，0.7，1.0）块体样品的晶格热导率和室温弹性性质的对比

样品	晶格热导率（$W \cdot m^{-1} \cdot K^{-1}$）	平均声速（$m \cdot s^{-1}$）	德拜温度	杨氏模量（GPa）	泊松比	格林奈森常数
$Bi_2S_{2.91}Cl_{0.09}$	0.5456	1897	193	43.6	0.19	1.25
$Bi_2S_{2.52}Se_{0.29}Cl_{0.19}$	0.5235	1872	190	43.9	0.23	1.42
$Bi_2S_{2.4}Se_{0.4}Cl_{0.20}$	0.4685	1526	155	30.0	0.24	1.49
$Bi_2S_{2.3}Se_{0.5}Cl_{0.20}$	0.4517	1513	154	28.8	0.25	1.51
$Bi_2S_{2.1}Se_{0.71}Cl_{0.19}$	0.4550	1507	153	29.1	0.28	1.69

$$\Gamma = x_i \left[\left(\frac{\Delta M}{M} \right)^2 + \varepsilon \left(\frac{\Delta \delta}{\delta} \right)^2 \right] \tag{6.15}$$

式中，M 和 δ 分别为化合物的平均质量和原子半径，ΔM 和 $\Delta \delta$ 分别为基体和掺杂元素的质量之差和原子半径之差。ε 是与 γ 和 v_p 有关的现象可调参数，反映晶格非谐性，可表示为[25]

$$\varepsilon = \frac{2}{9} \left[6.4 \times \gamma (1 + v_p) / (1 - v_p) \right]^2 \tag{6.16}$$

图 6.25（d）是 $Bi_2S_{3-x}Se_xCl$ 样品实验测试与经 K-D 模型计算得到的晶格热导率的对比。当 $x < 0.3$ 时，测试得到的 κ_l 与实验结果吻合较好；但当 x 大于 0.5 时，κ_l 的实验值明显减小，低于计算的理论 κ_l 值，说明样品中除了点缺陷散射外还存在其他散射源。根据 $Bi_2S_{2.5}Se_{0.5}Cl$ 样品的 XRD 和 SEM-EDS 图谱结果，样品中增加的析出相界面能有效增强声子散射，从而导致制备得到的样品具有较低的 κ_l。

6.2.6　Se-Cl 共掺 Bi_2S_3 块体的热电优值

图 6.26（a）给出了 $Bi_2S_{3-x}Se_xCl$（$x = 0.0$，0.3，0.5，0.7，1.0）块体样品的 ZT 值与温度的关系。水热合成的纯的 Bi_2S_3 样品的热电性能如图青色线条所示。室温时，样品的 ZT 值从纯样的 0.002 提升到 $Bi_2S_{2.5}Se_{0.5}Cl$ 样品的 0.16，673 K 时进一步提升到 0.66，相比纯 Bi_2S_3 样品 ZT 值提升了 292%。在整个实验测试温度范围内，热电性能的明显提升可以归因于样品电导率和功率因子的优化。在 298～673 K 的温区范围内，样品的平均 ZT 也有较大的提高，从纯 Bi_2S_3 样品的 0.12[13] 提高到 $Bi_2S_{2.5}Se_{0.5}Cl$ 样品的 0.36，相比于纯 Bi_2S_3 样品提升 198%。同时采用 Snyder 方法计算了所有样品的热电转换效率[26]

$$\eta_{\max} = \left(\frac{T_h - T_c}{T_c} \right) \frac{\sqrt{1 + \overline{ZT}} - 1}{\sqrt{1 + \overline{ZT}} + T_h / T_c} \tag{6.17}$$

其中，T_c 为热电器件冷端温度，T_h 为热电器件热端温度。$Bi_2S_{2.5}Se_{0.5}Cl$ 样品计算得到的理论最大热电转换效率为 5.7%，如图 6.26（b）所示。图 6.26（c）给出其他已经报道的具有高 TE 特性的 Bi_2S_3 体系的 ZT 值与本工作得到的 ZT 值随温度变化的关系。$Bi_2S_{2.5}Se_{0.5}Cl$ 样品的 ZT 值优于大多数经 Y 掺杂[其中 Y 为掺杂剂，Y = $BiCl_3$[19]，Ce[4]，$SbCl_3$[6]，$CuCl_2$[8]、纳米结构修饰 $Bi_2S_3@Bi$[9] 和 Bi_2S_3 纳米网（nanonet）[10]]得到的 Bi_2S_3 基材料。此外，$Bi_2S_{2.5}Se_{0.5}Cl$ 样品的平均 ZT 值为～0.36，高于 Y 掺杂和纳米结构修饰的 Bi_2S_3 材料，说明 Cl 掺杂结合 Se 合金化是改善 Bi_2S_3 热电性能的有效方法。

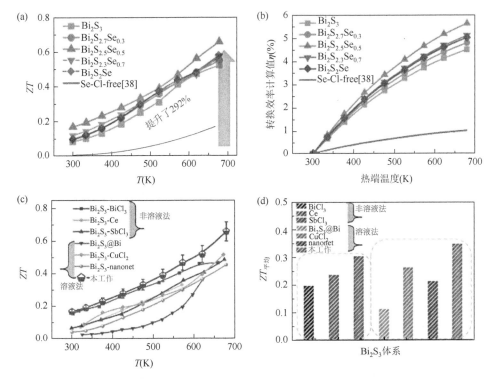

图 6.26　（a）$Bi_2S_{3-x}Se_xCl$（x = 0.0，0.3，0.5，0.7，1.0）样品的 ZT 与温度的关系，（b）计算的热电转换效率，（c）Bi_2S_3 体系的 ZT 值与温度的关系；（d）本工作与已经报道的 Bi_2S_3 体系的平均 ZT 的对比

6.3　Bi_2S_3/FeCoNi 复合材料的制备及热电性能

6.3.1　Bi_2S_3/FeCoNi 复合材料的相结构

图 6.27（a）给出的是所有 Bi_2S_3 + x wt% FeCoNi（x = 0.125，0.25，0.5，1.0）样品的 X 射线衍射图谱（FeCoNi 合金简写为 FCN）。基于标准 PDF 卡片 17-0320，所有主衍射峰均与正交结构的 Bi_2S_3 相匹配。图中未观察到明显的（1 0 1）和（0 2 0）峰，表明块体样品存在织构。当加入的 x 的量达到 1.0 时，在 X 射线图谱中 26.8°，37.6° 和 55.7° 都能检测到第二相金属 Bi 的峰（PDF 卡片号 44-1246）。图 6.27（b）为放大后的 XRD 谱图，范围在 26°～30° 之间。随着 FeCoNi 含量的增加，（2 1 1）峰向低角度移动，表明 Bi_2S_3 晶格发生膨胀。考虑到 Fe（0.055 nm）、Co（0.065 nm）和 Ni（0.069 nm）的离子半径均小于 Bi（0.103 nm）的离子半径，晶格膨胀可能因为 Fe、Co 和 Ni 在烧结的过程中实现的间隙掺杂，掺杂将引入额外的自由电子，有利于 Bi_2S_3 样品获得较高的电导率。

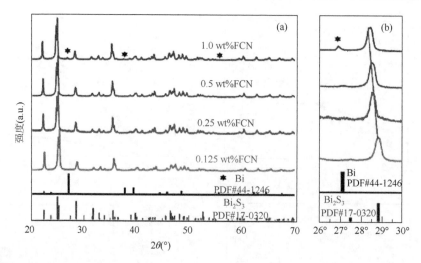

图 6.27 （a）所有 $Bi_2S_3 + x\,wt\%FCN$（$x = 0.125$，0.25，0.5，1.0）块体样品的 X 射线衍射图谱，（b）放大的 26°～30°的衍射图谱

6.3.2　Bi_2S_3/FeCoN 复合材料块体的微观结构

6.3.2.1　Bi_2S_3/FeCoN 复合材料的断面形貌与 EDS 能谱分析

图 6.28 给出的是加入不同百分含量 FeCoNi 后 Bi_2S_3 块体材料的新鲜断面图。从图中可以看出，加入 FeCoNi 后块体的形貌与粉体的纳米棒形貌有很大的不同，甚至与不加 FeCoNi 的块体形貌也有很大区别（如图 6.29 所示）。FeCoNi 具有很高的电导率（7000～8000 $S \cdot cm^{-1}$），加入 FeCoNi 合金后在 SPS 烧结的过程中会以 FeCoNi 合金为核心产生很多热点波动中心，这些热点波动中心会造成局部高的电流密度，从而产生局部过热现象[27, 28]。热点附近的温度比平均烧结温度要高，导致了 Bi_2S_3 微观组织的形成机理的改变，例如局部融化和再结晶现象的出现，从而造成 Bi_2S_3 断面形貌的变化。

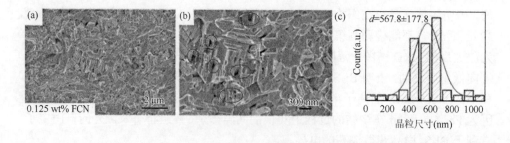

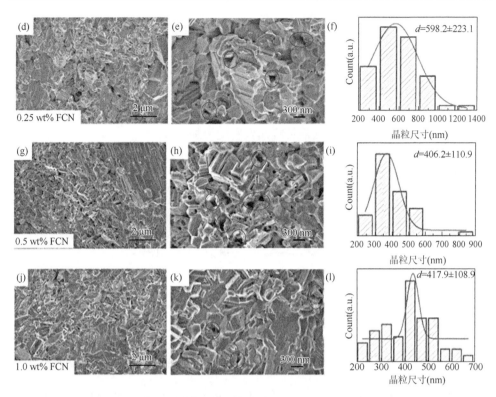

图 6.28　（a、b）Bi₂S₃ + 0.125 wt% FeCoNi 样品的断口表面的扫描电镜图像和（c）对应的晶粒尺寸统计图；（d、e）Bi₂S₃ + 0.25 wt% FeCoNi 样品的断口表面的扫描电镜图像和（f）对应的晶粒尺寸统计图；（g、h）Bi₂S₃ + 0.5 wt% FeCoNi 样品的断口表面的扫描电镜图像和（i）对应的晶粒尺寸统计图；（j、k）Bi₂S₃ + 1.0 wt% FeCoNi 样品的断口表面的扫描电镜图像和（l）对应的晶粒尺寸统计图

Bi_2S_3 的晶粒尺寸随着 FeCoNi 的加入而下降，从加入 0.125 wt% FeCoNi 的样品的 600 nm 左右下降到加入 1.0 wt%的 400 nm 左右。晶粒尺寸的下降来自于增加的相界面的钉扎作用。FeCoNi 的加入增加了基底与第二相之间的界面，从而抑

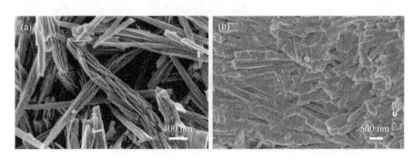

图 6.29　未添加 FeCoNi 的 Bi₂S₃（a）粉末，（b）断口形貌

制了晶粒的生长。断面结构中能观察到典型的层状结构和大量的气孔，独特的微观组织有利于获得较低的晶格热导率。图 6.30 给出的是所制备的 Bi_2S_3 样品的实际密度与相对密度图。由于基体中大量气孔的存在，所得到的块体样品的相对密度都低于 88%。加入 1.0 wt% FeCoNi 的样品具有最高的相对密度，考虑到金属铋的熔点在 544.3 K，高的致密度来自于金属铋产生的液相烧结作用，颗粒在烧结的过程中可部分滑动，排出气孔后使样品致密度增加。

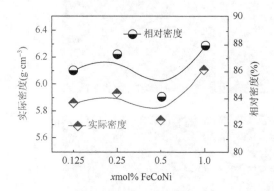

图 6.30　$Bi_2S_3 + x$ wt%FeCoNi（$x = 0.125$，0.25，0.5，1.0）块体样品的实际密度和相对密度

图 6.31～图 6.34 给出的是加入不同 FeCoNi 样品的背散射扫描电镜图（BSE-SEM）。除了灰色的基体 Bi_2S_3 外，也观察到了一些较暗的部分（如红色虚线框所圈的部分）。不同衬度之间的成分分布通过能谱（EDS）进行表征。如图，所有样品中 S 元素都呈均匀分布，而 Bi 元素出现缺失的区域对应的 Fe、Co 和 Ni 都

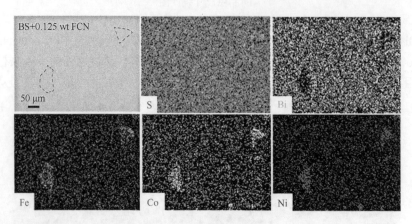

图 6.31　$Bi_2S_3 + 0.125$ wt%FeCoNi 样品的背散射扫描电镜图和相应的 Bi、S、Fe、Co
和 Ni 的 EDS mapping 图

有富集的现象出现，表明第二相 FeCoNiS$_x$ 相的存在。同时，除了 Fe，Co 和 Ni 这三种元素的富集相外，少量的 Fe、Co 和 Ni 也均匀的分散在 Bi$_2$S$_3$ 基体中，表明 Fe，Co 和 Ni 三种元素也成功掺杂到 Bi$_2$S$_3$ 中，这与 XRD 的衍射峰向小角度偏移一致。

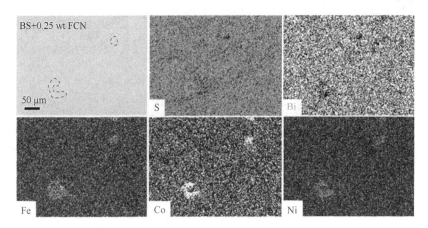

图 6.32　Bi$_2$S$_3$ + 0.25 wt%FeCoNi 样品的背散射扫描电镜图和相应的 Bi、S、Fe、Co 和 Ni 的 EDS mapping 图

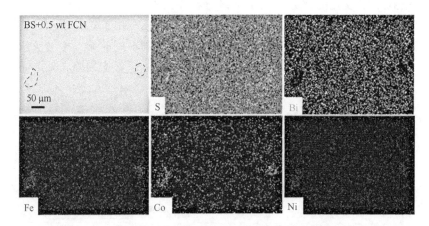

图 6.33　Bi$_2$S$_3$ + 0.5 wt%FeCoNi 样品的背散射扫描电镜图和相应的 Bi、S、Fe、Co 和 Ni 的 EDS mapping 图

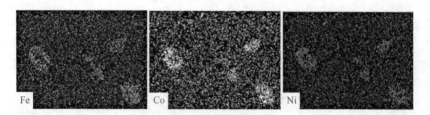

图 6.34　Bi$_2$S$_3$ + 1.0 wt%FeCoNi 样品的背散射扫描电镜图和相应的 Bi、S、Fe、Co
和 Ni 的 EDS mapping 图

6.3.2.2　Bi$_2$S$_3$/FeCoN 复合材料的 EPMA

为了进一步准确地观察第二相元素的分布，对样品表面抛光后进行 EPMA 表征。图 6.35 给出的是加入不同百分含量 FeCoNi（Bi$_2$S$_3$ + x wt% FeCoNi，x = 0.125，0.25，0.5，1.0）的 Bi$_2$S$_3$ 块体材料的横截面背散射扫描电镜图（BSE-SEM）。图中可观察到灰色的基体 Bi$_2$S$_3$ 相和黑色的第二相，第二相的数量随着 FeCoNi 的加入量的增加而增加，增加的相界面有利于增强声子散射，从而获得一个较低的晶格热导率。在放大的背散射扫描电镜图中，除了黑色的第二相外，在第二相周围仍可以观察到一些较亮的部分。为了准确分析不同衬度部分的元素分布，以加入 0.25 wt%FeCoNi 的样品为例，进行 EPMA 面扫表征。如图 6.36 所示，在抛光后的 Bi$_2$S$_3$ + 0.25 wt%FeCoNi 样品表面很清楚地观察到不同的第二相（灰色区域，黑色区域和白色部分）。灰色部分除了主要的 Bi 和 S 元素均匀分布外，同时也有

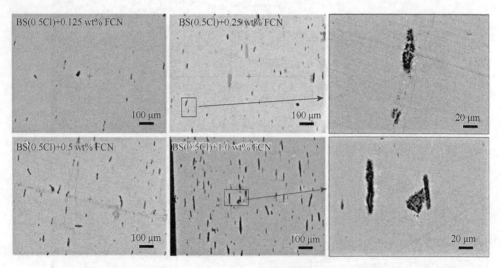

图 6.35　Bi$_2$S$_3$ + x wt% FeCoNi（x = 0.125，0.25，0.5，1.0）块体样品的 BSE-SEM 图和对应的
第二相放大图（Bi$_2$S$_3$ 简写为 BS）

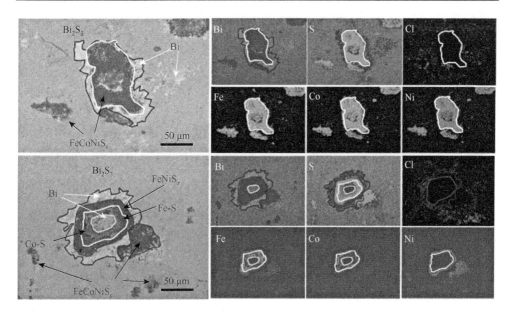

图 6.36　Bi_2S_3 + 0.25 wt% FeCoNi 样品的电子探针 BSE-SEM 图和对应的 Bi，S，Cl，Fe，Co
和 Ni 的 EPMA mapping 图

少量的 Fe、Co、Ni 和 Cl 元素。Cl 元素是在水热制备 Bi_2S_3 纳米结构时通过加入 HCl 引入的。因此，在测试温度范围内，由于多元素掺杂，Bi_2S_3 的电导率有望获得显著提升。Bi 和 Cl 元素在黑色部分缺失，而 Fe、Co、Ni 和 S 元素则出现富集，表明了 $FeCoNiS_x$ 第二相的存在。白色部分是金属 Bi，推测在 SPS 烧结的过程中 Bi_2S_3 被 FeCoNi 还原得到。除此之外，在 Bi_2S_3 基体中也形成了一些其他的金属硫化物，例如硫化钴、硫化铁和 $FeNiS_x$ 等第二相金属硫化物，如图 6.36 所示。反应过后的金属硫化物在 Bi_2S_3 横截面上（平行于烧结压力方向）都沿一个方向排列，这是 SPS 烧结过程中压力和金属 Bi 润滑的共同作用所导致的现象。

6.3.3　Bi_2S_3/FeCoNi 复合材料的热稳定性

通过使用差示扫描量热（DSC）法和热重（TG）法来表征分析硫化铋块体热稳定性。如图 6.37 所示，在 DSC 曲线中，当加入的 FeCoNi 的含量超过 1.0 wt% 时，在 542.7 K 处可以观察到一个小的吸热峰。考虑到金属 Bi 的熔点在 544.3 K，所以 DSC 曲线中观察到的吸收峰来自于金属 Bi[29]，这与 XRD 和 EPMA 的测试结果一致。除此之外，对应的 Bi_2S_3 + 1.0 wt%FeCoNi 样品的 TG 曲线中没有观察到明显的向下的拐点出现，说明在测试温度范围内样品没有质量损失，表明所制备的 Bi_2S_3 样品具有较好的热稳定性。

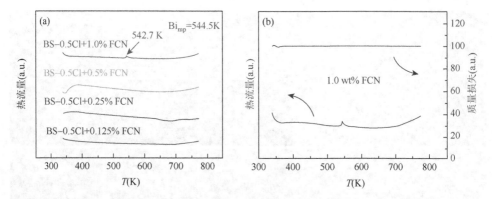

图 6.37　添加不同量 FeCoNi（0.125 wt%，0.25 wt%，0.5 wt%，1.0 wt%）制备的 Bi_2S_3 的（a）差示扫描量热（DSC）曲线；（b）Bi_2S_3 + 1.0 wt%FeCoNi 样品的 DSC 和热重（TG）曲线

6.3.4　Bi_2S_3/FeCoNi 复合材料的 XPS

以 Bi_2S_3 + 0.25 wt%FeCoNi 样品为例，采用 X 射线光电子衍射能谱法分析了样品表面不同元素的化学状态。图 6.38（a）在 441.2 eV 处观察到一个峰，属于金属 Bi 单质的 Bi4d$_{5/2}$ 轨道[29]，这与上述测试结果一致。158.1 eV 和 163.4 eV 的两个峰分别属于 Bi 4f$_{7/2}$ 和 Bi 4f$_{5/2}$ 轨道。此外，如图 6.38 所示，在 Bi 4f 轨道的同一波段范围检测到 160.8 eV 和 162.0 eV 两个小峰，分别来自于 S 2p$_{3/2}$ 和 S 2p$_{1/2}$ 轨道。因此，基体元素 Bi 和 S 的价态分别为 + 3 和−2 价[8, 29]。Cl 2p$_{3/2}$ 和 Cl 2p$_{1/2}$ 的 Cl 峰分别为 198.7 eV 和 200.4 eV，表明 Bi_2S_3 基体中存在−1 价的 Cl，与 EPMA 测量结果一致。相比于 Bi 与 S 的峰，Fe、Co 和 Ni 峰的强度较弱，表明在所测样品表面的 Fe、Co 和 Ni 的含量较低。如图 6.38（d）所示，一对位于 711.8 eV 和 724.9 eV 的峰分别对应 Fe^{3+} 的 Fe 2p$_{3/2}$ 和 Fe 2p$_{1/2}$ 轨道，并在 715.7 eV 处有一个伴生峰[30]。在 Co 2p XPS 光谱中发现了两个自旋轨道双峰。第一个是在 780.3 eV 和

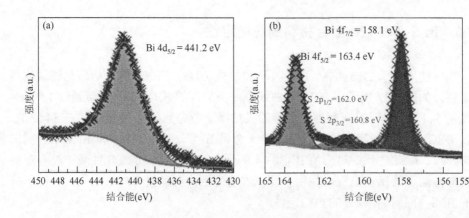

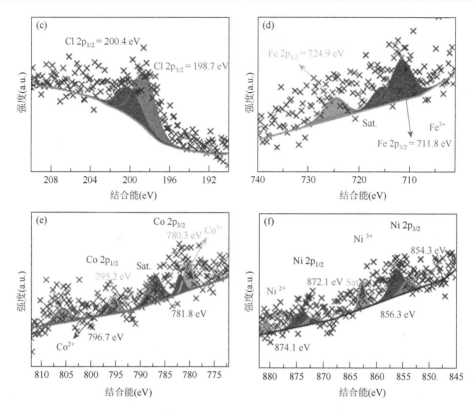

图 6.38　$Bi_2S_3 + x$ wt% FeCoNi（$x = 0.125$，0.25，0.5，1.0）块体样品的 X 射线光电子衍射能谱：（a）Bi4d，（b）Bi 4f 和 S 2p，（c）Cl 2p，（d）Fe 2p，（e）Co 2p，和（f）Ni 2p

795.2 eV 处，来源于 Co^{3+}的 Co 2p$_{3/2}$ 和 Co 2p$_{1/2}$；另一个是在 781.8 eV 和 796.7 eV 处，来源于 Co^{2+}的 Co 2p$_{3/2}$ 和 Co 2p$_{1/2}$。此外，伴生峰有两个宽频带，分别为 786.9 eV 和 805.3 eV，表明存在 Co_3S_4[31]。在图 6.38（f）中，除了在 862.7 eV 和 880.6 eV 处有两个伴生峰外，Ni 2p$_{3/2}$ 的自旋轨道在 855.7 eV 处还有两个主峰，Ni 2p$_{3/2}$ 的自旋轨道在 873.3 eV 处有两个主峰。通过拟合这两个主要的峰，Ni 2p$_{3/2}$ 轨道是由 854.3 和 856.3 eV 组成，分别对应于 Ni^{2+}和 Ni^{3+}态，Ni 2p$_{1/2}$ 轨道也可拟合为两个峰，分别是 872.1 eV 对应的 Ni^{2+}和 874.1 eV 对应的 Ni^{3+}。

6.3.5　Bi$_2$S$_3$/FeCoNi 复合材料的热电性能

6.3.5.1　Bi$_2$S$_3$/FeCoNi 复合材料的电输运性能

针对 Cl 掺杂和 FeCoNi 粉末的引入对 Bi$_2$S$_3$ 纳米结构热电性能的影响进行研究。图 6.39 给出了所有 Bi$_2$S$_3 + x$ wt%FeCoNi（$x = 0.125$，0.25，0.5，1.0）块体的

电输运特性（σ、S 和 σS^2）作为温度的函数关系。如图 6.39（a）所示，所有加入 FeCoNi 的 Bi_2S_3 样品的电导率随温度的升高而减小，表现出典型的简并半导体行为。结合 Cl 掺杂和 FeCoNi 的引入，在室温下，纯 Bi_2S_3 样品的电导率从 4 S·cm^{-1} 增加到 327 S·cm^{-1}。随着 FeCoNi 的加入，Bi_2S_3 的导电特性由非简并态变为简并态。在 773 K 时，Bi_2S_3 + 1.0 wt%FeCoNi 样品的最大电导率为 147 S·cm^{-1}。考虑到少量 Fe、Co 和 Ni 掺杂到 Bi_2S_3 基体中并且电导率由 $\sigma = ne\mu$ 计算得到，增加的 σ 可能来自于 n 与 μ 的变化。

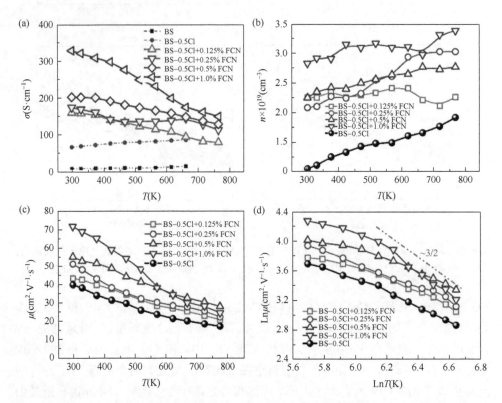

图 6.39　Bi_2S_3 + x wt% FeCoNi（x = 0.125，0.25，0.5，1.0）块体样品的（a）电导率，（b）载流子浓度，（c）载流子迁移率与温度的关系图；（d）Lnμ 与 LnT 的关系图

图 6.39（b）～（c）给出的是所有 Bi_2S_3 样品的 n 和 μ 与温度的关系。未加入 FeCoNi 的 Bi_2S_3[32]样品的 n 随温度的上升而上升，这主要来自于载流子的热激发作用。本工作中，加入 FeCoNi 后 Bi_2S_3 的载流子浓度的温度依赖性可以忽略不计，然而，n 随 FeCoNi 含量的增加而不断上升，从纯样的 1.05×10^{19} cm^{-3} 增加到了 Bi_2S_3 + 1.0 wt% FeCoNi 样品的 2.84×10^{19} cm^{-3}，这是由于少量 Fe、Co 和 Ni 扩散掺杂形成 n 上升。至于 μ，如图 6.39（c）所示，所有样品的 μ 都随温度的上升而不

断下降，在加入 FeCoNi 后 μ 有了明显的上升趋势，并且随 FeCoNi 含量的增加而逐渐上升，室温时从 Bi_2S_3 + 0.125 wt%FeCoNi 样的 43 $cm^2 \cdot V^{-1} \cdot s^{-1}$ 上升到 Bi_2S_3 + 1.0 wt%FeCoNi 样的 72 $cm^2 \cdot V^{-1} \cdot s^{-1}$，这主要是由烧结过程中 FeCoNi 还原 Bi_2S_3 得到的金属 Bi 造成的。此外，μ 随着温度的升高而降低，说明载流子散射增强，从而导致 σ 下降。为了估计散射率、μ 与温度的关系，通过方程 $\mu \sim T^{-\delta}$ 进行拟合，其中 δ 是散射因子。如图 6.39（d）所示，拟合的 $\delta \sim 3/2$，表明载流子散射的温度依赖性较强[33]（即电子与声子之间的散射为主）。

图 6.40（a）给出的是 Bi_2S_3 + x wt%FeCoNi（x = 0.125，0.25，0.5，1.0）样品的塞贝克系数与温度的关系图。S 的绝对值随温度的上升而增大，由于 n 的增加而展现出与 σ 相反的趋势。所有测试样品的 S 值均为负值，表明 n 型导电行为并且电子参与了主要的输运。当 x 达到 0.25 时，室温 S 仍然保持较大的数值 -123 $\mu V \cdot K^{-1}$ 并且在 773 K 时达到了 -224 $\mu V \cdot K^{-1}$。考虑到 n 的显著增强，较大的 S 源于有效质量（m^*）的变化。为了研究 FeCoNi 加入 Bi_2S_3 中对基体的影响，通过测试得到的室温 S 和 n 结合单抛带模型被用来分析有效质量的变化。计算得到的有效质量如表 6.5 所示，要高于纯的 Bi_2S_3，从而导致 S 较高。

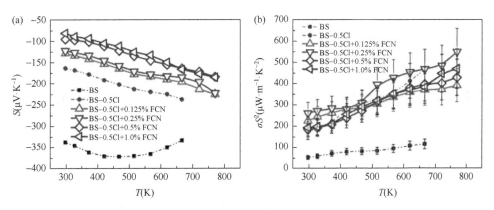

图 6.40 Bi_2S_3 + x wt% FeCoNi（x = 0.125，0.25，0.5，1.0）块体样品的（a）塞贝克系数，（b）功率因子与温度的关系图

功率因子（PF）通过 PF = σS^2 进行计算，结果如图 6.40（b）所示。纯的 Bi_2S_3 在测量温度范围内表现出较弱的电输运特性，在 673 K 时最大 PF 为 114 $W \cdot m^{-1} \cdot K^{-2}$。得益于显著提升的电导率与相对大的 S，Bi_2S_3 + 0.25 wt%FeCoNi 样品从室温到 773 K，PF 分别从 260 $\mu W \cdot m^{-1} \cdot K^{-2}$ 提升到 551 $\mu W \cdot m^{-1} \cdot K^{-2}$。551 $\mu W \cdot m^{-1} \cdot K^{-2}$ 的功率因子远高于纯样的 79 $\mu W \cdot m^{-1} \cdot K^{-2}$，并且可以和 0.5%$BiCl_3$ 掺杂的铸锭[5]（670 $\mu W \cdot m^{-1} \cdot K^{-2}$），Se 和 Cl 共掺[34]（630 $\mu W \cdot m^{-1} \cdot K^{-2}$）以及 I 掺杂[21]（560 $\mu W \cdot m^{-1} \cdot K^{-2}$）的 Bi_2S_3 块体相媲美。

表 6.5　Bi$_2$S$_3$ + x wt% FeCoNi（x = 0.125，0.25，0.5，1.0）样品室温下电输运特性的比较

样品名称	电导率 （S·cm^{-1}）	塞贝克系数 （μV·K^{-1}）	载流子浓度 （10^{19} cm^{-3}）	载流子迁移率 （cm^2·V^{-1}·s^{-1}）	载流子有效 质量（m_e）
0.125%FCN	157.3	−128.6	2.12	43.4	0.51
0.25%FCN	172.0	−123.0	2.09	51.3	0.61
0.5%FCN	200.0	−95.9	2.26	55.3	0.36
1.0%FCN	327.1	−81.6	2.84	71.8	0.34

6.3.5.2　Bi$_2$S$_3$/FeCoNi 复合材料的热输运性能

　　图 6.41 给出的是所有 Bi$_2$S$_3$ + x wt%FeCoNi（x = 0.125，0.25，0.5，1.0）样品的热输运性能。随着 FeCoNi 含量的增加，Bi$_2$S$_3$ + 1.0 wt%FeCoNi 样品的总热导率（κ）从纯 Bi$_2$S$_3$ 样品的 0.52 W·m^{-1}·K^{-1} 显著增加到了 0.87 W·m^{-1}·K^{-1}。一般来说，总热导率由两部分组成：声子传输（κ_l）部分和电子传输（κ_e）部分。κ 的上升来自于 κ_l 和 κ_e 的同时上升。为了进一步了解 Bi$_2$S$_3$ 样品的声子输运机制，κ_e 通过威德曼-弗朗兹定律进行计算，通过单抛带模型的假设并拟合测得的 S 得到。随着 FeCoNi 含量的增加，室温时 κ_e 从纯样的 0.002 W·m^{-1}·K^{-1} 上升到了 Bi$_2$S$_3$ + 1.0 wt%FeCoNi 样品的 0.19 W·m^{-1}·K^{-1}。κ_e 两个数量级的上升来自于样品 σ 很大程度的提升（由于引入 FeCoNi 后导致样品的 n 和 μ 显著上升）。图 6.41（c）给出的是所有 Bi$_2$S$_3$ + x wt%FeCoNi（x = 0.125，0.25，0.5，1.0）样品的 κ_l 与温度的关系图。在测试温度范围内，所有样品的 κ_l 都低于 0.7 W·m^{-1}·K^{-1}，这主要来自于 Fe、Co、Ni 和 Cl 掺杂产生的丰富的点缺陷造成显著的质量和应力波动，以及高密度的气孔（气孔率 > 12%）和第二相界面所带来的强的声子散射[15, 35, 36]。如上面所说，加入的 FeCoNi 与 Bi$_2$S$_3$ 发生反应生成多种金属硫化物，一般情况下，随 FeCoNi 含量的增加，增加的第二相界面与点缺陷有利于得到较低的 κ_l。然而 κ_l 随着 FeCoNi 含量的增加而上升，这要归因于样品提高的相对密度和金属 Bi 的析出。然而，尽管 κ_l 随 FeCoNi 的增加而上升，对于 Bi$_2$S$_3$ + 0.5 wt%FeCoNi 样品在 773 K 时得到较低的 0.24 W·m^{-1}·K^{-1}，这比根据 Cahill 模型[37, 38]计算的非晶极限热导率 0.268 W·m^{-1}·K^{-1} 还要低。较低的热导率主要来自于样品较高的气孔率 16%。三维各向同性体系中样品的 κ_l 可根据声子气体理论利用 κ_l = 1/3 $C_V v l_{mfp}$ 进行分析，其中 C_V 是等容热容，v 是声速，l_{mfp} 是声子平均自由程。研究表明，大量的气孔能显著增加气孔界面密度，能有效同时降低样品的 C_V，v 和 l_{mfp}，从而降低材料的 κ_l[35, 39, 40]，使得测试得到的 κ_l 低于通过 Cahill 模型计算的 κ_{min} 成为可能。

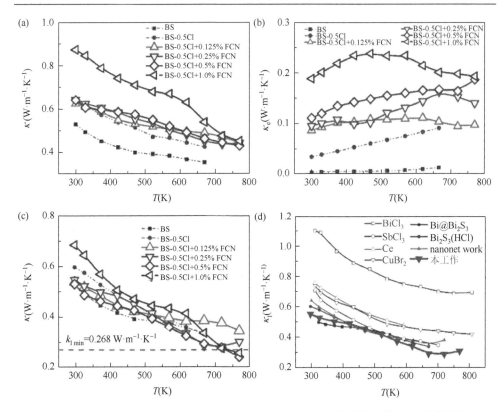

图 6.41　$Bi_2S_3 + x$ wt% FeCoNi（$x = 0.125$，0.25，0.5，1.0）块体样品的（a）总热导率，（b）电子热导率，（c）晶格热导率与温度的关系图；（d）通过水热法和非水热法制备的 Bi_2S_3 样品与 $Bi_2S_3 + 0.25$ wt%FCN 样品的晶格热导率与温度的关系图

本工作中，Bi_2S_3 样品中析出了金属 Bi，尤其对于 $Bi_2S_3 + 1.0$ wt%FeCoN 样品，金属 Bi 的熔点是 544.3 K，导致了高温时 κ_1 显著下降。图 6.41（d）对比了 $Bi_2S_3 + 0.25$ wt%FeCoNi 样品的 κ_1 与其他已经报道过的通过元素掺杂或者显微结构调控优化的 Bi_2S_3 体系[5,4,6,9,10,38,41]的 κ_1。由于丰富的第二相界面、晶界点缺陷和高的孔隙率引起的强声子散射，$Bi_2S_3 + 0.25$ wt%FeCoNi 样品的 κ_1 值在已报道的 Bi_2S_3 系统中也非常低，甚至更低。

6.3.5.3　Bi_2S_3/FeCoNi 复合材料的热电优值

在电导率得到显著优化与固有的低的 κ_1 下，所有样品的 ZT 值在测量温度范围内显著升高。$Bi_2S_3 + 0.25$ wt%FeCoNi 样品在 773 K 时得到最大热电优值，ZT 接近 1.0，相比于纯的 Bi_2S_3 提升了 5 倍。所有样品的热电转换效率采用 Snyder 方法进行计算[26]［式（6.17）］。$Bi_2S_3 + 0.25$ wt% FeCoNi 的样品计算得到的理论最大热电转换效率为 8.4%，如图 6.42（b）所示。图 6.42（c）～（d）给出的是本工作得到的 Bi_2S_3 样品与已经报道的卤化物掺杂的 Bi_2S_3 样品的 ZT 值的比较。值得一提的是，$Bi_2S_3 + 0.25$ wt% FeCoNi 样品的室温 ZT 值高于 0.1，而 773 K 时的 ZT 值达到 1.0，导致在室温到 773 K 这个温度范围内的平均 ZT 值达到 0.44。从图中可以看出，本工作中 Bi_2S_3 样品的热电优值要高于已经报道的卤化物掺杂的 Bi_2S_3 材料，并且平均 ZT 值可与 $PbBr_2$[14]或 $SnCl_4$[21]掺杂的 Bi_2S_3 样品材料相媲美。

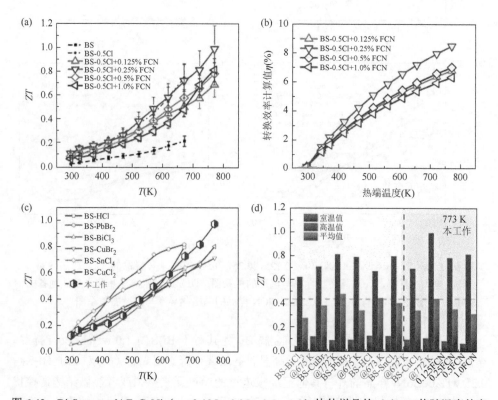

图 6.42　$Bi_2S_3 + x$ wt% FeCoNi（$x = 0.125$，0.25，0.5，1.0）块体样品的（a）ZT 值随温度的变化，（b）计算得到的热电转换效率，（c）$Bi_2S_3 + 0.25$ wt% FCN 样品与已经报道的 Bi_2S_3 的 ZT 随温度的变化，（d）在测试温度范围内已经报道的 Bi_2S_3 体系与本工作中 Bi_2S_3 的室温、高温和平均 ZT 值的对比

参 考 文 献

[1]　Ge Z H, Zhang B P, Yu Z X, et al. Controllable synthesis：Bi_2S_3 nanostructure powders and highly textured polycrystals [J]. CrystEngComm，2012，14（6）：2283.

[2]　Han D, Du M H, Dai C M, et al. Influence of defects and dopants on the photovoltaic performance of Bi_2S_3：First-principles insights [J]. Journal of Materials Chemistry A，2017，5（13）：6200-6210.

[3] Yamamoto M, Ohta H, Koumoto K. Thermoelectric phase diagram in a CaTiO$_3$–SrTiO$_3$–BaTiO$_3$ system [J]. Applied Physics Letters, 2007, 90 (7): 072101.

[4] Pei J, Zhang L J, Zhang B P, et al. Enhancing the thermoelectric performance of Ce$_x$Bi$_2$S$_3$ by optimizing the carrier concentration combined with band engineering [J]. Journal of Materials Chemistry C, 2017, 5 (47): 12492-12499.

[5] Biswas K, Zhao L D, Kanatzidis M G. Tellurium-free thermoelectric: The anisotropic n-type semiconductor Bi$_2$S$_3$ [J]. Advanced Energy Materials, 2012, 2 (6): 634-638.

[6] Yang J, Yan J N, Liu G W, et al. Improved thermoelectric properties of n-type Bi$_2$S$_3$ via grain boundaries and *in-situ* nanoprecipitates [J]. Journal of the European Ceramic Society, 2019, 39: 1214-1221.

[7] Guo J, Ge Z H, Qian F, et al. Achieving high thermoelectric properties of Bi$_2$S$_3$ via InCl$_3$ doping [J]. Journal of Materials Science, 2019, 55 (1): 263-273.

[8] Guo J, Lou Q, Qiu Y, et al. Remarkably enhanced thermoelectric properties of Bi$_2$S$_3$ nanocomposites via modulation doping and grain boundary engineering [J]. Applied Surface Science, 2020, 520: 146341.

[9] Ge Z H, Qin P, He D, et al. Highly enhanced thermoelectric properties of Bi/Bi$_2$S$_3$ nanocomposites [J]. ACS Applied Materials & Interfaces, 2017, 9 (5): 4828-4834.

[10] Liu W, Guo C F, Yao M, et al. Bi$_2$S$_3$ nanonetwork as precursor for improved thermoelectric performance [J]. Nano Energy, 2014, 4: 113-122.

[11] Du X, Cai F, Wang X. Enhanced thermoelectric performance of chloride doped bismuth sulfide prepared by mechanical alloying and spark plasma sintering [J]. Journal of Alloys and Compounds, 2014, 587: 6-9.

[12] Guo Y, Du X, Wang Y, et al. Simultaneous enhanced performance of electrical conductivity and Seebeck coefficient in Bi$_{2-x}$Sn$_x$S$_3$ by solvothermal and microwave sintering [J]. Journal of Alloys and Compounds, 2017, 717: 177-182.

[13] Wang W, Luo S J, Xian C, et al. Enhanced thermoelectric properties of hydrothermal synthesized BiCl$_3$/Bi$_2$S$_3$ composites [J]. Journal of Inorganic Materials, 2019, 34 (3): 328.

[14] Guo J, Zhang Y X, Wang Z Y, et al. High thermoelectric properties realized in earth-abundant Bi$_2$S$_3$ bulk via carrier modulation and multi-nano-precipitates synergy [J]. Nano Energy, 2020, 78: 105227.

[15] Shi X L, Zheng K, Liu W D, et al. Realizing high thermoelectric performance in n-type highly distorted Sb-doped SnSe microplates via tuning high electron concentration and inducing intensive crystal defects [J]. Advanced Energy Materials, 2018, 8 (21): 1800775.

[16] Yang L, Chen Z G, Hong M, et al. N-type Bi-doped PbTe nanocubes with enhanced thermoelectric performance [J]. Nano Energy, 2017, 31: 105-112.

[17] Jiang B, Liu X, Wang Q, et al. Realizing high-efficiency power generation in low-cost PbS-based thermoelectric materials [J]. Energy & Environmental Science, 2020, 13 (2): 579-591.

[18] Tan G, Zhao L D, Shi F, et al. High thermoelectric performance of p-type SnTe via a synergistic band engineering and nanostructuring approach [J]. Journal of the American Chemical Society, 2014, 136 (19): 7006-7017.

[19] Biswas K, He J, Blum I D, et al. High-performance bulk thermoelectrics with all-scale hierarchical architectures [J]. Nature, 2012, 489 (7416): 414-418.

[20] Liu Z, Pei Y, Geng H, et al. Enhanced thermoelectric performance of Bi$_2$S$_3$ by synergistical action of bromine substitution and copper nanoparticles [J]. Nano Energy, 2015, 13: 554-562.

[21] Yang J, Liu G, Yan J, et al. Enhanced the thermoelectric properties of n-type Bi$_2$S$_3$ polycrystalline by iodine

doping [J]. Journal of Alloys and Compounds, 2017, 728: 351-356.

[22]　Wan C, Qu Z, Du A, et al. Influence of B site substituent Ti on the structure and thermophysical properties of $A_2B_2O_7$-type pyrochlore $Gd_2Zr_2O_7$ [J]. Acta Materialia, 2009, 57 (16): 4782-4789.

[23]　Wan C L, Pan W, Xu Q, et al. Effect of point defects on the thermal transport properties of $(La_xGd_{1-x})_2Zr_2O_7$: Experiment and theoretical model [J]. Physical Review B, 2006, 74 (14): 144109.

[24]　Chen L, Wang Y, Hu M, et al. Achieved limit thermal conductivity and enhancements of mechanical properties in fluorite RE_3NbO_7 via entropy engineering [J]. Applied Physics Letters, 2021, 118(7): 071905.

[25]　Tian Z, Lin C, Zheng L, et al. Defect-mediated Multiple-enhancement of phonon scattering and decrement of thermal conductivity in $(Y_xYb_{1-x})_2SiO_5$ solid solution [J]. Acta Materialia, 2018, 144: 292-304.

[26]　Snyder G J, Snyder A H. Figure of merit ZT of a thermoelectric device defined from materials properties [J]. Energy & Environmental Science, 2017, 10 (11): 2280-2283.

[27]　Guillon O, Gonzalez-Julian J, Dargatz B, et al. Field-assisted sintering technology/spark plasma sintering: Mechanisms, materials, and technology developments [J]. Advanced Engineering Materials, 2014, 16 (7): 830-849.

[28]　Vanmeensel K, Laptev A, Vanderbiest O, et al. The influence of percolation during pulsed electric current sintering of ZrO_2-TiN powder compacts with varying TiN content [J]. Acta Materialia, 2007, 55 (5): 1801-1811.

[29]　Ji W, Shi X L, Liu W D, et al. Boosting the thermoelectric performance of n-type Bi_2S_3 by hierarchical structure manipulation and carrier density optimization [J]. Nano Energy, 2021, 87: 106171.

[30]　Zhang R L, Duan J J, Feng J J, et al. Walnut kernel-like iron-cobalt-nickel sulfide nanosheets directly grown on nickel foam: A binder-free electrocatalyst for high-efficiency oxygen evolution reaction [J]. Journal of Colloid and Interface Science, 2021, 587: 141-149.

[31]　Teng W, Huo M, Sun Z, et al. FeCoNi sulfides derived from *in situ* sulfurization of precursor oxides as oxygen evolution reaction catalyst [J]. Frontiers in Chemistry, 2020, 8: 334.

[32]　Wu Y, Lou Q, Qiu Y, et al. Highly enhanced thermoelectric properties of nanostructured Bi_2S_3 bulk materials via carrier modification and multi-scale phonon scattering [J]. Inorganic Chemistry Frontiers, 2019, 6 (6): 1374-1381.

[33]　Ren Z, Shuai J, Mao J, et al. Significantly enhanced thermoelectric properties of p-type Mg_3Sb_2 via co-doping of Na and Zn [J]. Acta Materialia, 2018, 143: 265-271.

[34]　Chen Y, Wang D, Zhou Y, et al. Enhancing the thermoelectric performance of Bi_2S_3: A promising earth-abundant thermoelectric material [J]. Frontiers in Physics, 2019, 14 (1): 1-12.

[35]　Shi X, Wu A, Liu W, et al. Polycrystalline SnSe with extraordinary thermoelectric property via nanoporous design [J]. ACS Nano, 2018, 12 (11): 11417-11425.

[36]　Wang Y, Liu W D, Gao H, et al. High porosity in nanostructured n-type Bi_2Te_3 obtaining ultralow lattice thermal conductivity [J]. ACS Appl Mater Interfaces, 2019, 11 (34): 31237-31244.

[37]　Cahill D G, Watson S K, Pohl R O. Lower limit to the thermal conductivity of disordered crystals [J]. Physical Review B: Condensed Matter, 1992, 46 (10): 6131-6140.

[38]　Guo J, Yang J, Ge Z H, et al. Realizing high thermoelectric performance in earth-abundant Bi_2S_3 bulk materials via halogen acid modulation [J]. Advanced Functional Materials, 2021: 2102838.

[39]　Zhao K, Duan H, Raghavendra N, et al. Solid-state explosive reaction for nanoporous bulk thermoelectric materials [J]. Advanced Materials, 2017, 29 (42): 1701148.

[40]　Hu H，Zhuang H L，Jiang Y，et al. Thermoelectric $Cu_{12}Sb_4S_{13}$-based synthetic minerals with a sublimation-derived porous network [J]. Advanced Materials，2021，33（43）：e2103633.

[41]　Liu Z H，Pei Y L，Geng H Y，et al. Enhanced thermoelectric performance of Bi_2S_3 by synergistical action of bromine substitution and copper nanoparticles [J]. Nano Energy，2015，13：554-562.

第 7 章 展　　望

本书中通过元素掺杂、显微结构优化及第二相复合等手段，有效提升了 Bi_2Te_3 和 Bi_2S_3 基热电材料在测试温度段的热电性能，平均热电性能也得到较大程度优化。相关研究不仅提高了 Bi 基材料的热电优值、完善了 Bi 基热电材料体系，同时为 Bi_2Te_3 基材料器件的进一步发展和 Bi_2S_3 基材料的后续应用提供了可能。在之后的工作中，可从以下方面进一步展开：

（1）总结现已成功应用的半导体掺杂和复合理论，探索碲化铋材料中多机制协同优化热电材料性能的方法。

（2）对碲化铋基室温商用热电器件应注重转换效率和力学性能的研究，而高温热电器件可注重于输出功率密度和服役稳定性的研究，根据热电器件的服役环境探索具体的优化方向。

（3）Bi_2Te_3 基材料具有极高的近室温 ZT 值，能够有效回收利用接近室温段的低品质废热，相对于温差生电方面的应用，其在制冷方面具有更广阔的应用空间。进一步优化提升 Bi_2Te_3 基材料室温段热电优值，能够有效提升其室温制冷方面的应用。

（4）Bi_2S_3 电导率优化后能大幅度提升其热电性能，但当 Bi_2S_3 材料的电导率提升到一定程度，塞贝克系数会出现较大程度下降，样品功率因子提升有限。选取合适元素进行合金化，如卤素（Cl，Br，I），硫属元素（Se 和 Te），以此来提高 Bi_2S_3 基材料晶体结构的对称性、优化塞贝克系数、提高 Bi_2S_3 材料电输运性能等将是今后研究的一个方向。

（5）硫化物材料受热一般都会产生元素挥发，其热稳定性一直以来都深受诟病，基于此，后续将继续通过合适元素掺杂与显微结构调控结合的方式进一步研究并逐步提高 Bi_2S_3 基热电材料的稳定性，元素可选取 Fe、Al 等元素，为热电器件的制备提供稳定条件。

（6）热电器件的设计与制备。热电材料的性能及稳定性是器件制备的第一步，后续还需研究材料的机械性能，同时接触层以及阻挡层的厚度、选用材料，以及焊料的选择等都是研究重点。进一步设计不同温区的材料级联结构，能够更高效地回收和转换废热资源。同时，寻找更加合适的 p 型材料通过串联形成多级热电连接，提高能源转换效率。